高职高专土木与建筑规划教材

建筑力学与结构

董留群　主编

清华大学出版社
北　京

内 容 简 介

本书根据高职高专职业教育的要求，满足工程造价、工程管理、项目管理等相关专业的培养目标及教学改革要求，将理论力学、材料力学、结构力学与建筑结构相结合，按“必需、够用”为度的原则编写而成。

全书内容共 8 章，分别为认识建筑力学与结构、静力学基本知识及结构计算简图、混凝土与钢筋的力学性能、轴心受压(拉)构件力学性能、偏心受压构件的力学性能、受弯构件的设计、钢筋混凝土框架结构以及多层与高层房屋结构等。本书内容通俗易懂、实用，紧扣工程造价理论与实践，每章附有大量的案例，同时每章后面还设置了“实训练习”供学生课后练习使用，帮助学生巩固所学内容。

本书可作为高职高专、成人高校及民办高校的建筑学、城市规划、风景园林、建筑工程、岩土工程、结构工程、建筑工程技术、工程管理、工程造价、工程监理等土建施工类专业的教材，也可作为成人高等教育、自学考试、注册考试教材，同时也可作为结构设计人员、施工人员、工程监理人员等相关专业技术人员、企业管理人员业务知识学习培训用书。

图书在版编目(CIP)数据

建筑力学与结构/董留群主编. —北京：清华大学出版社，2020.4（2022.6 重印）
高职高专土木与建筑规划教材
ISBN 978-7-302-54864-5

Ⅰ. ①建… Ⅱ. ①董… Ⅲ. ①建筑科学—力学—高等职业教育—教材 ②建筑结构—高等职业教育—教材Ⅳ. ①TU3

中国版本图书馆 CIP 数据核字(2020)第 023078 号

责任编辑：石 伟 桑任松
装帧设计：刘孝琼
责任校对：李玉茹
责任印制：沈 露
出版发行：清华大学出版社
网 址：http://www.tup.com.cn, http://www.wqbook.com
地 址：北京清华大学学研大厦 A 座 邮 编：100084
社 总 机：010-83470000 邮 购：010-62786544
投稿与读者服务：010-62776969, c-service@tup.tsinghua.edu.cn
质量反馈：010-62772015, zhiliang@tup.tsinghua.edu.cn
课件下载：http://www.tup.com.cn, 010-62791865
印 装 者：三河市龙大印装有限公司
经 销：全国新华书店
开 本：185mm×260mm 印 张：14 字 数：340 千字
版 次：2020 年 5 月第 1 版 印 次：2022 年 6 月第 3 次印刷
定 价：42.00 元

产品编号：083366-01

前　言

“建筑力学与结构”作为大学期间非常重要的一门课程，其在整个教学任务中属于比较重要的课程，难度较高，为必修课程。但是以往的教材由于概念讲述甚多，导致很多学生在学习完基本知识之后得不到有效的实践。高等职业教育的快速发展要求加强以市场的实用内容为主的教学，本书作为高等职业教育的教材，根据建设类专业人才培养方案和教学要求及特点编写，从市场的实际出发，坚持以全面素质教育为基础，以就业为导向，培养高素质的应用技能型人才。

本书最大的特点是将建筑力学与建筑结构等知识结合在一起进行介绍，缩减了学时，特别适合作为专业基础课程改革的教材使用。教材内容的设计是根据职业能力要求及教学特点，与建筑行业的岗位相对应，体现新的国家标准和技术规范；案例注重实用，内容精练翔实，文字叙述简练，图文并茂，充分体现了项目教学与综合训练相结合的主流思路。本书在编写时尽量做到内容通俗易懂、理论概述简洁明了、案例清晰实用，特别注重教材的实用性。

本书每章均添加了大量针对不同知识点的案例，结合案例和上下文可以帮助学生更好地理解所学内容，同时配有实训工作单，让学生学以致用。

本书与同类书相比具有如下显著特点。

(1) 新：穿插案例，清晰明了，形式独特。

(2) 全：知识点分门别类，包含全面，由浅入深，便于学习。

(3) 系统：知识讲解前后呼应，结构清晰，层次分明。

(4) 实用：理论和实际相结合，大量案例赏析，举一反三，学以致用。

(5) 赠送：除了必备的电子课件、教案、每章习题答案及模拟测试 A、B 试卷外，还相应地配套有大量的讲解音频、动画视频、三维模型、扩展图片、AR 增强等，以扫描二维码的形式再次拓展建筑力学与结构的相关知识点，力求让初学者在学习时最大限度地接受新知识，更快、更高效地达到学习目的。

本书由淮阴师范学院董留群任主编，参加编写工作的还有中原工学院袁振霞，安阳学院建筑工程学院李泽红，河南工程学院管理工程学院闫莉，新疆交通科学研究院张鹏举，郑州财经学院王空前，北京城建集团有限责任公司贺相祯。其中董留群负责编写第 1 章、第 7 章，袁振霞负责编写第 2 章，李泽红负责编写第 3 章，闫莉负责编写第 4 章，张鹏举负责编写第 5 章，王空前负责编写第 6 章，贺相祯负责编写第 8 章，在此对在本书编写过程中的全体合作者和帮助者表示衷心的感谢！

本书在编写过程中，还得到了许多同行的支持与帮助，在此一并表示感谢。由于编者水平有限和时间紧迫，书中难免有错误和不妥之处，望广大读者批评指正。

编　者

目　　录

建筑力学与结构-A卷.docx

建筑力学与结构-B卷.docx

第 1 章　认识建筑力学与结构

【教学目标】

1. 了解建筑力学的基本概念。
2. 了解建筑力学的实质。
3. 了解建筑结构的分类。
4. 熟悉各建筑结构的应用。

第 1 章 认识建筑力学与结构.pptx

【教学要求】

本章要点	掌握层次	相关知识点
建筑力学的概念	了解建筑力学的基本概念	力学的概念
建筑结构分类	了解建筑力学的实质	建筑力学
力学应用	了解建筑结构的分类	建筑结构
结构分类内容	熟悉各建筑结构的应用	建筑工程

【案例导入】

我国台湾大元事务所为中华钢铁公司设计的位于台湾高雄的总部大厦，工程质量比较优秀，有很大的参考意义。设计应用多面方形管结构拼接，从而得到优化抗震钢强度的美学形式。整个建筑有 4 个方形管状结构，中心共享核心筒。每个管结构每隔 8 层就扭转 12.5°，形成了一个动态造型。

【问题导入】

结合自身所学，试想高层建筑所用核心筒结构有何优点，以及整体受力情况如何，且为何高层建筑多采用通体结构。

1.1　建筑力学概述

音频.建筑力学的应用.mp3

1.1.1　建筑力学的概念和任务

1. 基本概念

力在人类生活和生产实践中无处不在，力的概念是人们在长期生产劳动和生活实践中逐渐形成的。在建筑工程活动中，当人们拉车、弯钢筋、拧螺母时，由于肌肉紧张，便感到用了力。例如，力作用在车子上可以让车子由静止到运动，力作用在钢筋上可以使钢筋由直变弯。由此可得到力的定义：力是物体间相互的机械作用，这种作用的效果会使物体的运动状态发生变化(外效应)，或者使物体发生变形(内效应)。由于力是物体与物体之间的相互作用，因此力不可能脱离物体而单独存在，某物体受到了力的作用，一定是有另一物体对它施加了力。

建筑力学是主要研究建筑结构或构件在外力作用下的平衡规律和变形规律的学科。在研究物体受力平衡的规律时，常把物体看成是不变形的物体，即刚体；在研究力的变形规律时，则把物体看成是变形物体。建筑力学是一门技术基础课程，它为土木工程的结构设计及施工现场受力问题的解决提供了基本的力学知识和计算方法。建筑力学在建筑、桥梁、交通、水利、运输、港口、航天航空机械、电力等行业有着广泛的应用。

2. 力的三要素

力的三要素是力对物体作用的效果，取决于力的大小、方向与作用点。

描述一个力时，要表明力的三要素，因为任一要素发生改变时，都会对物体产生不同的效果。

在国际单位制中，力的单位为牛顿(N)或千牛顿(kN)，1kN=1000N。

力是一个既有大小又有方向的物理量，所以力是矢量。力用一段带箭头的线段来表示。线段的长度表示力的大小；线段与某定直线的夹角表示力的方位，箭头表示力的指向；线段的起点或终点表示力的作用点。

用外文字母表示力时，印刷体用黑体字 F，手写时用加一箭线的细体字 F。而普通字母 F 只表示力的大小。

3. 建筑力学的任务

通过对结构、构件受力情况的分析和平衡状态的研究，分析工程结构的受力情况。研 1

究结构、构件在载荷作用下的内力及变形规律；建立构件强度、刚度和稳定性计算的理论基础，保证结构、构件在既安全又经济的前提下工作。

1.1.2 建筑力学的主要内容

建筑力学的研究对象主要是建筑物的结构或组成建筑结构的构件，工程中的构件形状是多种多样的，根据结构或构件的几何形状可分为杆件结构、薄壁结构和实体结构。

构件.docx

1. 杆件结构

杆件结构是指由杆件组成的结构。其几何特征是横截面的宽度和高度比长度小很多。

音频.工程结构的分类与作用.mp3

杆件结构的类型可分为两种：一种是平面杆件结构，是指组成结构的所有杆件的轴线都位于同一平面内，并且荷载也作用于该平面内的结构；另一种是空间杆件结构，是指组成结构的所有杆件以及荷载不位于同一平面内的结构。杆件结构如图 1-1 所示。

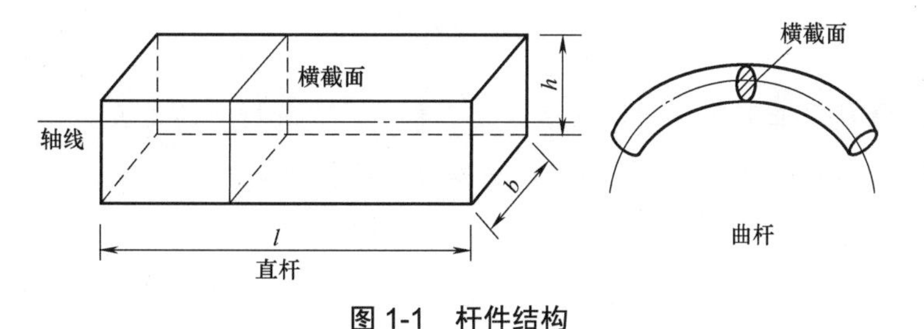

图 1-1　杆件结构

薄壁结构.mp4

2. 薄壁结构

薄壁结构是指由薄板或薄壳组成的结构。其几何特征是厚度比长度和宽度小很多。梁式薄壁结构如图 1-2 所示。

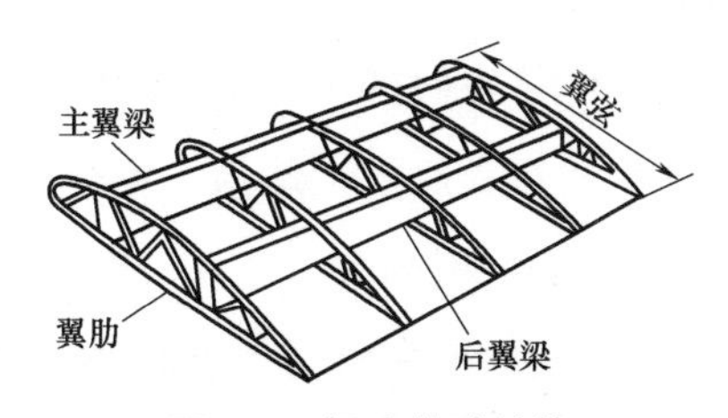

图 1-2　梁式薄壁结构

3. 实体结构

实体结构通常是指结构体本身是实心的结构。外力分布在整个体积中，即利用自身来承受负载，主要承受压力，如墙壁、柱子、实心球等。如图 1-3 所示。

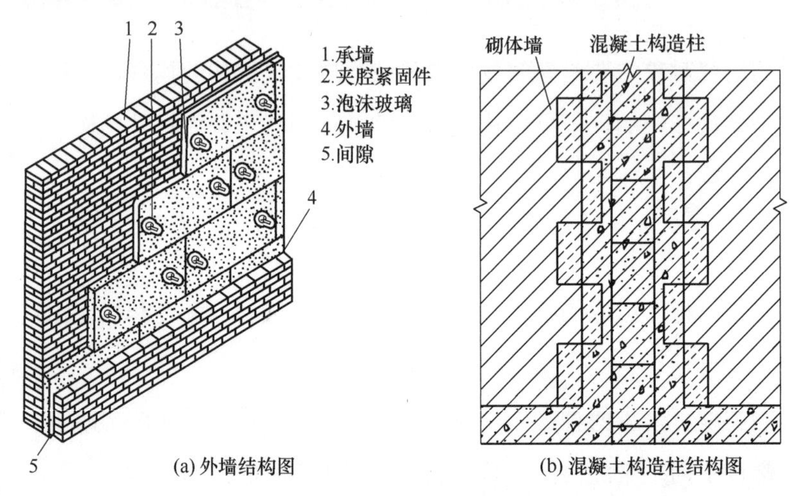

(a) 外墙结构图　　(b) 混凝土构造柱结构图

图 1-3　实体结构

实体结构检验主要包括以下内容：混凝土强度、钢筋保护层厚度、结构位置与尺寸偏差以及合同约定的内容；必要时可检验其他项目。

【案例 1-1】建筑业突飞猛进的发展速度，离不开建筑材料的发展和日渐丰富的设计理论及技术。而这些进步都是基于理论基础力学的进步，理论基础力学是建筑技术发展强有力的基石。

试结合上文分析建筑力学研究的主要内容。

建筑力学分为材料力学和结构力学。其中，材料力学是研究材料在各种外力作用下产生的应变、应力、强度、刚度、稳定和导致各种材料破坏的极限。材料力学是所有工科学生必修的学科，是设计工业设施必须掌握的知识。学习材料力学一般要求学生先修高等数学和理论力学。材料力学与理论力学、结构力学并称三大力学；结构力学是固体力学的一个分支，它主要研究工程结构受力和传力的规律，以及如何进行结构优化的学科。

结构力学研究的内容包括结构的组成规则，结构在各种效应(外力、温度效应、施工误差及支座变形等)作用下的响应，包括内力(轴力、剪力、弯矩、扭矩)的计算、位移(线位移、角位移)的计算，以及结构在动力荷载作用下的动力响应(自振周期、振型)的计算等。结构力学通常有三种分析的方法：能量法、力法、位移法，由位移法衍生出的矩阵位移法后来发展出有限元法，成为利用计算机进行结构计算的理论基础。

1.2 建筑结构概述

建筑结构有着悠久的历史。我国黄河流域的仰韶文化遗址就发现了前 5000 年—前 3000 年的房屋结构痕迹。金字塔(建于前 2700 年—前 2600 年)、万里长城都是建筑结构发展史上的辉煌之作。17 世纪工业革命后，资本主义国家工业化的发展推动了建筑结构的发展。17 世纪开始使用生铁，19 世纪初开始使用熟铁建造桥梁和房屋。自 19 世纪中叶开始，钢结构得到了蓬勃发展。1824 年水泥的发明使混凝土得以问世，20 多年后出现了钢筋混凝土结构的建筑。1928 年预应力混凝土结构的出现使混凝土结构的应用范围更为广泛。目前，钢结构房屋的高度已达 450m，见马来西亚吉隆坡国营石油公司大厦，如图 1-4(a)所示；钢筋混凝土结构房屋的高度达 305.4m，见朝鲜平壤柳京饭店，如图 1-4(b)所示；钢索桥的跨度达 1410.8m，见英国亨伯钢索桥，如图 1-4(c)所示。

(a) 石油公司大厦

(b) 柳京饭店

(c) 亨伯钢索桥

图 1-4 钢结构

1.2.1 建筑结构的概念和分类

建筑是供人们生产、生活和进行其他活动的房屋或场所。建筑物中由若干构件连接而成的能承受“作用”的平面或空间体系称为建筑结构，在不致混淆时可简称结构。这里所说的“作用”是使结构产生效应(如结构或构件的内力、应力、位移、应变、裂缝等)的各种原因的统称。作用分为直接作用和间接作用。直接作用习惯上称为荷载，是指施加在结构上的集中力或分布力系，如结构的自重、楼面荷载、雪荷载、风荷载等。间接作用是指引起结构外部变形或约束变形中的原因，如地基变形、混凝土收缩、温度变化、地震作用等。间接作用不能

音频.建筑结构的分类.mp3

称为荷载。

建筑结构由水平构件、竖向构件和基础组成。水平构件包括板、梁等，用以承受竖向荷载；竖向构件包括柱、墙等，用以支承水平构件或承受水平荷载；基础用以将建筑物承受的荷载传至地基。

建筑结构有不同的分类方法。按照所用的材料不同，建筑结构可分为混凝土结构、砌体结构、钢结构、木结构等类型。也可按承重体系进行分类。

1. 按使用的材料不同分类

1) 混凝土结构

按材料分类的建筑结构.docx

混凝土结构是钢筋混凝土结构、预应力混凝土结构和素混凝土结构的总称，其中钢筋混凝土结构应用最为广泛。

钢筋混凝土结构具有以下优点。

(1) 易于就地取材。钢筋混凝土的主要材料是砂、石，而这两种材料几乎到处都有，并且水泥和钢材的产地在我国分布也较广，这有利于降低工程造价。

钢筋混凝土结构.mp4

(2) 耐久性好。钢筋混凝土结构中，钢筋被混凝土紧紧包裹而不易锈蚀，即使在侵蚀性介质条件下，也可采用特殊工艺制成耐腐蚀的混凝土，因此具有很好的耐久性，几乎不用维修。

(3) 抗震性能好。钢筋混凝土结构，特别是现浇结构具有很好的整体性，能抵御地震作用，这对于地震区的建筑物有重要意义。

(4) 可塑性好。混凝土拌合物是可塑的，可根据工程需要制成各种形状的构件，这给合理选择结构形式及构件断面提供了方便。

(5) 耐火性好。在钢筋混凝土结构中，钢筋被混凝土包裹着，而混凝土的导热性很差，因此发生火灾时钢筋不致很快达到软化温度而造成结构破坏。

(6) 刚度大，承载力较高。

由于上述优点，钢筋混凝土结构不但被广泛应用于多层与高层住宅、宾馆、写字楼以及单层与多层工业厂房等工业与民用建筑中，而且水塔、烟囱、核反应堆等特种结构也多采用钢筋混凝土结构。钢筋混凝土的主要缺点是自重大，抗裂性能差，现浇结构模板用量大、工期长等。随着科学技术的不断发展，这些缺点可以逐渐克服，例如采用轻集料混凝土可以减轻结构自重，采用预应力混凝土可以提高构件的抗裂性能。钢筋混凝土结构如图 1-5 所示。

图 1-5　钢筋混凝土结构

2)　砌体结构

砌体结构.mp4

由块体(砖、石材、砌块)和砂浆砌筑而成的墙、柱作为建筑物主要受力构件的结构称为砌体结构，它是砖砌体结构、石砌体结构和砌块砌体结构的统称。砌体结构主要有以下优点。

(1)　取材方便，造价低廉。砌体结构所用的原材料如黏土、砂子、天然石材等几乎到处都有，因而比钢筋混凝土结构更为经济，并能节约水泥、钢材和木材。砌块砌体还可节约土地，使建筑向绿色建筑、环保建筑方向发展。

(2)　具有良好的耐火性及耐久性。一般情况下，砌体能耐受 40℃的高温。砌体耐腐蚀性能良好，完全能满足预期的耐久年限要求，具有良好的保温、隔热、隔音性能，节能效果好。

(3)　施工简单，技术容易掌握和普及，也不需要特殊的设备。

砌体结构的主要缺点是自重大，强度低，整体性差，砌筑劳动强度大。

砌体结构在多层建筑中应用非常广泛，特别是在多层民用建筑中，砌体结构占绝大多数。目前高层砌体结构也开始应用，建筑高度可达十余层。

砌体的抗压能力较高而抗弯及抗拉能力较低，因此，在实际工程中，砌体结构主要用于房屋结构中以受压为主的竖向承重构件(如墙、柱等)，而水平承重构件(如梁、板等)多为钢筋混凝土结构。这种由两种及两种以上材料作为主要承重结构的房屋称为混合结构。砌体结构如图 1-6 所示。

3)　钢结构

钢结构.mp4

钢结构是指以钢材为主制作的结构。钢结构具有以下主要优点。

(1)　材料强度高，自重轻，塑性和韧性好，材质均匀。

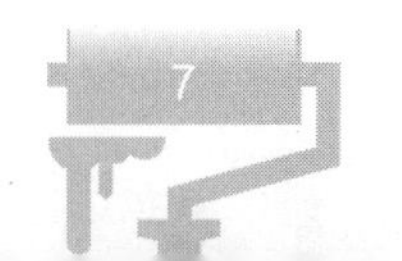

(2) 便于工厂生产和机械化施工，便于拆卸。

(3) 具有优越的抗震性能。

(4) 无污染、可再生、节能、安全，符合建筑可持续发展的原则，可以说钢结构的发展是 21 世纪建筑文明的体现。

钢结构易腐蚀，需经常刷油漆维护，故维护费用较高。钢结构的耐火性差，当温度达到 250℃时，钢结构的材质将会发生较大变化；当温度达到 500℃时，结构会瞬间崩溃，完全丧失承载能力。钢结构如图 1-7 所示。

图 1-6　砌体结构

图 1-7　钢结构

4) 木结构

木结构.mp4

木结构是指全部或大部分用木材制作的结构。这种结构易于就地取材，制作简单，但易燃易腐蚀、变形大，并且木材使用受到国家严格限制，因此已很少采用。木结构如图 1-8 所示。

图 1-8　木结构

2. 按承重体系分类

按承重体系分类的建筑结构.docx

1) 墙承重结构

用墙体来承受由屋顶、楼板传来的荷载的建筑，称为墙承重结构。如砖混结构的住宅、办公楼、宿舍等，适用于多层建筑，如图 1-9(a)所示。

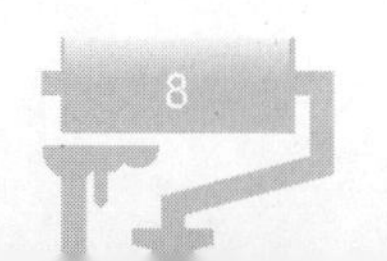

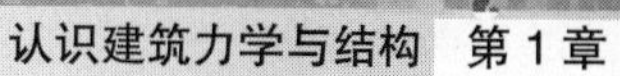

(a) 墙承重结构

(b) 排架结构

(c) 框架结构

(d) 剪力墙结构

(e) 框架—剪力墙结构

(f) 筒体结构

(g) 大跨度空间结构

大跨度建筑.mp4

图 1-9 按承重体系分类的建筑结构

2) 排架结构

排架结构是采用柱和屋架构成的排架作为其承重骨架，外墙起围护作用，单层厂房是其典型，如图 1-9(b)所示。

3) 框架结构

框架结构是以柱、梁、板组成的空间结构体系作为骨架的建筑。常见的框架结构多为钢筋混凝土建造，多用于 10 层以下建筑，如图 1-9(c)所示。

4) 剪力墙结构

剪力墙结构的楼板与墙体均为现浇或预制钢筋混凝土结构，多被用于高层住宅楼和公寓建筑，如图 1-9(d)所示。

5) 框架—剪力墙结构

在框架结构中设置部分剪力墙，使框架和剪力墙两者结合起来，共同抵抗水平荷载的空间结构，充分发挥了剪力墙和框架各自的优点，因此在高层建筑中采用框架——剪力墙结构比框架结构更经济合理，如图 1-9(e)所示。

6) 筒体结构

筒体结构是采用钢筋混凝土墙围成侧向刚度很大的筒体，其受力特点与一个固定于基础上的筒形悬臂构件相似。常见的筒体结构有框架内单筒结构、单筒外移式框架外单筒结构、框架外筒结构、筒中筒结构和成组筒结构，如图 1-9(f)所示。

7) 大跨度空间结构

该类建筑往往中间没有柱子，而是通过网架等空间结构把荷重传到建筑四周的墙、柱上去，如体育馆、游泳馆、大剧场等，如图 1-9(g)所示。

1.2.2 建筑结构的作用

绿色建筑模型.docx

在建筑物中，建筑结构的任务主要体现在以下三个方面。

1. 服务于空间应用和美观要求

音频.建筑结构的作用.mp3

建筑物是人类社会生活必要的物质条件，是社会生活的人为的物质环境，结构成为一个空间的组织者，如各类房间、门厅、楼梯、过道等。同时，建筑物也是历史、文化、艺术的产物，建筑物不仅要反映人类的物质需要，还要表现人类的精神需求，而各类建筑物都要用结构来实现。可见，建筑结构服务于人类对空间的应用和美观要求是其存在的根本目的。

2. 抵御自然界或人为荷载作用

建筑物要承受自然界或人为施加的各种荷载或作用，建筑结构就是这些荷载或作用的支承者，它要确保建筑物在这些作用力的施加下不破坏、不倒塌，并且要使建筑物持久地保持良好的使用状态。可见，建筑结构作为荷载或作用的支承者，是其存在的根本原因，也是其最核心的任务。

3. 充分发挥建筑材料的作用

建筑结构的物质基础是建筑材料，结构是由各种材料组成的，如用钢材组成的结构称为钢结构，用钢筋和混凝土组成的结构称为钢筋混凝土结构，用砖(或砌块)和砂浆组成的结构称为砌体结构。

同时，结构设计的主要目的是保证所建造的结构安全适用，能够在规定的期限内满足各种预期的功能要求，并且要经济、合理。具体来说，结构应具有以下功能。

1) 安全性

在正常施工和正常使用的条件下，结构应能承受可能出现的各种荷载作用和变形而不发生破坏；在偶然事件发生后，结构仍能保持必要的整体稳定性。例如，厂房结构平时受自重、吊车、风和积雪等荷载作用时，均应坚固不坏；而在遇到强烈地震、爆炸等偶然事件时，允许有局部的损伤，但应保持结构的整体稳定而不发生倒塌。

2) 适用性

在正常使用时，结构应具有良好的工作性能。如吊车梁变形过大会使吊车无法正常运行、水池出现裂缝便不能蓄水等，都影响正常使用，需要对变形、裂缝等进行必要的控制。

3) 耐久性

在正常维护的条件下，结构应能在预计的使用年限内满足各项功能要求，即应具有足够的耐久性。

安全性、适用性和耐久性概括地称为结构的可靠性。显然，采用加大构件截面、增加配筋数量、提高材料性能等措施，总可以满足上述功能要求，但这将导致材料浪费、造价提高、经济效益降低等。

【案例 1-2】徽派建筑结构方式，又名回厅。穿堂的位置在大厅背后，与大厅紧连，是大厅进入内室的过渡建筑。大部分为木地板，小三间与大厅相背，入口则由大厅正面隔屏的两侧门进入。一明堂，两个房间。穿堂较正式三间为小，有天井采光。

结合上文分析此回厅的建筑结构和作用。

本章小结

本章简单介绍建筑力学的基本概念，以及建筑结构的分类与应用，为接下来的深入学习做好了铺垫。学生想要彻底了解，仅凭一本书所学不足以覆盖广大的知识面，各位可自行查找有关资料，全方位地了解建筑力学与结构的分类及其应用，深入浅出，为接下来的学习打下坚实的基础。

实训练习

一、单选题

1. 工业厂房一般采用下列哪种结构？(　　)

A. 剪力墙结构　B. 排架结构　C. 框架结构　D. 筒体结构

2. 高层建筑一般采用下列哪种结构形式？(　　)

A. 筒体结构　B. 大空间结构　C. 剪力墙结构　D. 框架结构

3. 在国际单位制中，力的单位为牛顿(N)或千牛顿(kN)，10kN=(　　)。

A. 1000N　B. 10000N　C. 100N　D. 100000N

4. 以下(　　)不属于剪力墙结构的优点。

A. 承载力大　B. 整体性好

C. 耐火性能好　D. 空间布置灵活

5. 为了保证结构和构件安全可靠地工作，(　　)不是必须满足的要求。

A. 具有足够的强度　B. 具有足够的刚度

C. 具有足够的经济性　D. 具有可靠的稳定性

二、多选题

1. 建筑结构要满足(　　)方面的要求。

A. 安全性　B. 耐久性　C. 适用性

D. 经济性　E. 合法性

2. 工程中的构件形状是多种多样的，根据结构或构件的几何形状可分为(　　)。

A. 框架结构　B. 杆件结构　C. 薄壁结构

D. 钢结构　E. 实体结构

3. 力的三要素是(　　)。

A. 力的方向　　B. 力的大小　　C. 力的作用点

D. 力的种类　　E. 力的作用形式

4. 在建筑物中，建筑结构的任务主要体现在(　　)。

A. 考虑全部力的作用　　B. 只需有设计规定的功能

C. 服务于空间应用和美观要求　　D. 抵御自然界或人为荷载作用

E. 充分发挥建筑材料的作用

5. 钢结构是指以钢材为主制作的结构，钢结构具有(　　)的优点。

A. 材料强度高，自重轻，塑性和韧性好，材质均匀

B. 便于工厂生产和机械化施工，便于拆卸

C. 具有优越的抗震性能

D. 无污染、可再生、节能、安全，符合建筑可持续发展的原则

E. 承载力高，耐火性能好

三、简答题

第1章习题答案.docx

1. 简述建筑力学的概念。

2. 建筑结构有哪些分类？

3. 简体结构在建筑工程中有何应用？

实训工作单一

<table>
<tr><td>班级</td><td></td><td>姓名</td><td></td><td>日期</td><td></td></tr>
<tr><td colspan="2">教学项目</td><td colspan="4">建筑结构分类及应用</td></tr>
<tr><td>任务</td><td colspan="2">学习建筑结构的分类及其应用</td><td>学习途径</td><td colspan="2">本书中的案例分析，自行查找相关书籍</td></tr>
<tr><td colspan="3">学习目标</td><td colspan="3">掌握建筑结构的分类及其应用</td></tr>
<tr><td colspan="3">学习要点</td><td colspan="3">建筑结构的分类</td></tr>
<tr><td colspan="6">学习记录</td></tr>
<tr><td>评语</td><td colspan="3"></td><td>指导教师</td><td></td></tr>
</table>

实训工作单二

<table>
<tr><td>班级</td><td></td><td>姓名</td><td></td><td>日期</td><td></td></tr>
<tr><td colspan="2">教学项目</td><td colspan="4">建筑结构适用范围</td></tr>
<tr><td>任务</td><td colspan="2">学习各种建筑结构及适用范围</td><td>学习
途径</td><td colspan="2">本书中的案例分析，自行查找相关书籍</td></tr>
<tr><td colspan="3">学习目标</td><td colspan="3">掌握各种建筑结构及适用范围</td></tr>
<tr><td colspan="3">学习要点</td><td colspan="3">建筑的适用范围</td></tr>
<tr><td colspan="6">学习记录</td></tr>
<tr><td>评语</td><td colspan="3"></td><td>指导教师</td><td></td></tr>
</table>

第 2 章　静力学基本知识及结构计算简图

【教学目标】

1. 掌握静力学的基本知识。
2. 掌握平面汇交力系的合成与平衡。
3. 掌握建筑结构的计算简图。

第 2 章 静力学基本知识及结构计算简图.pptx

【教学要求】

本章要点	掌握层次	相关知识点
静力学的基本知识	1. 了解静力学 2. 掌握力与刚体 3. 掌握静力学基本公理 4. 掌握力矩和力偶 5. 掌握约束与约束反力	力学的相关概念
平面汇交力系的合成与平衡	1. 掌握力在直角坐标轴上的投影 2. 掌握平面汇交力系及其平衡条件 3. 掌握平面一般力系及平衡条件	平面汇交力系的合成与平衡
建筑结构的计算简图	1. 掌握计算简图 2. 掌握工程中常见结构的计算简图	建筑内力

【案例导入】

背景 1：沿直线轨道滚动的车轮，其轮缘上一点的运动(结合教具)，取轮缘上的一点 M 为动点，固结于车厢的坐标系为动参考系，则车厢相对于地面的平动是牵连运动；在车厢上看到的点做圆周运动，这是相对运动；在地面上看到点沿旋轮线运动，这是绝对运动。

背景 2：飞机在空中飞行时螺旋桨上一点的运动(结合课件)，取飞机螺旋桨上一点 M 为动点，动系固结于飞机上，则飞机相对于地面的运动是牵连运动；在飞机上看到点做圆周运动，这是相对运动；在地面上看到点沿螺旋线运动，这是绝对运动。

【问题导入】

本案例是我们初中经常需要分析的物理模型，试结合这个模型分析相关运动，并指出与我们现在学习的力知识有哪些相同之处以及不同之处。

2.1 静力学的基本知识

2.1.1 静力学简介

静力学是理论力学的一个分支，研究质点系受力作用时的平衡规律。平衡是指质点系相对于惯性参考系保持静止的状态。平衡是物体机械运动的特殊形式，严格地说，物体相对于惯性参照系处于静止或做匀速直线运动的状态，即加速度为零的状态都称为平衡。对于一般工程问题，平衡状态是以地球为参照系确定的。“静力学”一词是由皮埃尔·伐里农于 1725 年引入的。按照研究方法，静力学可分为分析静力学和几何静力学。分析静力学研究任意质点系的平衡问题，给出质点系平衡的充分必要条件。几何静力学主要研究刚体的平衡规律，得出刚体平衡的充分必要条件，又称刚体静力学。几何静力学从静力学公理出发，通过推理得出平衡力系应满足的条件，即平衡条件；用数学方程表示，就构成平衡方程。静力学中关于力系简化和物体受力分析的结论，也可应用于动力学。借助于达朗伯原理，可将动力学问题化为静力学问题的形式。静力学在工程技术中有广泛的应用。例如设计房梁的截面，一般须先根据平衡条件由梁所受的规定载荷求出未知的约束力，然后再进行梁的强度和刚度分析。

研究刚体平衡得到的平衡条件，对变形体说，只是平衡的必要条件而不是充分条件。研究弹性体、塑性体、黏弹性体、流体等的静力学，除了必须满足将变形体看成刚体(刚化)得到的平衡方程以外，尚须补充与物质特性有关的力学方程，如对弹性体须补充胡克定律等。

静力学是材料力学和其他各种工程力学的基础，在土建工程和机械设计中有着广泛的应用。

2.1.2 力与刚体

皮埃尔·伐里农.docx

1. 基本介绍

刚体是指在运动中和受力作用后，形状和大小不变，而且内部各点的相对位置不变的物体。绝对刚体实际上是不存在的，刚体只是一种理想模型，因为任何物体在受力作用后，都会或多或少地变形，如果变形的程度相对于物体本身几何尺寸来说极其微小，在研究物体运动时变形就可以忽略不计。例如，物理天平的横梁处于平衡状态，横梁在力的作用下产生的形变很小，各力矩的大小都几乎不变。对于形变，实际是存在的，但可不予考虑。为此在研究天平横梁平衡问题时，可将横梁当作刚体。

把许多固体视为刚体，所得到的结果在工程上一般已有足够的准确度。但要研究应力和应变，则须考虑变形的影响。由于变形一般总是微小的，所以可先将物体当作刚体，用理论力学的方法求得加给它的各未知力，然后再用变形体力学，包括材料力学、弹性力学、塑性力学等理论和方法进行研究。

刚体在空间的位置，必须根据刚体中任一点的空间位置和刚体绕该点转动时的位置(见刚体一般运动)来确定，所以刚体在空间有六个自由度。

2. 平动

任意刚体两点连线保持方向不变，各点的位移、速度、加速度都相同，可当作质点来处理。如果刚体在运动过程中，两个坐标系的各坐标轴永远相互平行，这种运动称为平动。此时刚体上所有质点，都有相同的加速度。故刚体上任意一点的运动都可以代表整个刚体的运动，所以刚体平动时和质点的运动完全一样，其自由度为3，可取 C 点的三个坐标 x、y、z 为广义坐标。平动并不一定是直线运动，也可以做圆周运动。

3. 定轴转动

刚体上每点绕同一轴线做圆周运动，且转轴空间位置及转动方向保持不变。

如果刚体在运动过程中，至少有两个质点保持不动，那么将这两个质点的连线取为两个坐标系的一个公共坐标轴 z 轴，则刚体上各点都绕此轴做圆周运动，这种运动称为定轴转动。

4. 平面平行运动

刚体的质心被限制在同一平面内，转轴可平动，但始终垂直于该平面且通过质心。

如果在运动过程中，刚体中任意一点始终在平行于某一固定平面的平面内运动，则称为平面平行运动，简称平面运动，此时只需研究刚体中任一和固定平面平行的截面运动就够了。

5. 定点转动

定点转动是刚体上各点都在以某一定点为球心的球面上运动。

在运动过程中有一点永远保持不动。我们可取这个固定点为公共原点，坐标轴之间的夹角则可以任意改变。可以证明，在这种情况下，刚体从一个初位置运动到任意一个新位置时，恒可以通过三个独立的角坐标来表示。这三个角度的变化范围为：$0\leqslant\phi\leqslant2\pi$，$0\leqslant\theta\leqslant\pi$，$0\leqslant\psi\leqslant2\pi$。

从上面的讨论可知，做定点转动时，刚体在空间的任一位置可由三个欧拉角唯一确定，所以三个欧拉角就是刚体定点转动的广义坐标。

但是这种描述方法不是唯一的。例如，我们也可以把刚体定点转动看成是转动轴 Oz 方向可以任意变化的定轴转动。要确定 Oz 轴的方向，可用球坐标的余纬角θ和经度角 ϕ来表示，再加上绕轴 Oz 的转角 ψ，它们同样可以唯一地确定刚体在空间的位置，也是广义坐标，这三个角坐标和三个欧拉角并不完全一样，其中θ和 ψ是一样的，但两者的 ϕ并不一样。

6. 一般运动

一般运动是平面运动与一般转动的结合。

刚体做一般运动时，恒可以分解为平动和定点转动两部分。平动部分可用 C 点的三个坐标 x，y，z 描述，定点转动部分可以用三个欧拉角 ϕ、θ、 ψ描述。这六个坐标就是刚体做一般运动时的广义坐标。

7. 运动特点

(1) 刚体上任意两点的连线在平动中是平行且相等的。

(2) 刚体上任意质元的位置矢量不同，相差一恒矢量，但各质元的位移、速度和加速度却相同。因此，常用“刚体的质心”来研究刚体的平动。

音频.静力学的基本公理.mp3

2.1.3 静力学基本公理

静力学基本公理.mp4

静力学公理是人类在长期的生产和生活实践中，经过反复观察和试验总结出来的普遍规律。它阐述了力的一些基本性质，是静力分析的基础。

1. 作用力与反作用力公理

两个物体之间的作用力和反作用力，总是大小相等，方向相反，沿同一直线，并分别作用在这两个物体上。

作用力与反作用力.docx

作用力与反作用力的性质相同。作用力与反作用力公理概括了两个物体之间相互作用力之间的关系，在分析物体受力时具有重要作用。

2. 二力平衡公理

作用在同一物体上的两个力使物体平衡的必要和充分条件是：这两个力大小相等，方向相反，且作用在同一直线上。

这个公理说明了作用在同一物体上两个力的平衡条件。当一个物体只受两个力作用而保持平衡时，这两个力一定满足二力平衡公理。若一根杆件只在两点受力作用下处于平衡状态，则作用在此两点的二力的方向必在这两点的连线上。

注意，不能将二力平衡问题与作用力和反作用力关系混淆。

思考：放置在桌面上的物体保持静止，试分析物体所受的力以及它们的反作用力。

3. 加减平衡力系公理

作用于刚体的任意力系中，加上或减去任意平衡力系，并不改变原力系的作用效应。

推论：力的可传性原理。作用在刚体上的力可沿其作用线移动到刚体内的任意点，而不改变原力对刚体的作用效应。

现实中的一些现象都可以用力的可传性原理进行解释。例如，用绳拉车和用同样大小的力在同一直线沿同一方向推车，对车产生的运动效应相同。

根据力的可传性原理，力对刚体的作用效应与力的作用点在作用线的位置无关。

加减平衡力系公理和力的可传性原理都只适用于刚体。对于变形体，由于力的移动会导致物体发生不同的形变，因而作用效应不同。

4. 力的平行四边形法则

作用于物体上的同一点的两个力，可以合成为一个合力，合力也作用于该点，合力的大小和方向由这两个力为边所构成的平行四边形的对角线来表示，如图 2-1 所示。

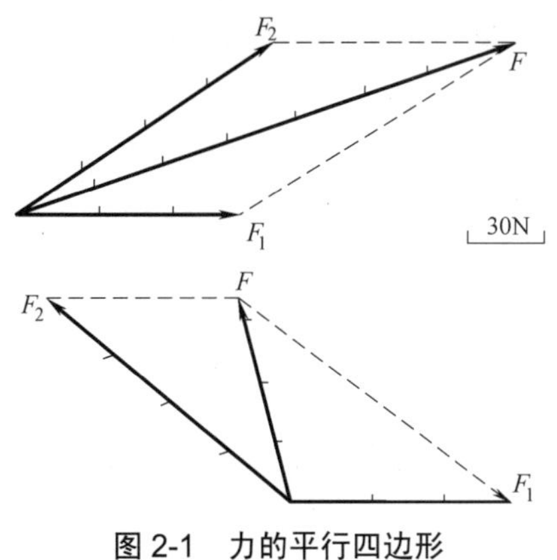

图 2-1　力的平行四边形

此公理说明力的合成遵循矢量加法，只有当两个力共线时，才可采用代数加法。

两个共点力可以合成为一个力；反之，一个已知力也可以分解为两个力。在工程实际问题中，常常把一个力沿直角坐标方向进行分解。

推论：三力平衡汇交定理。一刚体受共面不平行的三个力作用而平衡时，这三个力的作用线必汇交于一点。

三力平衡汇交定理常常用来确定物体在共面不平行的三个力作用下平衡时其中未知力的方向。

2.1.4 力矩和力偶

音频.力系的分类.mp3

1. 力矩

从实践中知道，力对物体的作用效果除了能使物体移动外，还能使物体转动，力矩就是度量力使物体转动效果的物理量。

力使物体产生转动效应与哪些因素有关呢？现以扳手拧螺帽为例，如图 2-2 所示。手加在扳手上的力 F，使扳手带动螺帽绕中心 O 转动。力 F 越大，转动越快；力的作用线离转动中心越远，转动也越快；如果力的作用线与力的作用点到转动中心 O 点的连线不垂直，则转动的效果就差；当力的作用线通过转动中心 O 时，无论力多大也不能扳动螺帽，只有当力的作用线垂直于转动中心与力作用点的连线时，转动效果最好。另外，当力的大小和作用线不变而指向相反时，将使物体向相反的方向转动。在建筑工地上使用撬杠抬起重物，使用滑轮组起吊重物等也是实际的例子。通过大量的实践可总结得出以下规律：力使物体绕某点转动的效果，与力的大小成正比，与转动中心到力的作用线的垂直距离 d 也成正比。这个垂直距离称为力臂，转动中心称为力矩中心(简称矩心)。力的大小与力臂的乘积称为力 F 对点 O 之矩(简称力矩)。计算公式可写为

$$M_O(F) = \pm F \cdot d \tag{2-1}$$

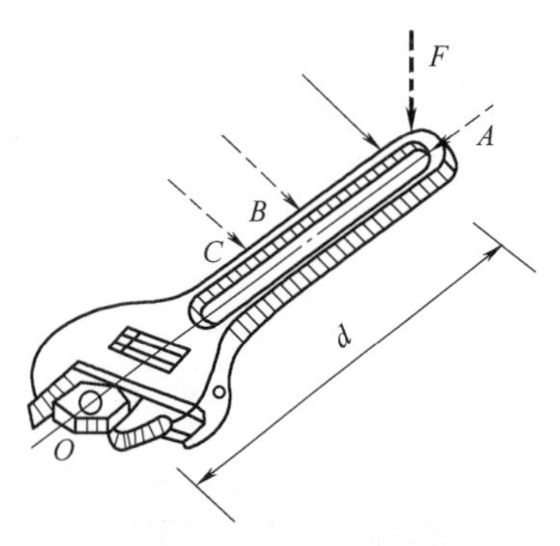

图 2-2　扳手拧螺帽

式中的正负号表示力矩的转向。在平面内规定：力使物体绕矩心做逆时针方向转动时，力矩为正；力使物体做顺时针方向转动时，力矩为负。因此，力矩是个代数量，力矩的单位是 N · m 或 kN · m。

由力矩的定义可以得到如下力矩的性质。

(1) 力 F 对点 O 的力矩，不仅决定于力的大小，同时与矩心的位置有关。矩心的位置不同，力矩随之不同。

(2) 当力的大小为零或力臂为零时，则力矩为零。

(3) 力沿其作用线移动时，因为力的大小、方向和力臂均没有改变，所以力矩不变。

(4) 相互平衡的两个力对同一点的力矩的代数和等于零。

【案例 2-1】 试分别计算图 2-3 中 F_1、F_2 对 O 点的力矩。

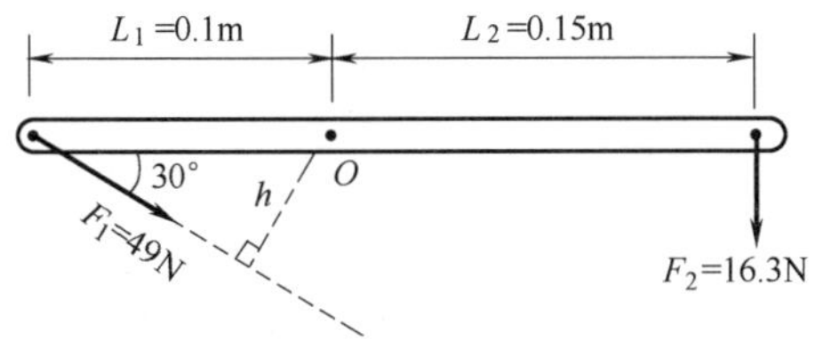

图 2-3　计算图示例

解：由题意可得

$$M_O(F_1)=49\times0.1\times\sin30^\circ=2.45\text{kN}\cdot\text{m}$$

$$M_O(F_2)=-16.3\times0.15=-2.445\text{kN}\cdot\text{m}$$

2. 合力矩定理

在计算力对点的力矩时，往往是力臂不易求出，因而直接按定义求力矩难以计算。此时，通常采用的方法是将这个力分解为两个或两个以上便于求出力臂的分力，再由多个分力力矩的代数和求出合力的力矩。这一有效方法的理论根据是合力矩定理，即：

有 n 个平面汇交力作用于 A 点，则平面汇交力系的合力对平面内任一点之矩，等于力系中各分力对同一点力矩的代数和。

$$M_O(F_R)=M_O(F_1)+M_O(F_2)+\cdots+M_O(F_n)=\sum M_O(F) \tag{2-2}$$

合力矩定理一方面常常可以用来确定物体的重心位置；另一方面也可以用来简化力矩的计算。这样就使力矩的计算有两种方法：在力臂已知或方便求解时，按力矩定义进行计算；在计算力对某点之矩，力臂不易求出时，按合力矩定理求解，可以将此力分解为相互垂直的分力，如两分力对该点的力臂已知，即可方便地求出两分力对该点力矩的代数和，从而求出已知力对该点的力矩。

【案例 2-2】如图 2-4 所示，平板上的 A 点作用一个力 F=150kN，板的尺寸如图所示，计算力 F 对 O 点的力矩。

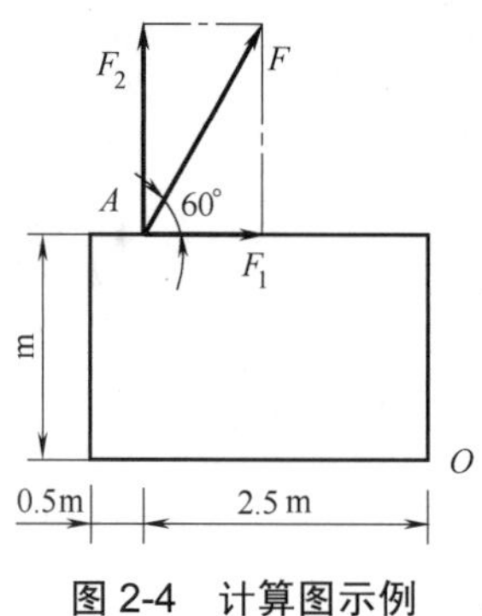

图 2-4　计算图示例

解:

先将力 F 分解成两个互相垂直的分力 F_1、F_2，再用合力矩定理计算。

$$F_1=F\times\cos 60^\circ=150\times\frac{1}{2}=75(\text{kN})$$

$$F_2=F\times\sin 60^\circ=150\times\frac{\sqrt{3}}{2}=129.9(\text{kN})$$

由合力矩定理可得:

$$\begin{aligned}M_O(F)&=M_O(F_1)+M_O(F_2)\\&=-F_1\times 2-F_2\times 2.5\\&=-75\times 2-129.9\times 2.5\\&=-474.75(\text{kN})\end{aligned}$$

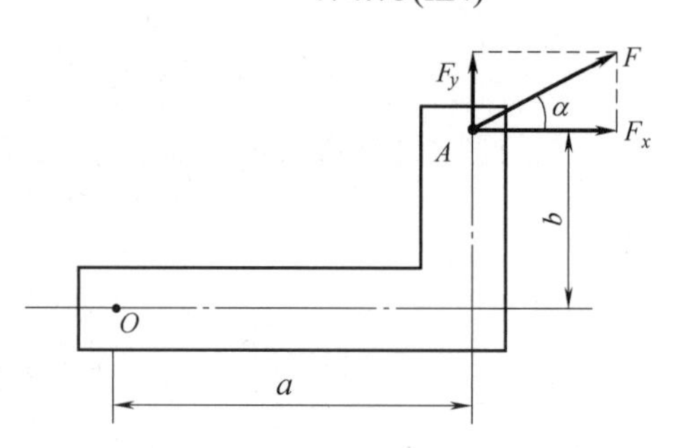

3. 力偶

在静力学中的基本力学量中，除了前面一直在讨论的力以外，还有力偶。力偶可以理解为一个特殊的力系，该力系既无合力也不平衡，对物体作用时，只有转动效应，没有平移效应。

1)　力偶的概念

在日常生活中，常常会遇到两个大小相等、方向相反、不共线的平行力作用在同一物体上的现象。例如，汽车司机用双手转动方向盘；用两个手指转动钥匙打开门锁；用手指拧动水龙头等，如图 2-5 所示。在力学中，把两个等值、反向、不共线的平行力组成的力系，称为力偶，用符号(F，F')表示。

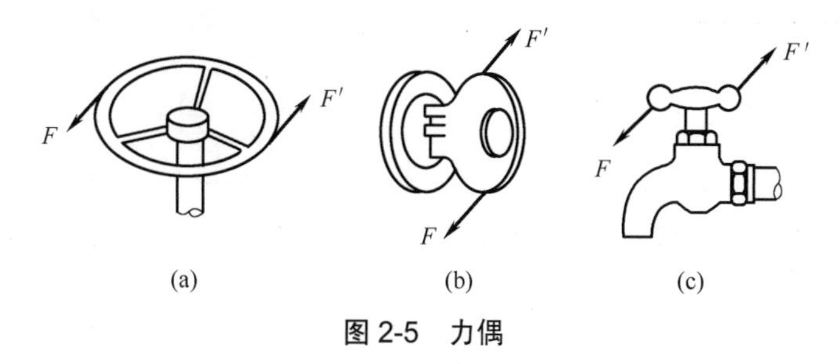

图 2-5　力偶

2)　力偶矩

力偶(F，F')的两个力作用线所在的平面称为力偶的作用面，两个力作用线之间的垂直距离 d 称为力偶臂，如图 2-6 所示。已经知道，力对物体绕一点转动的效应用力矩来表示，力偶对物体绕某点转动的效应，则可用力偶的两个力对该点的矩的代数和来度量。

设有一力偶(F，F')，其力偶臂为 d，如图 2-7 所示，力偶对作用面内任一点 O(O 点与力 F' 的距离为 x)之矩为 $M_O(F, F')$，则

$$M_O(F,F') = M_O(F) + M_O(F') = F(d+x) - F'x = Fd \tag{2-3}$$

矩心 O 是平面内任取的一点，这说明力偶对物体的作用效应仅决定于力的大小与力偶臂 d 的长短，而与矩心的位置无关。力偶的任一力的大小与力偶臂的乘积再冠以相应的正负号称为力偶矩，记作 M 或用 $M_O(F, F')$表示。在平面问题中，通常规定，力偶使物体逆时针转动时，力偶矩取正号，反之取负号，即

$$M = \pm Fd \tag{2-4}$$

可见，平面问题中力偶矩是个代数量。力偶矩的单位与力矩的单位相同。

3)　力偶的基本性质

(1)　力偶没有合力，不能用一个力来等效，也不能用一个力来与之平衡。

求如图 2-8 所示两平行力 F_1 与 F_2 的合力，其中 F_1 与 F_2 为平行并同向的两个力。在 F_1 与 F_2 作用点的连线上加上一对平衡力 P 和 P'，使平行的 F_1 与 F_2 二力等效为延长线相交的 F_{R1} 与 F_{R2} 二力，再利用平行四边形法则可求得合力 F_R。

同理，再求如图 2-9 所示一力偶(F，F')的合力，其中 F 与 F' 为平行并反向的两个力。不难发现，原力系(F，F')在加入一平衡力系后，新力系(F_R，F_R')仍为平行、等值、反向且不在一直线上的两个力，或者说仍然为一力偶。这说明力偶是没有合力的，或者说力偶不能与一个力等效，显然也就不能与一个力平衡，因此力偶是与力有着本质区别的另一种物

理量。

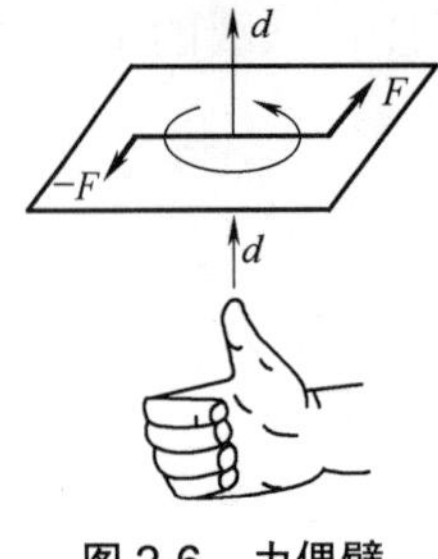

图 2-6　力偶臂

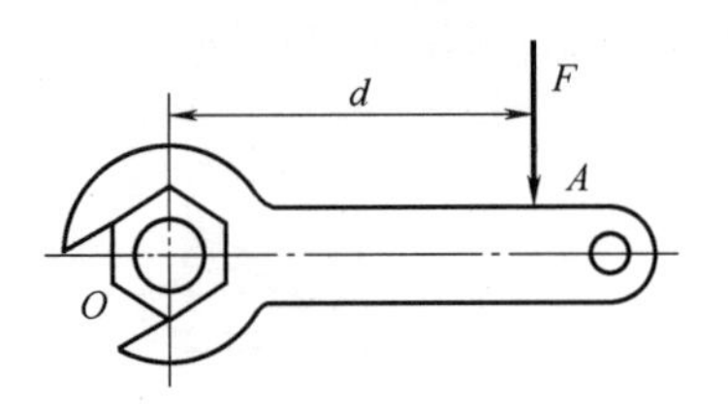

图 2-7　平面力对点的矩

(2)　力偶使物体绕其作用面内任意一点的转动效应，与矩心的位置无关，完全由力偶矩来确定。

通过对力偶矩的介绍，可以知道力偶的转动效应可以完全由力偶矩来度量，即只与力的大小和力偶臂的长短有关，而与矩心的位置无关。如图 2-8 所示，力偶(F，F')与力偶(F_R，F_R')虽然等效，但力的大小与两力间的垂直距离均发生了变化，两力偶的力偶矩分别为

$$M(F，F') = +F \times d \tag{2-5}$$

$$M(F_R，F_R') = +F_R \times d_1 = +\frac{F}{\cos\alpha} \times d \times \cos\alpha = +F \times d = M(F，F') \tag{2-6}$$

这个等式表明，作用在刚体上同一平面的两个力偶，如果力偶矩相等，则两力偶彼此等效，这就是力偶的等效定理。由此定理可以得到如下推论。

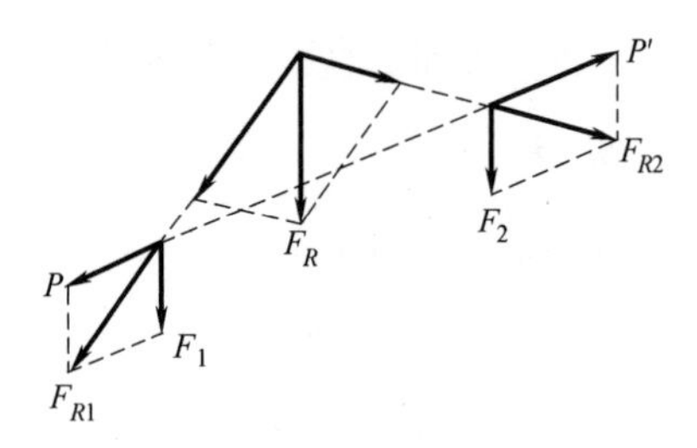

图 2-8　计算图示例(一)

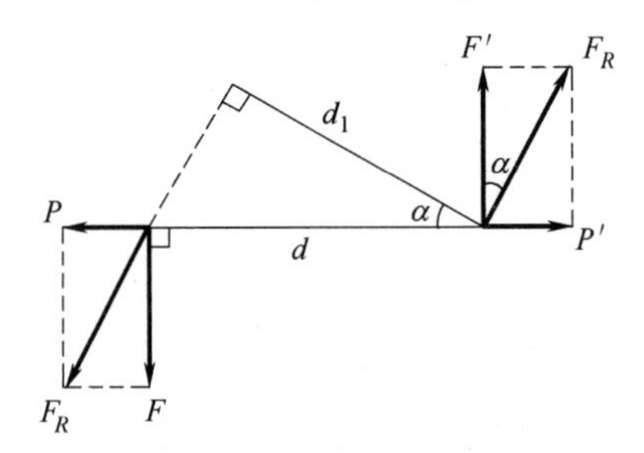

图 2-9　计算图示例(二)

推论 1：力偶可以在其作用面内任意移转，而不改变它对刚体的转动效应。因此，力偶对刚体的转动效应与力偶在其作用面内的位置无关。

推论 2：在保持力偶矩的大小和转向不变的情况下，可以任意改变力偶中力的大小和力偶臂的长短，而不会改变它对刚体的效应。上述力偶等效变换的性质与力的可传性原理一样，也只适用于刚体。

如图 2-10(a)～(c)所示三个力偶，其力偶矩分别为$-5\times2=-10\text{kN}\cdot\text{m}$、$-1.25\times8=-10\text{kN}\cdot\text{m}$、$-5\times\sqrt{8}\times\dfrac{\sqrt{2}}{2}=-10\text{kN}\cdot\text{m}$。根据力偶的等效定理可知，三个力偶完全等效。力学经常用图 2-10(d)所示符号表示力偶及其力偶矩。

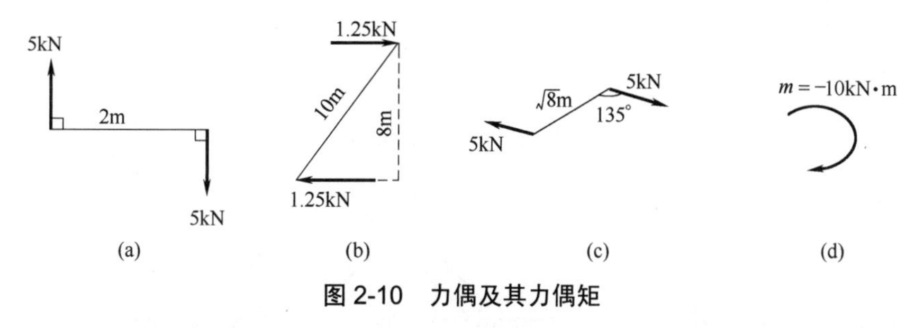

图 2-10 力偶及其力偶矩

2.1.5 约束与约束反力

在工程实际中，构件总是以一定的形式与周围其他构件相互联结，即物体的运动要受到周围其他物体的限制，如机场跑道上的飞机要受到地面的限制，转轴要受到轴承的限制，房梁要受到立柱的限制。这种对物体的某些位移起限制作用的周围其他物体称为约束，如轴承就是转轴的约束。约束限制了物体的某些运动，所以有约束力作用于物体，这种约束对物体的作用力称为约束反力。工程实际中将物体所受的力分为两类：一类是能使物体产生运动或运动趋势的力，称为主动力，主动力有时也叫载荷；另一类是约束反力，它是由主动力引起的，是一种被动力。

1. 柔性约束(柔索)

柔性约束由绳索、胶带或链条等柔性物体构成；只能受拉，不能受压；只能限制沿约束的轴线伸长方向的位移。

约束.docx

柔性约束对物体的约束力是：作用在接触点，方向沿着柔性约束的中心线背离物体，通常用 F_T 表示，如图 2-11 所示。

2. 光滑接触面约束

当两物体接触面之间的摩擦力小到可以忽略不计时，可将接触面视为理想光滑的约束。

这时，不论接触面是平面还是曲面，都不能限制物体沿接触面切线方向的运动，而只能限制物体沿着接触面的公法线指向约束物体方向的运动。因此，光滑接触面对物体的约束反力是：通过接触点，方向沿着接触面公法线方向，并指向受力物体。这类约束反力也称法向约束反力，通常用 F_N 表示，如图 2-12 所示。

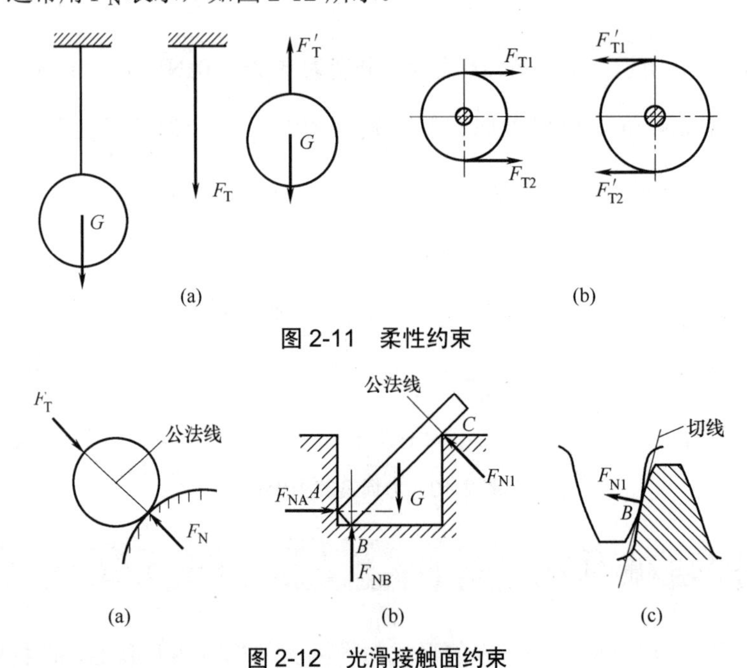

图 2-11　柔性约束

图 2-12　光滑接触面约束

3. 光滑圆柱形铰链约束

1)　连接铰链

两构件用圆柱形销钉连接且均不固定，即构成连接铰链。受这种约束的物体，只可绕销钉的中心轴线转动，而不能相对销钉沿任意径向方向运动。这种约束实质是两个光滑圆柱面的接触，其约束反力作用线必然通过销钉中心并垂直圆孔在 O 点的切线，约束反力的指向和大小与作用在物体上的其他力有关，所以光滑圆柱铰链的约束反力的大小和方向都是未知的，其约束反力用两个正交的分力 F_{Ax} 和 F_{Ay} 表示，如图 2-13 所示。

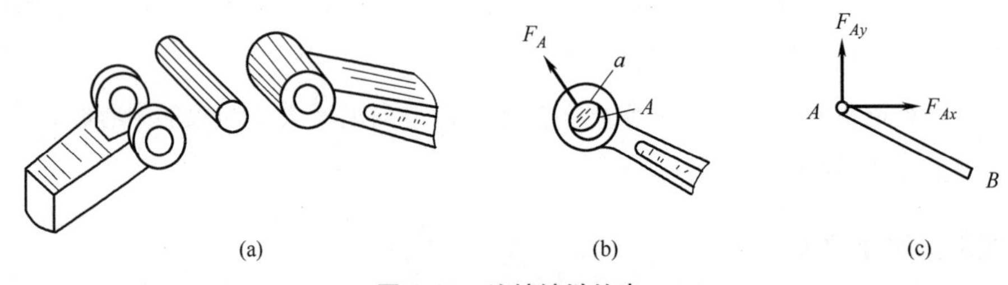

图 2-13　连接铰链约束

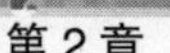

2) 固定铰链支座

如果连接铰链中有一个构件与地基或机架相连，便构成固定铰链支座，这种约束的约束反力的作用线也不能预先确定，其约束反力仍用两个正交的分力 F_{Ox} 和 F_{Oy} 表示，如图 2-14 所示。

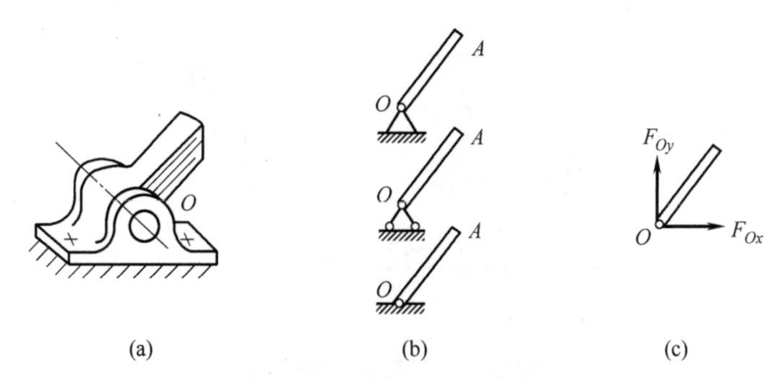

图 2-14 固定铰链支座约束

3) 可动铰链支座

在桥梁、屋架等工程结构中经常采用这种约束。在铰链支座的底部安装一排滚轮，可使支座沿固定支承面移动，这种支座的约束性质与光滑面约束反力相同，其约束反力必垂直于支承面，且通过铰链中心，如图 2-15 所示。

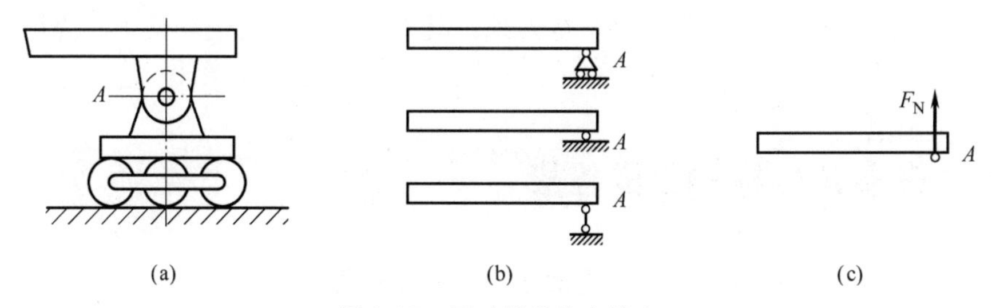

图 2-15 可动铰链支座约束

4. 固定端约束

固定端约束能限制物体沿任何方向的移动，也能限制物体在约束处的转动。所以，固定端 A 处的约束反力可用两个正交的分力 F_{Ax}、F_{Ay} 和力矩为 M_A 的力偶表示，如图 2-16 所示。

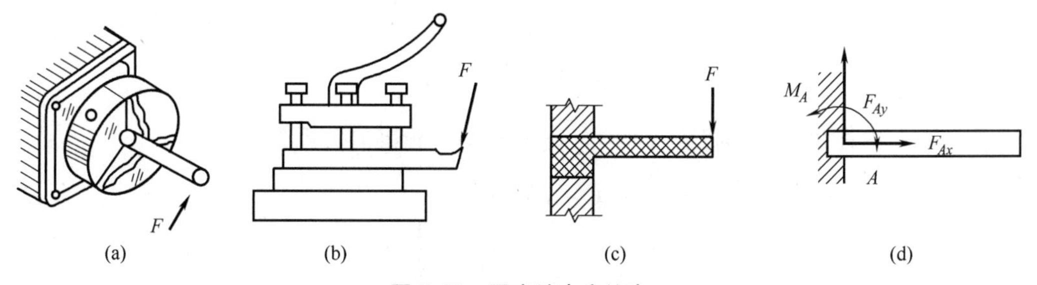

图 2-16 固定端支座约束

5. 球铰链支座

球铰链是一种空间约束，它能限制物体沿空间任何方向移动，但物体可以绕其球心任意转动。球铰链的约束反力可用三个正交的分力 F_{Ax}、F_{Ay}、F_{Az} 表示，如图 2-17 所示。

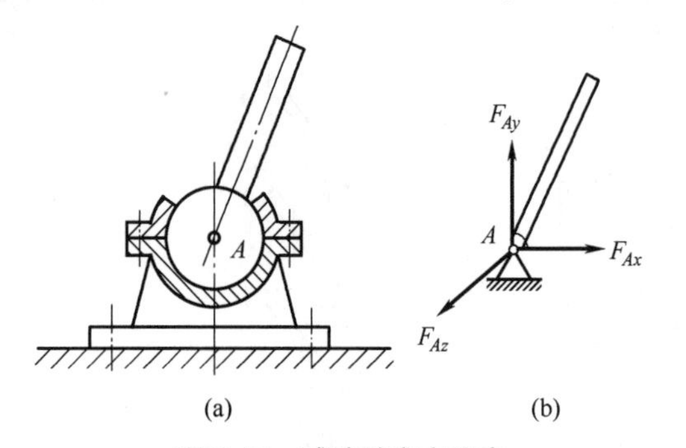

圆形铰链约束.mp4

图 2-17　球铰链支座约束

2.2　平面汇交力系的合成与平衡

多个力称为力系。若力系中诸力的作用线在同一平面内时，称为平面力系，不在同一平面内的称为空间力系。如果同一平面内的各力均汇交于一点，称为平面汇交力系。力线在同一平面内且相互平行的称为平面平行力系。既不平行也不完全相交于一点的，则称为一般力系。

2.2.1　力在直角坐标轴上的投影

在 xOy 坐标系内，若力 F 作用于物体 A 点，与 x 轴夹角为 d，与 y 轴夹角为β。从力 F 的两端 A、B 分别向 x 轴与 y 轴作垂线，得垂足 a、b 及 a'、b'。将线段 ab 的长度冠以正、负号，称为力 F 在 x 轴上的投影，记作 X；线段 a'、b' 为力 F 在 y 轴上的投影，记作 Y。投影的正负规定如下：从 a 到 b 的指向与 x 轴正向一致时，投影 X 为正值，相反时取负值。由此可知两投影的大小为：

$$X = F \cdot \cos\alpha \tag{2-7}$$

$$Y = F \cdot \sin\alpha = F \cdot \cos\beta \tag{2-8}$$

若已知力 F 在坐标轴的投影 X 和 Y，则力 F 与其投影的关系为：

$$F = \sqrt{X^2 + Y^2} \tag{2-9}$$

$$\cos\alpha = \frac{X}{F}，\cos\beta = \frac{Y}{F} \tag{2-10}$$

力 F 沿 x、y 轴方向分解，其分力为 F_x 与 F_y。它们的值与投影 X、Y 的绝对值相等。注

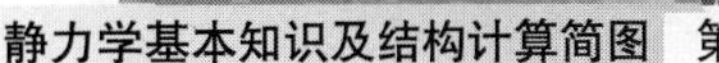

意力是矢量，i 与 j 是单位方向矢量，力 F 又可表示为如下形式：

$$F = F_x + F_y = X \cdot i + V \cdot j \tag{2-11}$$

2.2.2 平面汇交力系及其平衡条件

1. 平面汇交力系的合力

若刚体上有平面汇交力系 F_1、F_2、…、F_n 作用，诸力与 x 轴的夹角分别为α_1、α_2、α_3、…、α_n，如图 2-18(a)所示。

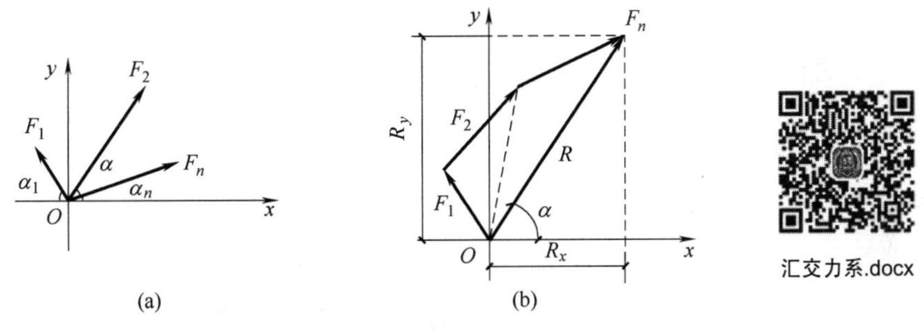

图 2-18 平面汇交力系的合力

按几何法简化，其合力 R 可重复使用力四边形法则或力三角形法则，最后由力多边形始末端求得。

$$R = F_1 + F_2 + \cdots + F_n = \sum F_i (i = 1, 2, \cdots, n) \tag{2-12}$$

若按解析法计算，可先分别求出各分力在 x、y 坐标轴上的投影，而后得合力在坐标轴上的投影，如图 2-18(b)所示。

$$\begin{cases} R_x = x_1 + x_2 + \cdots + x_n = \sum x_i \\ R_y = y_1 + y_2 + \cdots + y_n = \sum y_i \end{cases} (i = 1, 2, \cdots, n) \tag{2-13}$$

根据力与其投影的关系，并假设合力 R 与 x 轴间的夹角为α，则合力 R 的大小与方向为：

$$R = \sqrt{R_x^2 + R_y^2} = \sqrt{\left(\sum x_i\right)^2 + \left(\sum y_i\right)^2} \tag{2-14}$$

$$\cos\alpha = \frac{\sum x_i}{R} \text{或} \sin\alpha = \frac{\sum y_i}{R} \tag{2-15}$$

2. 平面汇交力系的平衡条件

若平面汇交力系为平衡力系，则其合力必为零，即

$$R = 0 \tag{2-16}$$

式(2-16)为平面汇交力系的平衡条件，反映在几何法中即力多边形闭合。若按解析法，则有：

$$R=\sqrt{\left(\sum x_i\right)^2+\left(\sum y_i\right)^2}=0 \tag{2-17}$$

欲使上式成立，则必须同时满足：

$$\begin{cases}R_x=x_1+x_2+\cdots+x_n=\sum x_i=0\\R_y=y_1+y_2+\cdots+y_n=\sum y_i=0\end{cases}\quad(i=1,2,\cdots,n) \tag{2-18}$$

式(2-18)称为平面汇交力系的平衡方程，它表明：平面汇交力系平衡的充分必要条件是力系中各力在直角坐标系中每一轴上投影的代数和都等于零。

2.2.3 平面一般力系及平衡条件

1. 力向一点的平移

当作用于刚体上 A 点的力 F，若想平移到 O 点，则根据加减平衡力系公理，在 O 点加平衡力系 F' 与 F''。且令其大小与 F 相等，此时对物体的作用效应不变，而力 F 与 F'' 大小相等、方向相反且不共线，所以形成力偶，其力偶矩等于力 F 对平移点 O 的力矩，如图 2-19 所示。

力向一点平移.docx

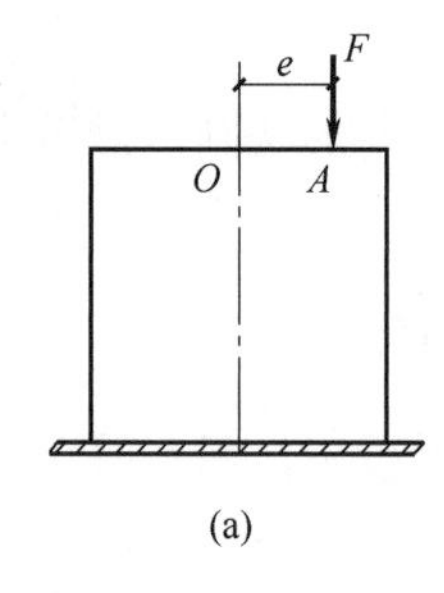

(a)

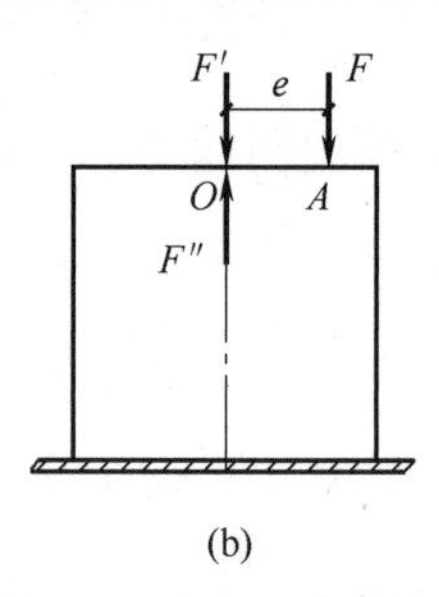

(b)

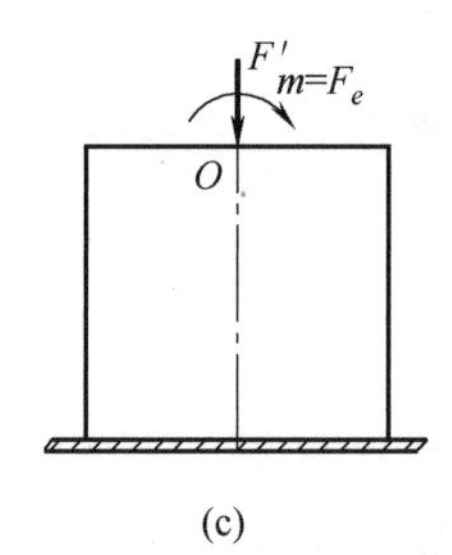

(c)

图 2-19　力向一点的平移

这个事实表明：当作用于刚体上的力 F 若平行移动时，除平移来的力之外，尚需附加一个力偶，附加力偶矩的大小等于力对平移点的力矩，此即力的平移法则。

平面一般力系.docx

2. 平面一般力系的简化与平衡

设刚体受平面一般力系 F_1、F_2、…、F_n 作用，如图 2-20(a)所示。根据力的平移法则，将力系中各力分别平移到平面内任意点(称简化中心)O 后，将把平面一般力系化解为一个平面汇交力系 $(F_1', F_2', \cdots, F_n')$ 与平面力偶系。各分力偶矩分别为 m_1，m_2，m_n，如图 2-20(b)所示。此作用于简化中心 O 的平面汇交力系可合成一个合力 R'，称为平面一般力系的主矢量；平面力偶系可合成为一合力偶，合力偶矩称为平面一般力系的主矩 M_O，如图 2-20(c)所示。矢量 R' 的大小与

平面简化.mp4

方向分别为：

$$R' = \sqrt{R_x'^2 + R_y'^2} = \sqrt{\left(\sum x_i\right)^2 + \left(\sum y_i\right)^2} \tag{2-19}$$

$$\cos\alpha = \frac{\sum x_i}{R'} \text{或} \sin\alpha = \frac{\sum y_i}{R'} \tag{2-20}$$

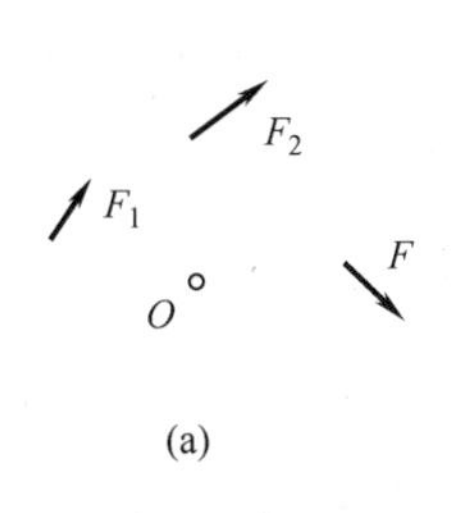

(a)

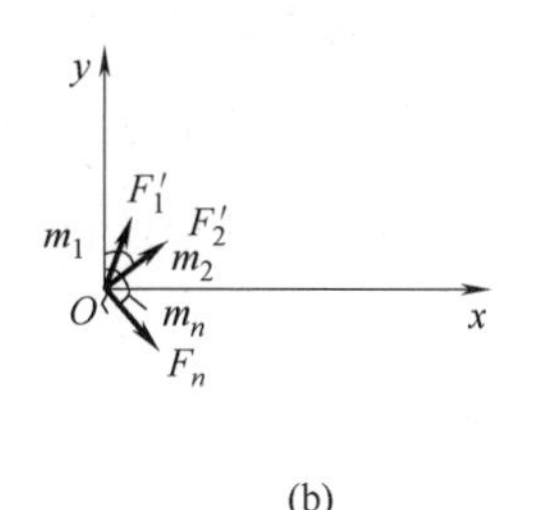

(b)

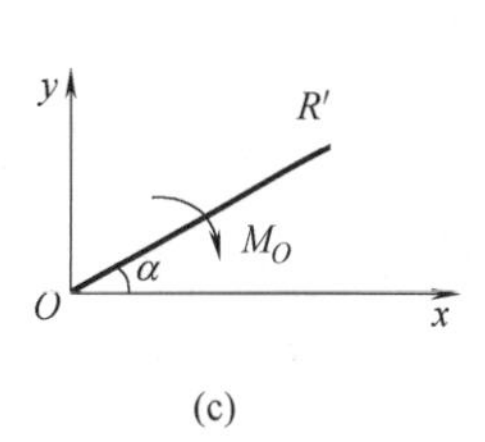

(c)

图 2-20　平面一般力系

主矩 M_O 的力偶矩等于各分力偶矩的代数和且等于各分力对简化中心 O 的力矩和，即

$$M_O = m_1 + m_2 + \cdots + m_3 = m_0(F_1) + m_0(F_2) + \cdots + m_0(F_n) = \sum m_0(F_1) \tag{2-21}$$

若平面一般力系保持平衡，则主矢量与主矩必须同时为零，即满足条件：

$$\begin{cases} R' = 0 \\ M_O = 0 \end{cases} \text{即} \begin{cases} \sum x = 0 \\ \sum y = 0 \\ \sum m_0(F) = 0 \end{cases} \tag{2-22}$$

式(2-22)称为平面一般力系的平衡方程。

2.3　建筑结构的计算简图

2.3.1　计算简图

实际结构是很复杂的，完全按照结构的实际情况进行力学计算是不可能的，也是不必要的。因此，在对实际结构进行力学计算之前，必须加以简化，略去一些不重要的细节，显示其主要特征，用一个简化了的图形来代替实际结构，这种图形称为结构的计算简图。计算简图的选择直接影响到计算的工作量和精确度，因此，必须慎重选择。

音频.选择计算简图的方法.mp3

1. 选择计算简图的原则

简化结构.docx

(1)　计算简图要尽可能反映实际结构的受力情况和变形特征，以使计算结果接近实际情况。

(2)　分清主次，略去一些次要因素的影响，力求使计算简便。

2. 计算简图的简化内容

将实际结构简化为计算简图，通常包括以下几方面内容。

1) 平面的简化

一般的结构都是空间结构，各部分相互连接成为一个空间整体，以承受各个方向可能出现的荷载。但是，当空间结构在某平面内的杆系结构主要承担该平面内的荷载时，可以把空间结构分解为若干平面结构进行计算，这种简化称为平面简化。

如图 2-21(a)所示为一仓库房屋骨架示意图，这是工程中常见的一个空间结构。其上面的重量和屋面承受的荷载等由屋面板传到各横向刚架上，然后再传到基础。因此主要受力的部分是横向刚架，通常进行受力分析时可略去各横向刚架之间的纵向联系作用，把原来的空间结构简化为一系列的平面刚架来分析，如图 2-21(b)所示。

2) 杆件的简化

杆件结构中的杆件，由于其横截面尺寸通常比长度小很多，所以，在计算简图中杆件时可用其轴线来表示，杆件的长度则按轴线交点间的距离计取。杆件的自重或作用在杆件的荷载，按作用在杆件的轴线上来考虑。如图 2-21(b)所示的平面刚架，各杆件就可以简化为如图 2-21(c)所示的轴线。

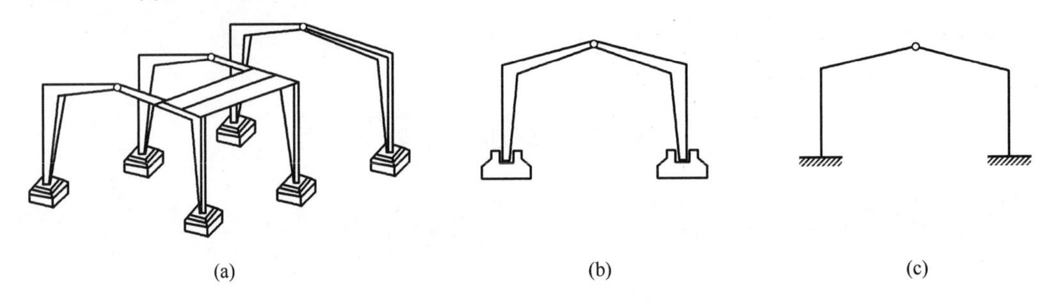

图 2-21 仓库房屋骨架示意图

3) 结点的简化

结构中杆件间相互连接的部分称为结点。根据结点的实际构造，通常简化为铰结点和刚结点。被连接的杆件在连接处不能相对移动，但可以相对转动，这种连接可简化为铰结点，如图 2-22 所示。被连接的杆件在连接处既不能移动，也不能转动，这种连接简化为刚结点，如图 2-23 所示。

4) 支座的简化

支座有四种形式：固定铰支座、可动铰支座、固定端支座和定向支座。固定铰支座——可以转动，水平、垂直方向不能移动；可动铰支座——垂直方向不能移动，可以转动，可以沿水平方向移动；固定端支座——既能阻止构件支撑端产生竖向移动和左右移动，又能阻止构件产生转动的支座；定向支座——允许结构沿辊轴滚动方向移动，而不能发生竖向移动和转动的支座形式。

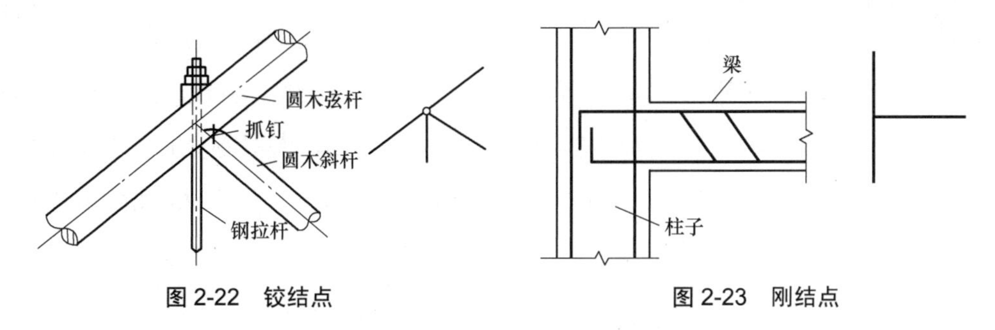

图 2-22 铰结点　　　　图 2-23 刚结点

(1) 固定铰支座。

构件与支座用光滑的圆柱铰链连接，构件不能产生沿任何方向的移动，但可以绕销钉转动，可见固定铰支座的约束反力与圆柱铰链约束相同，即约束反力一定作用于接触点，通过销钉中心，方向未定，如图 2-24(a)所示。固定铰支座的简图如图 2-24(b)所示。约束反力可以用 F_{RA} 和一未知方向角 α 表示，也可以用一个水平力 F_{XA} 和垂直力 F_{YA} 表示，如图 2-24(c)所示。

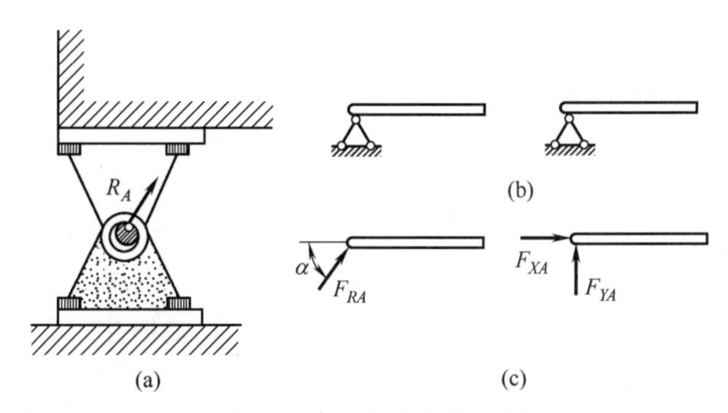

图 2-24 固定铰支座简图

(2) 可动铰支座。

构件与支座用销钉连接，而支座可沿支承面移动，这种约束只能约束构件沿垂直于支承面方向的移动，而不能阻止构件绕销钉的转动和沿支承面方向的移动，如图 2-25(a)所示。所以，它的约束反力的作用点就是约束与被约束物体的接触点、约束反力通过销钉的中心，垂直于支承面，方向可能指向构件，也可能背离构件，视主动力情况而定，如图 2-25(b)、图 2-25(c)所示。可动铰支座的简图如图 2-25 所示。

(3) 固定端支座。

整浇钢筋混凝土的雨篷，它的一端完全嵌固在墙中，另一端悬空，如图 2-26(a)所示，

这样的支座叫固定端支座。在嵌固端，既不能沿任何方向移动，也不能转动，所以固定端支座除产生水平和竖直方向的约束反力外，还有一个约束反力偶。这种支座简图如图 2-26(b)所示，其支座反力表示如图 2-26(c)所示。

(4) 定向支座。

限制某些方向的线位移和转动，而允许某一方向产生线位移，其反力除限制线位移方向力外，还有支座反力偶。只允许结构沿辊轴滚动方向移动，而不能发生竖向移动和转动的支座形式。定向支座的约束力是一个沿链杆方向的力 R_y 和一个力偶 M，如图 2-27 所示。

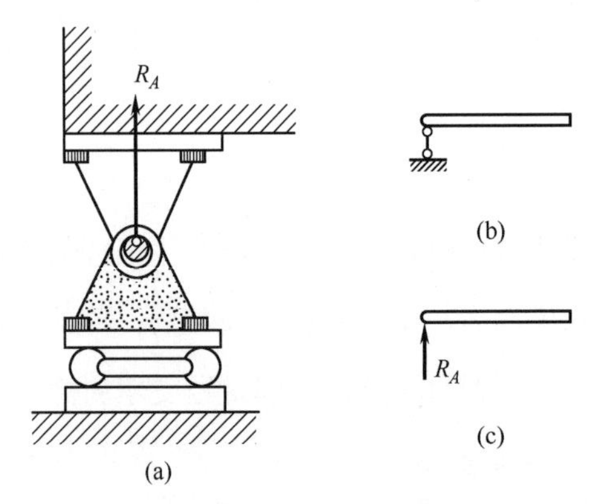

图 2-25 可动铰支座简图

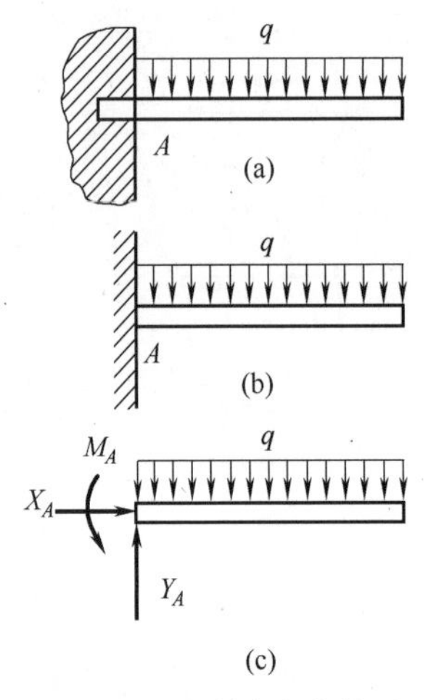

图 2-26 固定端支座简图

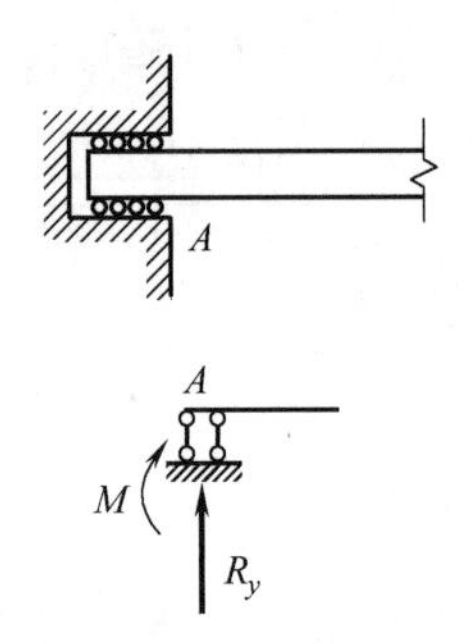

图 2-27 定向支座简图

2.3.2 工程结构案例简化分析

将图 2-21(a)所示的单层工业厂房结构进行简化分析。

(1) 对其进行平面简化，在横向平面内，柱和屋架组成排架，各排架沿车间纵向以一定间距有规律地排列，这些排架借助于屋面板、吊车梁、柱间支承等纵向构件就连接成一个空间结构。从荷载传递来看，屋面荷载和吊车轮压等都主要通过屋面板和吊车梁等构件传递到一个个横向排架上，故在选择计算简图时，可略去排架间的纵向联系的作用，把空间结构简化为一系列的平面排架来分析，如图 2-21(b)所示。

(2) 对平面排架进行简化，平面排架是由屋架和柱子连接而成，首先分析屋架的简化。屋架采用预埋钢板，在吊装就位后，再与柱顶预埋的钢筋焊接在一起，则屋架端部与柱顶不能发生相对线位移，但可以有微小的转动。因此屋架一端简化为固定铰支座，另一端简化为可动铰支座，屋架各杆简化为轴线，各杆之间通过铰连接，屋架的简图如图 2-21(c)所示。其次讨论柱子的计算简图。由于上下两段柱的截面不同，因此上下柱应分别用一条通过各自截面形心的轴线来表示。由于屋架的刚度很大，相应的变形很小，因此认为两柱顶之间的距离在受荷载前后没有变化，即用 $EA=\infty$ 的梁来代替该屋架。经过上述处理，该排架的计算简图如图 2-21(c)所示。

【案例 2-3】白金汉宫是英国的王宫，位于伦敦最高权力所在地——威斯敏特区。东接圣·詹姆斯公园，西临海德公园，是英国王室生活和工作的地方。王宫初建于 1703 年，白金汉公爵、诺曼底公爵和约翰·谢菲尔德在这里建造了一座公馆，并以白金汉公爵的名字命名。白金汉宫经过多次修建和扩建，现已成为一座规模雄伟的三层长方形建筑。外国的国家元首和政界首脑访问英国时，女王就在宫院中陪同贵宾检阅仪仗队。白金汉宫前的广场中央屹立着伊丽莎白二世的高祖母维多利亚女王镀金雕像的纪念碑。

试结合自身所学的基本知识，分析在建造白金汉宫时，哪些构件可以简化？

本章小结

本章主要讲了静力学的基本知识，包括静力学简介、力与刚体、静力学基本公理、力矩和力偶、约束与约束反力；平面汇交力系的合成与平衡，包括力在直角坐标轴上的投影、平面汇交力系及其平衡条件、平面一般力系及平衡条件；建筑结构的计算简图，包括计算简图、工程中常见结构的计算简图。通过本章的学习，学生可以熟练掌握建筑力学基本知识及结构计算简图，为以后的学习打下夯实的基础。

实训练习

一、单选题

1. 铸铁压缩破坏面与轴线大致成(　　)角。

A. 30°　　B. 45°　　C. 60°　　D. 50°

2. 只限物体垂直于支承面方向的移动，不限制物体其他方向运动的支座称(　　)支座。

A. 固定铰　　B. 可动铰　　C. 固定端　　D. 光滑面

3. 平面力偶系合成的结果是一个(　　)。

A. 合力　　B. 合力偶　　C. 主矩　　D. 主矢和主矩

4. 杆件的四种基本变形没有(　　)。

A. 拉(压)变形　　B. 剪切变形　　C. 扭转变形　　D. 弯矩变形

5. 力的作用线都汇交于一点的力系称(　　)力系。

A. 空间汇交　　B. 空间一般　　C. 平面汇交　　D. 平面一般

二、多选题

1. 几何静力学包括(　　)。

A. 二力平衡公理　　B. 增减平衡力系公理　　C. 力的平行四边形法则

D. 作用和反作用定律　　E. 一般公理

2. 力矩的定义可以得到(　　)力矩的性质。

A. 力 F 对点 O 的力矩，不仅决定于力的大小，同时与矩心的位置有关，矩心的位置不同，力矩随之不同

B. 当力的大小为零或力臂为零时，则力矩为零

C. 力沿其作用线移动时，因为力的大小、方向和力臂均没有改变，所以力矩不变

D. 两个物体之间的作用力和反作用力，总是大小相等，方向相反，沿同一直线，并分别作用在这两个物体上

E. 相互平衡的两个力对同一点的力矩的代数和等于零

3. 将实际结构简化为计算简图，通常包括(　　)方面的内容。

A. 平面简化　　B. 杆件简化　　C. 结点的简化

D. 支座的简化　　E. 特殊点的简化

4. 常见的约束有(　　)。

A. 普通约束　　B. 固定端约束　　C. 光滑圆柱形铰链约束

D. 光滑接触面约束　　E. 柔性约束

5. 光滑圆柱形铰链约束包括(　　)情况。

A. 连接铰链　　B. 固定铰链支座　　C. 可动铰链支座

D. 固定端约束　　E. 柔性约束

三、简答题

1. 简述静力学基本公理。
2. 简述平面汇交力系及其平衡条件。
3. 简述力与刚体。

第2章习题答案.docx

实训工作单一

<table>
<tr><td>班级</td><td></td><td>姓名</td><td></td><td>日期</td><td></td></tr>
<tr><td colspan="2">教学项目</td><td colspan="4">静力学基本知识</td></tr>
<tr><td>任务</td><td>学习静力学基本公理</td><td>学习途径</td><td colspan="3">本书中的案例分析，自行查找相关书籍</td></tr>
<tr><td colspan="2">学习目标</td><td colspan="4">掌握静力学基本公理的应用</td></tr>
<tr><td colspan="2">学习要点</td><td colspan="4">力矩和力偶</td></tr>
<tr><td colspan="6">学习记录</td></tr>
<tr><td>评语</td><td colspan="2"></td><td>指导教师</td><td colspan="2"></td></tr>
</table>

实训工作单二

<table>
<tr><td>班级</td><td></td><td>姓名</td><td></td><td>日期</td><td></td></tr>
<tr><td colspan="2">教学项目</td><td colspan="4">平面汇交力系合成及平衡条件</td></tr>
<tr><td>任务</td><td colspan="2">学习平面汇交力系及其平衡条件</td><td>学习
途径</td><td colspan="2">本书中的案例分析，自行查找相关书籍</td></tr>
<tr><td colspan="3">学习目标</td><td colspan="3">掌握平面汇交力系及其平衡条件应用</td></tr>
<tr><td colspan="3">学习要点</td><td colspan="3">平衡条件</td></tr>
<tr><td colspan="6">学习记录</td></tr>
<tr><td>评语</td><td colspan="3"></td><td>指导教师</td><td></td></tr>
</table>

第3章　混凝土与钢筋的力学性能

【教学目标】

混凝土与钢筋的力学性能.pptx

1. 了解混凝土的力学性能。
2. 理解钢筋的力学性能。
3. 掌握钢筋混凝土的工作原理。
4. 熟悉钢筋的锚固和连接。

【教学要求】

本章要点	掌握层次	相关知识点
混凝土的力学性能	了解混凝土的强度和变形	立方体抗压强度、轴心抗压强度、轴心抗拉强度
钢筋的力学性能	理解钢筋的强度、塑性、韧性和徐变	屈服强度、极限强度、延伸率、钢筋的徐变和松弛
钢筋与混凝土的工作原理	掌握粘结应力的概念与组成，熟悉粘结应力的试验	光圆钢筋、变形钢筋、钢筋的锚固和连接

【案例导入】

连云港地区某多层住宅，为7层砖混结构，混凝土等级均为C30，该工程2002年1月开工，该年12月竣工。2004年8月16日，六楼住户发现书房以及主卧室的墙角处有两道圆弧形的裂缝。8月24日，在铺贴阁楼瓷砖时，在书房处发现其顶板从中间向两边呈45°

开裂。后发现主卧室的顶板也有明显的开裂现象。该楼层施工气象条件为该地区大气比较寒冷的一段时期，最低气温 3℃，最高气温 15℃，相对湿度为 30%~40%，当日的风速很大。施工过程中虽然采取了多种冬季施工措施，但在作业时仅采用双层草帘覆盖保温，未采取洒水养护和防风措施。

【问题导入】

如上所述，混凝土出现裂缝与什么有关？这体现了混凝土的哪些力学性能？

3.1 混凝土的力学性能

音频.混凝土的力学性能.mp3

3.1.1 混凝土的强度

混凝土的强度.mp4

普通混凝土是由水泥、砂、石和水按一定配合比拌和，经凝固硬化后制作成的人工石材。混凝土强度的大小不仅与组成材料的质量和配合比有关，而且与混凝土的养护条件、龄期、受力情况以及测定其强度时所采用的试件形状、尺寸和试验方法也有密切关系。因此，研究各种单向受力状态下的混凝土强度指标时，必须以统一规定的标准试验方法为依据。

1. 立方体抗压强度 f_{cu}

我国以立方体抗压强度值作为混凝土最基本的强度指标以及评价混凝土强度等级的标准，因为这种试件的强度比较稳定。《混凝土结构设计规范》(GB 50010—2010)规定，用边长为 150mm 的标准立方体试件，在标准养护条件(温度在 20℃±3℃，相对湿度不小于 90%)下养护 28 天后在试验机上试压。试验时，试块表面不涂润滑剂，全截面受力、加荷速度每秒钟约为(0.3～0.8)N/mm^2。试块加压至破坏时所测得的极限平均压应力作为混凝土的立方体抗压强度，用符号 f_{cu} 表示，单位为 N/mm^2。

混凝土试块.docx

《混凝土结构设计规范》(GB 50010—2010)规定的混凝土强度等级，是按立方体抗压强度标准值(即具有不小于 95%保证率)确定的，用符号 C 表示，共有 14 个等级，即 C15、C20、C25、C30、C35、C40、C45、C50、C55、C60、C65、C70、C75、C80。字母 C 后面的数字表示以 N/mm^2 为单位的立方体抗压强度标准值。

在试验过程中可以看到，当试件的压力达到极限值时，在竖向压力和水平摩擦力的共

同作用下，首先是试块中部外围混凝土发生剥落，形成两个对顶的角锥形破坏面，如图 3-1 所示。这也说明试块和试验机垫板之间的摩擦对试块有“套箍”的作用，而且这种“套箍”作用，越靠近试块中部越弱。

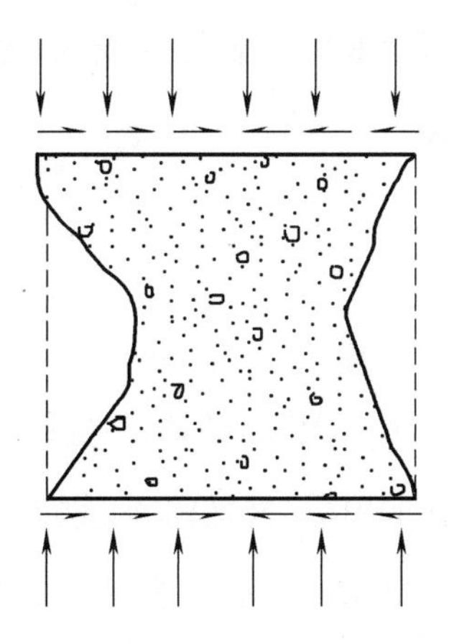

图 3-1　混凝土立方体试件的破坏情况

试验还表明，混凝土的立方体抗压强度还与试块的尺寸有关，立方体尺寸越小，测得混凝土抗压强度越高。当采用边长为 200mm 或 100mm 立方体试件时，须将其抗压强度实测值乘以 1.05 或 0.95 转换成标准试件的立方体抗压强度值。

2. 轴心抗压强度 f_c

在实际工程中，受压构件往往不是立方体，而是棱柱体。因此采用棱柱体试件比立方体试件能更好地反映混凝土的实际抗压能力。用标准棱柱体试件测定的混凝土抗压强度，称为混凝土的轴心抗压强度或棱柱体强度，用符号 f_c 表示。

试验表明，当棱柱体试件的高度 h 与截面边长 b 的比值在 2～4 时，混凝土的抗压强度比较稳定。这是因为在此范围内既可消除垫板与试件之间摩擦力对抗压强度的影响，又可消除可能的附加偏心距对试件抗压强度的影响。因此，我国混凝土材料试验中规定以 150mm×150mm×300mm 的试件作为试验混凝土轴心抗压强度的标准试件。

混凝土的轴心抗压强度与立方体抗压强度之间关系很复杂，与很多因素有关。根据试验分析，混凝土轴心抗压强度平均值 $\mu_{f_{cu}}$ 与边长为 150mm 立方体抗压强度平均值 $\mu_{f_{cu,k}}$ 的经验关系是：

$$\mu_{f_{cu}} = 0.88\alpha_1\alpha_2\mu_{f_{cu,k}} \tag{3-1}$$

式中：α_1——轴心抗压强度平均值与立方体抗压强度平均值的比值，对 C50 及以下混凝土取 α_1=0.76，对 C80 混凝土取 α_1=0.82，中间按线性规律变化；

α_2——高强度混凝土脆性折减系数，对 C40 及以下混凝土取α_2=1.0，对 C80 混凝土取α_2=0.87，中间按线性规律变化；

0.88——结构中混凝土强度与试件混凝土强度之间的差异修正系数。

在钢筋混凝土结构中，计算受弯构件正截面承载力、偏心受拉和受压构件时，采用混凝土的轴心抗压强度作为计算指标。

3. 轴心抗拉强度 f_t

混凝土的抗拉强度远小于其抗压强度，一般只有抗压强度的 1/18～1/9。在钢筋混凝土结构中，一般不采用混凝土承受拉力。混凝土的轴心抗拉强度用符号 f_t 表示。

《混凝土结构设计规范》(GB 50010—2010)采用直接测试法来测定混凝土的抗拉强度，即对棱柱体试件(100mm×100mm×500mm)两端预埋钢筋(每端长度为 150mm，直径为 16mm 的变形钢筋)，且使钢筋位于试件的轴线上，然后施加拉力，如图 3-2 所示，试件破坏时截面的平均拉应力即为混凝土的轴心抗拉强度。

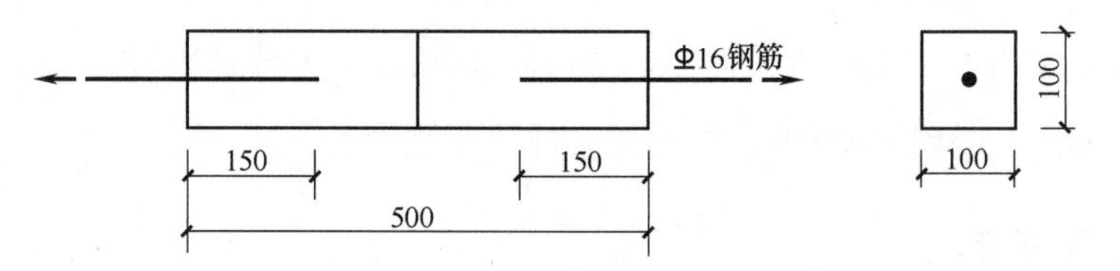

图 3-2　用直接测试法测试混凝土抗拉强度

在钢筋混凝土结构中，当计算受弯构件斜截面受剪、受扭构件及对某些构件进行开裂验算时，会用到混凝土的轴心抗拉强度。

【案例 3-1】配制混凝土时，制作10cm×10cm×10cm 立方体试件 3 块，在标准条件下养护 7d 后，测得破坏荷载分别为 140kN、135kN、140kN。

试估算该混凝土 28d 的标准立方体抗压强度。

解：由题意得 7 天抗压强度为

$$[(140+135+140)\times1000/3]/(100\times100)\times0.95=13.1(\mathrm{N/mm^2})$$

考虑不同配合比和试验误差造成的 28 天与 7 天强度的增长幅度，同一次取样混凝土试件 28 天强度大约在 1.2×13.1=15.7N/mm² 到 2×13.1=26.2N/mm² 之间取值。(1MPa=1N/mm²)

3.1.2 混凝土的变形

混凝土的变形分为两类，一类为混凝土的受力变形，包括一次短期加荷的变形、荷载长期作用下的变形等。另一类称为混凝土的体积变形，包括混凝土由于收缩和温度变化产生的变形等。

1. 混凝土在一次短期加荷时的变形性能

混凝土在一次短期加荷(荷载从零开始单调增加至试件破坏)下的受压应力应变关系是混凝土最基本的力学性能之一，它可以比较全面地反映混凝土的强度和变形特点，也是确定构件截面上混凝土受压区应力分布图形的主要依据。 测定混凝土受压的应力应变曲线，通常采用标准棱柱体试件。由试验测得的典型受压应力应变曲线如图 3-3 所示。图 3-3 以 A、B、C 三点将全曲线划分为四个部分。

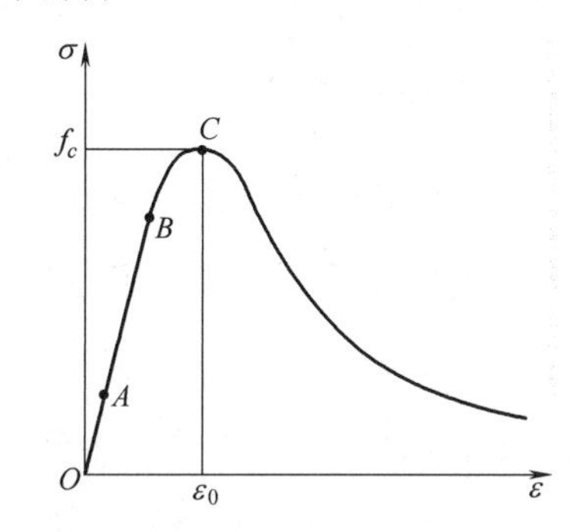

图 3-3　混凝土受压的应力－应变曲线

(1)　OA 段：σ_c 约在(0.3～0.4) f_c。混凝土基本处于弹性工作阶段，应力应变呈线性关系。其变形主要是骨料和水泥结晶体的弹性变形，水泥胶凝体的粘结流动以及初始微裂缝的变化的影响很小。

(2)　AB 段：裂缝稳定发展阶段。混凝土表现出塑性性质，应变的增加开始大于应力的增加，应力应变关系开始偏离直线，直线逐渐弯曲。这是由于水泥胶凝体的粘结流向混凝土中微裂缝，新裂缝不断产生的结果。

(3)　BC 段：裂缝随荷载的增加迅速发展，塑性变形显著增大。C 点的应力达峰值应力，即 $S_C = f_c$，相应于峰值应力的应变为 ε_0，其值在 0.0015～0.0025 波动，平均值为 e_0=0.002。C 点以后：试件承载能力下降，应变继续增大，最终还会留下残余应力。

(4)　OC 段为曲线的上升段，C 点以后为下降段。试验结果表明，随着混凝土强度的提高，上升段的形状和峰值应变的变化不很显著，而下降段的形状有显著差异。混凝土的强度越高，下降段的坡度越陡，即应力下降相同幅度时变形越小，延性越差，如图 3-4 所示。

混凝土受拉时的应力—应变曲线与受压时相似，但其峰值时的应力、应变都较受压时小得多，对应于 f_t 时的 ε_{ot} 很小，计算时可取 ε_{ot}=0.00015。

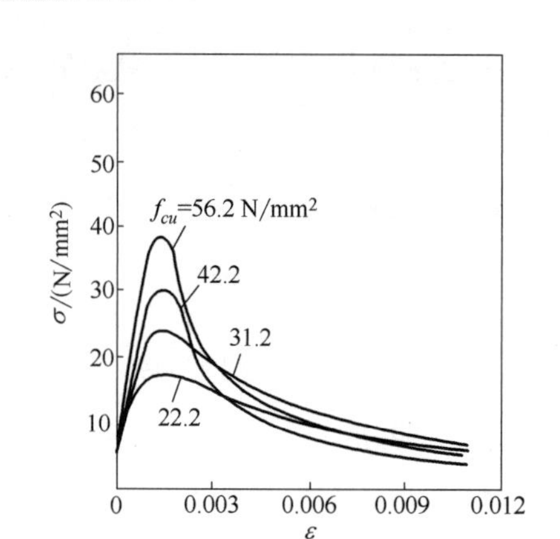

图 3-4　不同强度混凝土的应力－应变曲线

2. 混凝土在长期荷载作用下的变形性能

混凝土在长期荷载作用下，其应变随时间增长的现象称为混凝土徐变。徐变将有利于结构的内力重新分布，减少应力集中现象及减少温度应力等。但混凝土的徐变会使构件变形增大；在预应力混凝土构件中，徐变会导致预应力损失；对于长细比较大的偏心受压构件，徐变会使偏心距增大，降低构件承载力，进而产生十分不利的影响。

混凝土徐变产生的原因目前有着各种不同的解释，通常认为，混凝土产生徐变，原因之一是混凝土中一部分尚未转化为结晶体的水泥凝胶体，在荷载的长期作用下产生的塑性变形；另一原因是混凝土内部微裂缝在荷载的长期作用下不断发展和增加，从而导致应变的增加。当应力不大时，以前者为主；当应力较大时，以后者为主。

1)　混凝土徐变的规律和特点

如图 3-5 所示为混凝土棱柱体试件加荷至$\sigma = 0.5 f_c$后使荷载保持不变，测得的变形随时间增加的关系曲线。从图中可以看出，混凝土的徐变有以下规律和特点。

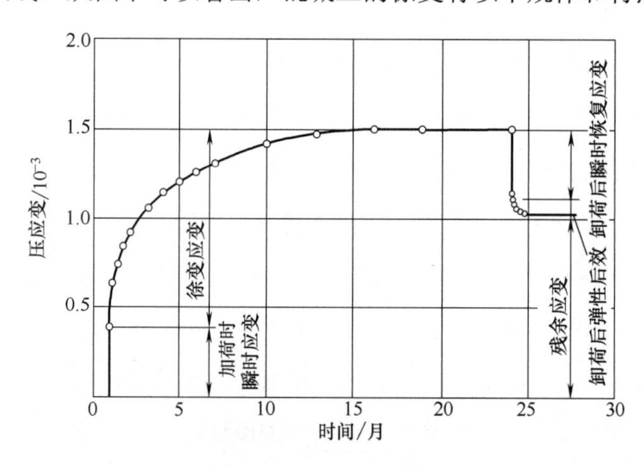

图 3-5　混凝土的徐变－时间曲线

(1) 徐变前期增长较快，以后逐渐变慢，6个月后可达总徐变的70%～80%，1年后趋于稳定，3年后基本终止。

(2) 徐变应变值约为加荷瞬间产生的瞬时应变的1～4倍。

(3) 当长期荷载完全卸除后，混凝土的徐变会经历一个恢复的过程。其中卸载后试件瞬时即恢复的一部分应变称为瞬时恢复应变，其值比加荷时的瞬时变形略小；再经过一段时间(约20天)后，徐变逐渐恢复的那部分应变称为弹性后效，其绝对值约为徐变变形的1/2；最后剩下的不可恢复的应变称为残余应变。

2) 影响混凝土徐变的因素

(1) 加荷时混凝土的龄期越早，则徐变越大。因此，加强养护促使混凝土尽早结硬，对减小徐变是较有效的。蒸汽养护可使徐变减少20%～35%。

(2) 持续作用的应力越大，徐变也越大。

(3) 水灰比越大，水泥用量越多，徐变越大。

(4) 使用高质量水泥以及强度和弹性模量高、级配好的骨料，徐变小。

(5) 混凝土工作环境的相对湿度低则徐变大，高温干燥环境下徐变将显著增大。

3. 混凝土的收缩

混凝土在空气中结硬时体积减小的现象称为收缩。混凝土收缩的主要原因是由于混凝土硬化过程中化学反应产生的凝缩和混凝土内的自由水蒸发产生的干缩。混凝土的收缩对钢筋混凝土构件是不利的。例如，混凝土构件受到约束时，混凝土的收缩将使混凝土中产生拉应力。在使用前就可能因混凝土收缩应力过大而产生裂缝；在预应力混凝土结构中，混凝土的收缩会引起预应力损失。

试验表明，混凝土的收缩随时间而增长，一般在半年内可完成收缩量的80%～90%，两年后趋于稳定，最终收缩应变约为2×10^{-4}～5×10^{-4}。试验还表明，水泥用量越多、水灰比越大，则混凝土收缩越大；集料的弹性模量大、级配好，混凝土浇捣越密实则收缩越小。同时，使用环境湿度越大，收缩越小。因此，加强混凝土的早期养护、减小水灰比、减少水泥用量，加强振捣是减小混凝土收缩的有效措施。

【案例3-2】某跨海大桥承台采用钢筋混凝土预制箱内填充现浇混凝土的结构形式，预制混凝土强度等级为C50，现浇混凝土强度等级为C60。在浇筑过程中发现混凝土预制箱频繁出现开裂现象，且这种开裂均发生在混凝土浇筑后2～3天内。

分析引起混凝土预制箱开裂的原因及解决方法。

3.2　钢筋的力学性能

3.2.1　钢筋的强度

根据钢筋抗拉强度标准值的大小或应力—应变曲线上有无明显的屈服台阶，将钢筋分为两类，分别称为软钢和硬钢。属于软钢的有 R235、HRB335、HRB400 和 KL400 四种钢筋，属于硬钢的有钢丝、钢绞线及高强度精轧螺旋钢筋。

1. 有明显屈服点的钢筋的应力—应变曲线

如图 3-6 所示，图中 a' 为比例极限；a 为弹性极限；b 为屈服上限；c 为屈服下限，对应屈服强度 f_y；cd 为屈服台阶；de 为强化段；e 为极限抗拉强度 f_u。

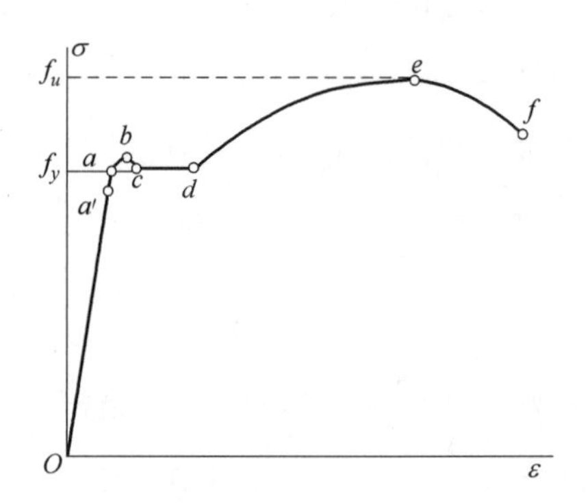

图 3-6　有明显屈服点钢筋的应力—应变曲线

两个强度指标如下。

(1)　屈服强度：是钢筋混凝土构件设计时钢筋强度取值的依据，因为钢筋屈服后将产生很大的塑性变形，且卸载时这部分变形不可恢复，这会使钢筋混凝土构件产生很大的变形和不可闭合的裂缝，以致无法使用。

(2)　极限强度：一般用作钢筋的实际破坏强度。

2. 无明显屈服点的钢筋应力—应变曲线

如图 3-7 所示，图中 a 点为比例极限，约为 0.365。a 点前应力—应变关系为非弹性；a 点后应力—应变关系为非线性，有一定塑性变形，且没有明显的屈服点。

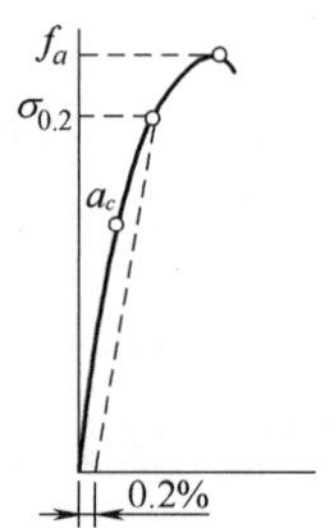

图 3-7　无明显屈服点的钢筋应力—应变曲线

3.2.2 钢筋的塑性和韧性

1. 钢筋的塑性指标

1) 延伸率

延伸率是指钢筋试件上标距为10d、5d(d为钢筋试件的直径)或100mm范围内的极限伸长率，记为δ_{10}、δ_5和δ_{100}，反映了钢筋拉断前的变形能力，是反映钢筋塑性性能的指标。延伸率大的钢筋，在拉断前有足够的预兆，延性较好。

$$\delta_{5or10}=\frac{\Delta l}{l}\times 100\% \tag{3-2}$$

2) 冷弯性能

为使钢筋在加工成型时不发生断裂，加工时不至于脆断，还要求钢筋具有一定的冷弯性能。冷弯性能是指将钢筋围绕某个规定的直径D的辊轴弯曲成一定的角度(90°或180°)，弯曲后的钢筋应无裂纹或断裂现象。

钢筋的冷弯拉伸试验.docx

冷弯性能合格是鉴定钢筋在弯曲状态下的塑形应变能力和钢筋质量的综合指标。

冷弯试验不仅能直接检验钢材的弯曲变形能力或塑性性能，还能暴露钢筋内部的冶金缺陷，如硫、磷偏析和硫化物与氧化物的掺杂情况，这些都将降低钢筋的冷弯性能。

2. 钢筋的韧性

韧性是钢筋抵抗冲击荷载的能力。

冲击韧性随温度的降低而下降。其规律是开始下降缓慢，当达到临界点温度时，突然呈脆性，这种性质称为钢筋的冷脆性。钢筋的脆性临界温度越低，低温冲击性能越好。

随时间延长而表现出强度提高、塑性和冲击韧性降低，这种现象称为时效。因时效而导致性能改变的程度称为时效敏感性。时效敏感性越大的钢筋，经过时效后其冲击韧性和塑性的降低越显著。

对于直接承受动荷载而且可能在负温下工作的重要结构，应有冲击韧性保证。

3.2.3 钢筋的徐变和松弛

1. 钢筋徐变

在高应力作用下，钢筋受力后，随时间增长应变继续增加。

2. 钢筋松弛

钢筋受力后，长度保持固定不变，钢筋中应力随时间增长而降低的现象称为松弛。

在金属的徐变和松弛的情况下，存在着明显的塑性变形过程的现象的局限性。这是由于金属内部结构不够完善，也就是说金属内部存在断缝结构，它的移动可引起塑性变形。应力松弛现象基本是剪切断缝和扩散断缝过程的结果。

3. 徐变与松弛的关系

如图 3-8 所示，曲线 I 为瞬时钢筋应力—应变曲线，曲线 II 为钢筋假定经过无限长的时间后应力—应变曲线，曲线 t 为经过任意 t 时间后的应力—应变曲线。$\varepsilon_{f(\infty)}$ 即为钢筋最终的徐变值。ΔT_{∞} 为钢筋初始应力为 T 的最终松弛值，徐变和松弛的关系按公式(3-3)计算。

$$\varepsilon_{f(\infty)} = \frac{\Delta T_{\infty}}{E_T} \tag{3-3}$$

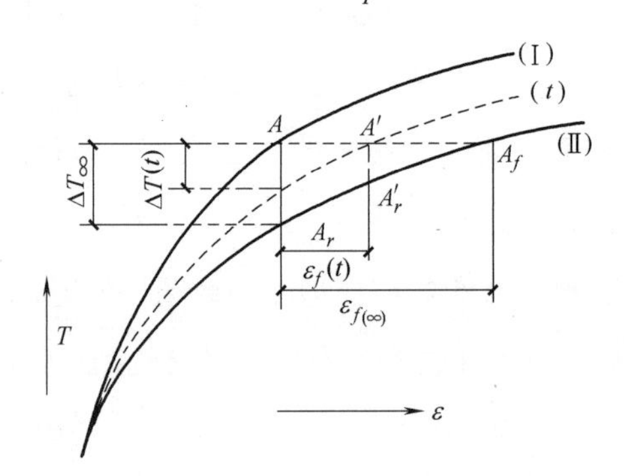

图 3-8　钢筋徐变和松弛的关系

4. 减少松弛损失的措施

(1) 超荷张拉法。

(2) 预应力筋张拉完毕立即灌浆法。

(3) 补拉法(再次张拉法)。

(4) 综合法。

(5) 电热—机械张拉法。

(6) 钢筋热处理。

3.2.4 钢筋的强度设计值

钢筋的抗拉强度设计值是钢筋的强度标准值除以钢筋的材料分项系数得到的，即

$$f_y = \frac{f_{yk}}{\gamma_s} \tag{3-4}$$

式中：f_y——钢筋的抗拉强度设计值；

f_{yk}——钢筋的强度标准值；

γ_s——钢筋的材料分项系数。普通钢筋的材料分项系数为 1.10，预应力钢筋的材料分项系数为 1.20。

普通钢筋强度设计值如表 3-1 所示，预应力钢筋设计值如表 3-2 所示。

表 3-1　普通钢筋强度设计值

N/mm^2

种　类	抗拉强度设计值 f_y	抗压强度设计值 f'_y
HPB300	270	270
HRB335、HRBF335	300	300
HRB400、HRBF400、RRB400	360	360
HRB500、HRBF500	435	410

表 3-2　预应力钢筋设计值

N/mm^2

种　类	极限强度标准值 f_{ptk}	抗拉强度设计值 f_{py}	抗压强度设计值 f'_{py}
钢绞线	1570	1110	390
	1720	1220	
	1860	1320	
	1960	1390	
消除应力钢丝	1470	1040	410
	1570	1110	
	1860	1320	
中强度预应力钢丝	800	510	410
	970	650	
	1270	810	
预应力螺纹钢筋	980	650	410
	1080	770	
	1230	900	

3.3　钢筋与混凝土的工作原理

3.3.1　粘结应力的概念

钢筋与混凝土的粘结是指钢筋与其周围混凝土之间的相互作用，主要包括沿钢筋长度的粘结和钢筋端部的锚固两种情况。钢筋与混凝土的粘结是钢筋和混凝土形成整体、共同

工作的基础。

钢筋和混凝土构成一种组合结构材料的基本条件是：两者之间有可靠的粘结和锚固。

1. 钢筋的粘结和锚固状

1) 无粘结，无锚具

梁在很小的荷载作用下就会发生脆性折断，钢筋并不受力，与素混凝土无异，如图 3-9 所示。

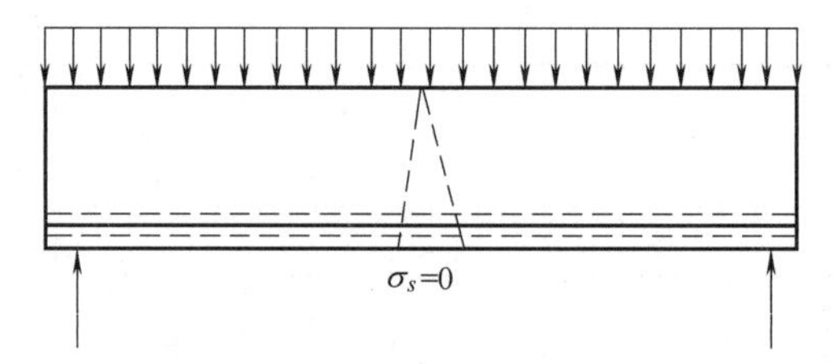

图 3-9　无粘结，无锚具

2) 无粘结，端部设锚具

梁在荷载作用下钢筋应力沿全长相等，承载力有很大提高，但是受力如二铰拱，非“梁”的应力状态，如图 3-10 所示。

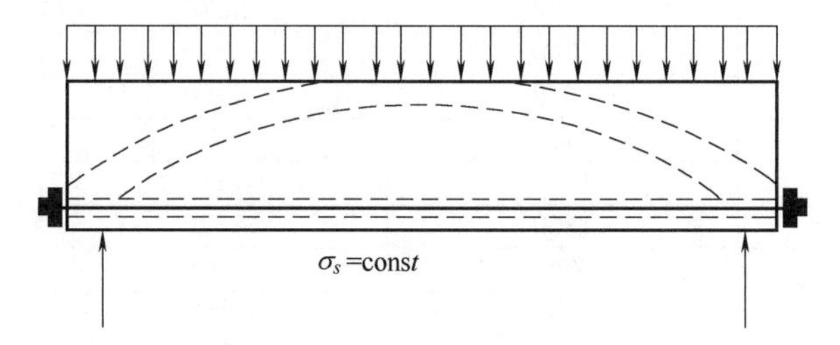

图 3-10　无粘结，端部设锚具

3) 沿全长和端部粘结可靠

梁在荷载作用下钢筋应力随截面弯矩而变化，符合“梁”的基本受力特点，如图 3-11 所示。

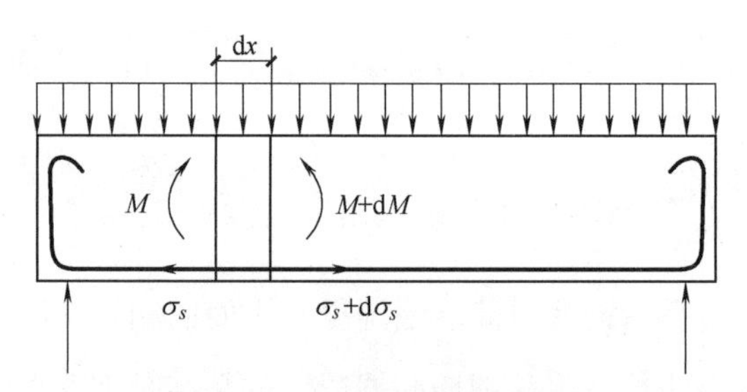

图 3-11　沿全长和端部粘结可靠

分析两内钢筋的平衡条件，任何一段钢筋两端的应力差，都由其表面的纵向剪应力所平衡，如图3-12所示，此剪应力即为周围混凝土所提供的粘结应力。

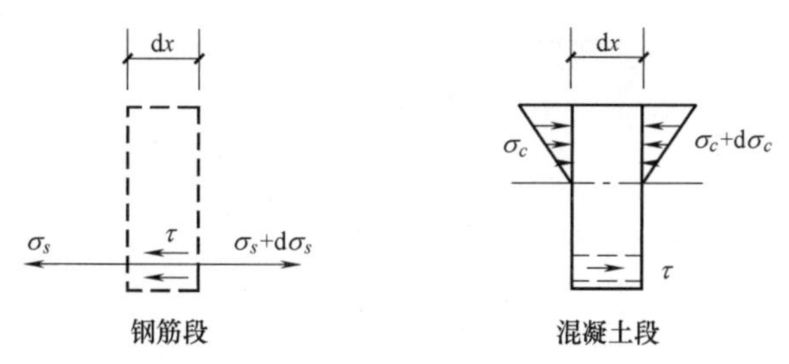

图3-12　平衡条件

根据平衡条件得：

$$\tau(x)\cdot \mathrm{d}x(\pi d)=d\sigma_s\cdot\frac{\pi d^2}{4} \tag{3-5}$$

因此，钢筋与混凝土之间的粘结应力可表示为

$$\tau=\frac{d}{4}\cdot\frac{d\sigma_s}{\mathrm{d}x} \tag{3-6}$$

钢筋对周围混凝土的纵向剪应力(即反向粘结应力)，必与相应的混凝土段上的纵向应力相平衡。

2. 粘结应力状态

根据混凝土构件中钢筋受力状态的不同，粘结应力状态分以下两类问题。

1)　钢筋端部的锚固粘结

如简支梁支座处的钢筋端部、梁跨间的主筋搭接或切断、悬臂梁和梁柱节点受拉主筋的外伸段等，如图3-13所示。

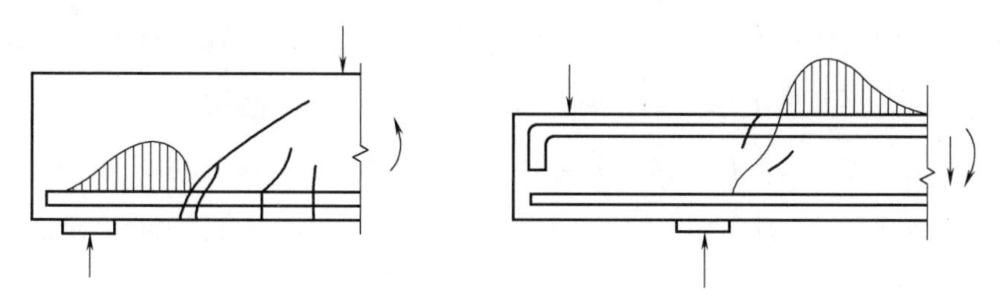

图3-13　锚固粘结应力

上述情况下，钢筋的端头应力为零，在经过不长的粘结距离(锚固长度)后，钢筋的应力达到其设计强度(软钢的屈服强度f_y)。故钢筋的应力差大($\Delta\sigma_s=f_y$)，粘结应力值高，且分布变化大。如果钢筋因锚固能力不足而发生滑动，不仅其强度不能充分利用($\sigma_s<f_y$)，而且将导致构件的开裂和承载力下降，甚至提前失效。这称为粘结破坏，属于严重的脆性破坏。

2) 钢筋的粘结应力分布

受拉构件或梁受拉区的混凝土开裂后，裂缝截面上的混凝土退出工作，使钢筋拉应力增大；但缝间截面上混凝土仍承受一定拉力，钢筋的应力偏小。钢筋应力沿纵向发生变化，其表面必有相应的粘结应力分布，如图 3-14 所示。

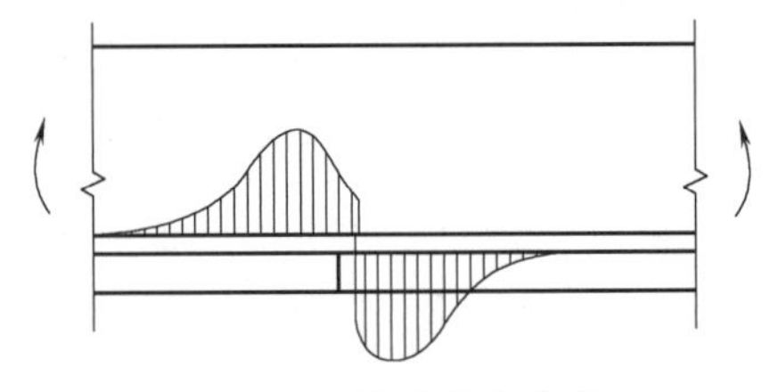

图 3-14 粘结应力分布

这种情况下，虽然裂缝段钢筋的应力差小，但平均应力(变)值高。粘结应力的存在，使混凝土内钢筋的平均应变或总变形小于钢筋单独受力时的相应变形，有利于减小裂缝宽度和增大构件的刚度，称为受拉钢化效应。

3.3.2 粘结应力的组成

音频.粘结应力的构成.mp3

钢筋和混凝土之间的粘结应力由以下三部分组成。

(1) 混凝土中的水泥凝胶体在钢筋表面产生的化学粘结力或吸附力，其抗剪极限值($\tau_{粘}$)取决于水泥的性质和钢筋表面的粗糙程度。当钢筋受力后有较大变形，发生局部滑移后，粘结力随之丧失。

(2) 周围混凝土对钢筋的摩阻力，在混凝土的粘结力破坏后发挥作用。它取决于混凝土发生收缩或者荷载和反力等对钢筋的径向压应力，以及二者之间的摩擦系数等。

(3) 钢筋表面粗糙不平，或变形钢筋凸肋和混凝土之间的机械咬合作用，即混凝土对钢筋表面斜向压力的纵向分力，其极限值受混凝土抗剪强度的控制。

其实，粘结力的三部分都与钢筋表面的粗糙程度和锈蚀程度密切相关，在试验中很难单独测量或严格区分。而且在钢筋的不同受力阶段，随着钢筋滑移的发展，荷载(应力)的加卸等各部分粘结作用也有变化。

3.3.3 粘结力的试验与粘结强度

钢筋与混凝土的粘结强度通常采用拔出试验来测定，如图 3-15 所示。

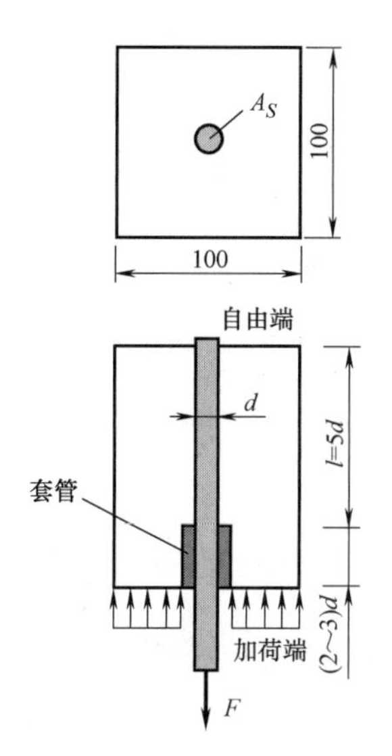

图 3-15　钢筋粘结应力的测定

设拔出力为 F，则以粘结破坏(钢筋拔出或混凝土劈裂)时钢筋与混凝土截面上的最大平均粘结应力作为粘结强度。

可以得到：

$$\tau_b = \frac{F}{\pi dl} \tag{3-7}$$

光圆钢筋(见图 3-16)和变形钢筋(见图 3-17)与混凝土的极限粘结强度悬殊，而且粘结机理、钢筋滑移和试件破坏形态也多有不同，分述如下。

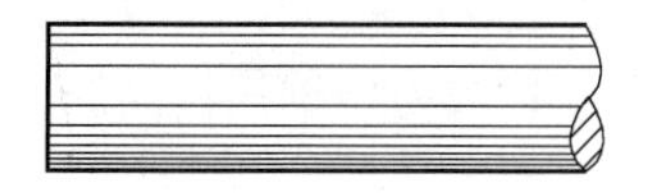

图 3-16　光圆钢筋

图 3-17　变形钢筋

1. 光圆钢筋

在光圆钢筋的拔出试验中，测量到的拉力(N)或平均粘结应力(τ)与钢筋两端的滑移曲线(S_l 和 S_f)，钢筋应力(σ_s)沿其埋长分布和据以计算的粘结应力(τ)分布，以及钢筋滑移的分布等随荷载(拉力)增长的变化，如图 3-18 所示。

光圆钢筋.docx

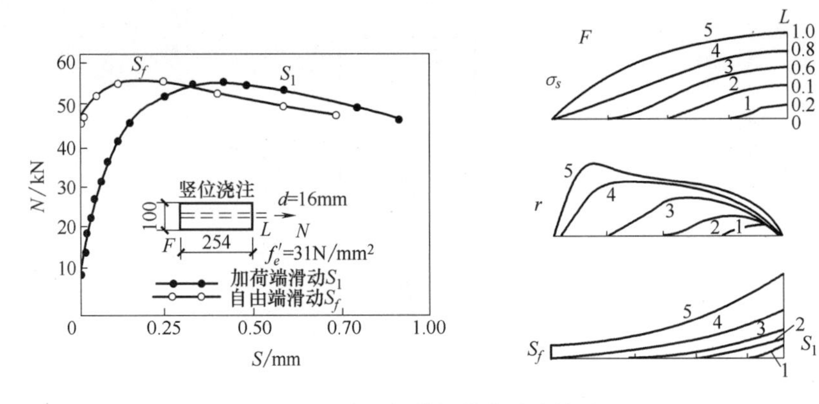

图 3-18　光圆钢筋的拔出试验结果

当试件开始受力后，加载端(L)的黏结力很快被破坏，即可测得加载端钢筋和混凝土的相对滑移(S_f)。此时钢筋只有靠近加载端的一部分受力($\sigma_s > 0$)，粘结应力分布也限于这一区段。从粘结应力(τ)的峰点至加载端之间的钢筋段都发生相对滑移，其余部分仍为无滑移的粘结区。随着荷载的增大，钢筋的受力段逐渐加长，粘结应力(τ)分布的峰点向自由端(F)漂移，滑移段随之扩大，加载端的滑移(S_f)加快发展。

当荷载增大后，钢筋的受力端和滑移端继续扩展，加载端滑移明显增长，但自由端仍无滑移。当加载到极限强度的大约80%时，钢筋的自由端开始滑移，加载端的滑移发展更为迅速。此时滑移端已遍及钢筋全埋长，粘结应力的峰点很靠近自由端。加载端附近的粘结破坏严重，粘结应力已很小，钢筋的应力接近均匀。

当自由端的滑移为 0.1～0.2mm 时，试件的荷载达最大值，即得钢筋的极限粘结强度(T_u)。此后，钢筋的滑移急速增大，拉拔力由钢筋表面的摩阻力和残存咬合力承担，周围混凝土受碾磨而破碎，阻抗力减小，形成曲线的下降段。最终，钢筋从混凝土中被徐徐拔出，表面上带有少量磨碎的混凝土粉渣。

2. 变形钢筋

变形钢筋.docx

变形钢筋拔出试验中测量的粘结应力——滑移典型曲线，如图 3-19(a)所示；钢筋应力(σ_s)、粘结应力和滑移 S 沿钢筋埋长的分布随荷载的变化过程，如图 3-19(b)所示；试件内部裂缝的发展过程示意，如图 3-19(a)所示。

变形钢筋和光圆钢筋的主要区别是钢筋表面具有不同形状的横肋或斜肋。变形钢筋受拉时，肋的凸缘挤压周围混凝土，如图 3-19(a)所示，大大地提高了机械咬合力，改变了粘结受力机理，有利于钢筋在混凝土中的粘结锚固性能。

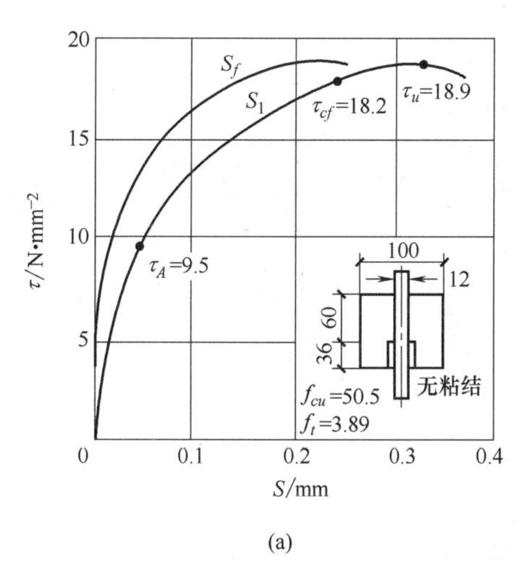

(a)

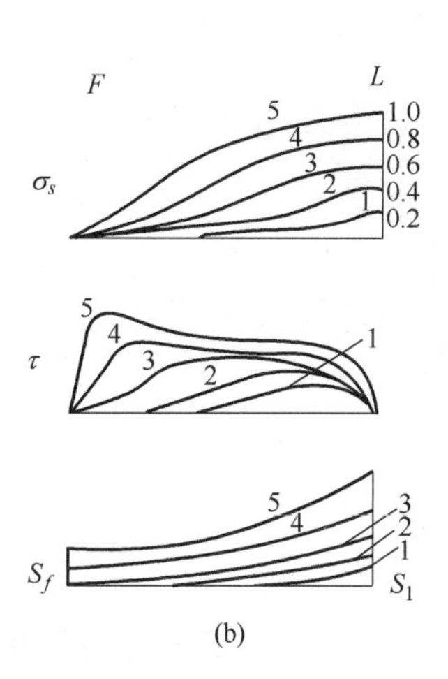

(b)

图 3-19　变形钢筋的拔出试验结果

一个不配置横向钢筋的拔出试件，开始受力后钢筋的加载端局部就因为应力集中而破坏了与混凝土的粘结力，发生滑移(S_l)。当荷载增大到极限粘结力的大约 30%时，钢筋自由端的粘结力也被破坏，开始出现滑移(S_f)，加载端的滑移加快增长。和光圆钢筋相比，变形钢筋自由端滑移时的应力值接近，但比值大大减小，钢筋的受力段和滑移段的长度也较早地遍及钢筋的全埋长。

当平均粘结应力达极限粘结应力的 0.4～0.5 时，即曲线上的 A 点，钢筋靠近加载端横肋的背面发生粘结力破坏，出现拉脱裂缝①，如图 3-20(a)所示。随即，此裂缝向后(拉力的反方向)延伸，形成表面纵向滑移裂缝②。荷载稍有增大，肋顶混凝土受钢筋肋部的挤压，使裂缝①向前延伸，并转为斜裂缝③，试件内部形成一圆锥形裂缝面。随着荷载继续增加，钢筋肋部的裂缝①、②、③不断加宽，并且从加载端往自由端依次地在各肋部发生，滑移(S_l和S_f)的发展加快，曲线的斜率渐减。和光圆钢筋相比，变形钢筋的应力σ_s沿埋长的变化率较小，故粘结应力分布比较均匀。

这些裂缝形成后，试件的拉力主要依靠钢筋表面的摩阻力和肋部的挤压力传递。肋前压应力的增大，使混凝土局部挤压，形成肋前破碎区④。钢筋肋部对周围混凝土的挤压力，其横向分力在混凝土中产生环向应力，如图 3-20(b)所示。当此拉应力超过混凝土的极限强度时，试件内形成径向—纵向裂缝⑤。这种裂缝由钢筋表面沿径向往试件外表发展，同时由加载端往自由端延伸。此后，裂缝沿纵向往自由端延伸，并发出声响，钢筋的滑移急剧增长，荷载增加不多即达峰点并很快转入下降段，不久试件被劈成 2 块或 3 块，如图 3-20(c)所示。混凝土劈裂面上留有钢筋的肋印，而钢筋的表面在肋前区附着混凝土的破碎粉末。

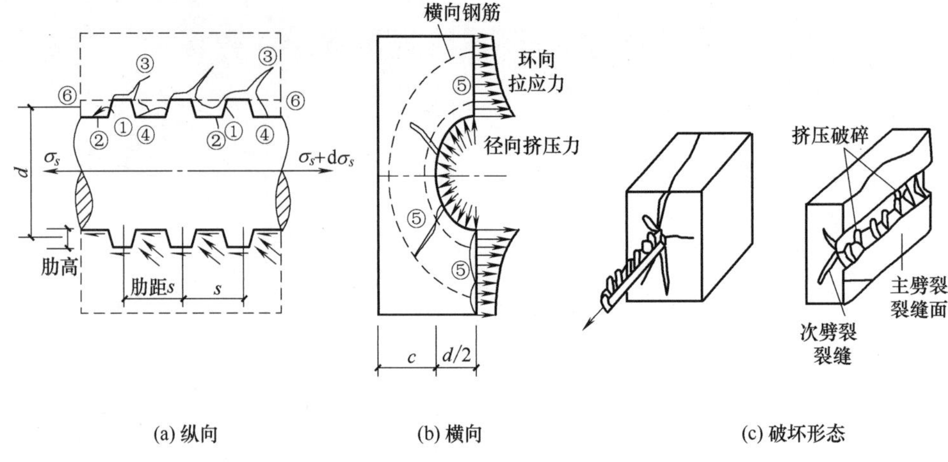

图 3-20　变形钢筋的粘结破坏和内部裂缝发展过程

试件配设了横向螺旋筋或者钢筋的保护层很厚($c/d>5$)时，粘结力——滑移曲线如图 3-19 所示。当荷载较小时，横向筋的作用很小，$\tau-S$ 曲线与前述试件无区别。在试件混凝土出现裂缝后，横向筋约束了裂缝的开展，提高了抗阻力，$\tau-S$ 曲线的斜率稍高。当荷载接近极限值时，钢筋肋对周围混凝土挤压力的径向分力也将产生径向—纵向裂缝⑤，但开裂时的应力和相应的滑移量都有很大提高。径向—纵向裂缝⑤出现后，横向筋的应力剧增，限制此裂缝的扩展试件不会被劈开，抗拔力可继续增大。钢筋滑移的大量增加，使肋前的混凝土破碎区不断扩大，而且沿钢筋埋长的各肋前区依次破碎和扩展，肋前挤压力的减小形成了 $\tau-S$ 曲线的下降段。最终，钢筋横肋间的混凝土咬合齿被剪断，钢筋连带肋间充满的混凝土碎末一起缓缓地被拔出。此时，沿钢筋肋外皮的圆柱面上有摩擦力，试件仍保有一定的残余抗拔力。这类试件的极限粘结强度远大于光圆钢筋的相应值。

3.3.4 钢筋的锚固和连接

1. 钢筋的锚固

钢筋的锚固.docx

钢筋的锚固是指通过混凝土中钢筋埋置段或机械措施将钢筋所受的力传给混凝土，使钢筋锚固于混凝土而不滑出，包括直钢筋的锚固、带弯钩或弯折钢筋的锚固，以及采用机械措施的锚固等。

1)　基本锚固长度 l_a

《混凝土结构设计规范》(GB 50010—2010)规定纵向受拉钢筋的锚固长度作为钢筋的基本锚固长度 l_a。如图 3-21 所示，可得平衡公式：

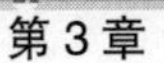

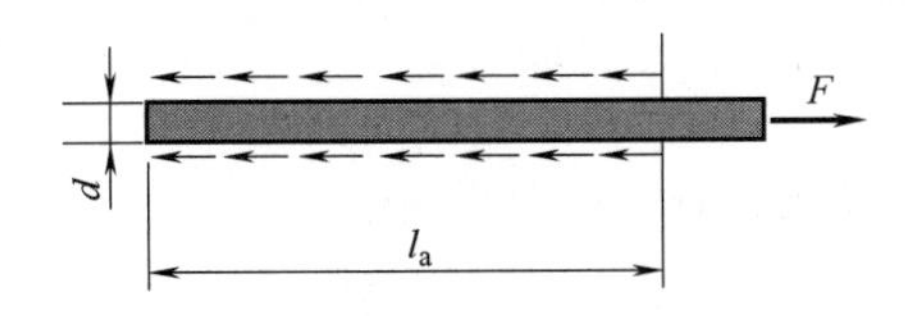

图 3-21 基本锚固长度 l_a 示意图

$$\pi d l_a \tau = \frac{\pi}{4} d^2 f_y \tag{3-8}$$

$$l_a = \frac{f_y}{4\tau} d \tag{3-9}$$

《混凝土结构设计规范》(GB 50010—2010)在通常的保护层厚度和相应的构造条件下，考虑钢筋的抗拉强度、外形系数和适当的可靠度，锚固长度按下式计算：

$$l_a = \alpha \frac{f_y}{f_t} d \tag{3-10}$$

其中 α 指锚固钢筋的外形系数，按表取用。

2) 锚固长度的修正

当 HRB335、HRB400 和 RRB400 级钢筋直径大于 25mm 时，锚固长度应乘以修正系数 1.1。HRB335、HRB400 和 RRB400 级涂环氧树脂钢筋，其锚固长度应乘以修正系数 1.25。

钢筋在施工中易受扰动(如滑模施工)，锚固长度应乘以修正系数 1.1。

当 HRB337、HRB400 和 RRB400 级钢筋保护层厚度大于钢筋直径的 3 倍并且配置有箍筋时，锚固长度可乘以修正系数 0.8。

锚固长度不得小于计算锚固长度的 70%，且不应小于 250mm，这是锚固长度的最低限值。

2. 钢筋的连接

当钢筋长度不够，或需要采用施工缝或后浇带等构造措施时，钢筋就需要连接。钢筋连接的目的是通过混凝土中两根钢筋的连接，将一根钢筋所受的力传给另一根钢筋。

1) 连接的基本要求

保证接头区域有足够的承载力、刚度、延性、恢复性能以及抗疲劳性能。

2) 钢筋连接的基本类型

受力钢筋的连接方式分 3 个类型：搭接、机械连接和焊接。

3) 钢筋连接设计应遵循的原则

(1) 接头应尽量设置在受力较小处。

(2) 在同一受力钢筋上宜少设连接接头。

(3) 接头位置应互相错开。

(4) 在钢筋连接区域应采取必要的构造措施。

(5) 机械连接接头能产生较牢固的连接力，所以应优先采用机械连接。

【案例 3-3】山西某教学楼为现浇 10 层框剪结构，长 59.4m，宽 15.6m，标准层高 3.6m，地面以上高度 41.8m，地上建筑面积 9510m^2，在第 4 层和第 5 层结构完成后，发现这两层柱的钢筋配错，其中内跨柱少配钢筋 44.53cm^2，外跨柱少配 13.15cm^2。

试分析事故原因及处理措施。

本章小结

本章主要讲解了混凝土的力学性能、钢筋的力学性能、钢筋混凝土的工作原理、钢筋的锚固和连接等相关知识。通过本章的学习，使读者对钢筋与混凝土力学性能的基本知识有基本了解，并掌握相关的知识点，举一反三，学以致用。

实训练习

一、单选题

1. 预应力混凝土结构的混凝土强度等级不宜低于(　　)。

A. C15　　B. C20　　C. C30　　D. C40

2. 混凝土的轴心抗拉强度 f_t 是按标准方法制作的尺寸为(　　)的试件用标准方法测得的强度。

A. 150mm×150mm×150mm　　B. 150mm×150mm×300mm

C. 100mm×100mm×500mm　　D. 100mm×100mm×450mm

3. 混凝土的强度等级按(　　)确定。

A. 立方体抗压强度标准值　　B. 轴心抗压强度标准值

C. 立方体抗压强度设计值　　D. 轴心抗拉强度标准值

4. 确定混凝土强度等级的标准试验条件是(　　)。

A. 温度 20℃±20℃，湿度 90%以上

B. 温度 20℃±30℃，湿度 90%以上

C. 温度 200℃±20℃，湿度 90%以下

D. 温度 200℃±30℃，湿度 90%以下

5. 相同等级的混凝土，其三个强度的相对大小关系为(　　)。

A. $f_{cu}>f_c>f_t$　　B. $f_c>f_{cu}>f_t$　　C. $f_{cu}>f_t>f_c$　　D. $f_t>f_c>f_{cu}$

6. 下列减少混凝土收缩的措施错误的是(　　)。

A. 设置伸缩缝　　B. 加强养护

C. 提高混凝土密实度　　D. 加粗纵向钢筋

7. 关于混凝土的徐变，下列说法中不正确的是(　　)。

A. 提高混凝土强度等级，徐变减小　　B. 增加混凝土的骨料，徐变减小

C. 使用环境湿度大，徐变增大　　D. 水灰比增大，徐变增大

8. 所谓混凝土的自然养护，是指在平均气温不低于(　　)条件下，在规定时间内使混凝土保持足够的湿润状态。

A. 0℃　　B. 3℃　　C. 5℃　　D. 10℃

9. 已知某钢筋混凝土梁中的 1 号钢筋外包尺寸为 5980mm，钢筋两端弯钩增长值共计 156mm，钢筋中间部位弯折的量度差值为 36mm，则 1 号钢筋下料长度为(　　)。

A. 6172mm　　B. 6100mm　　C. 6256mm　　D. 6292mm

10. 模板按(　　)分类，可分为现场拆装式模板、固定式模板和移动式模板。

A. 材料　　B. 结构类型　　C. 施工方法　　D. 施工顺序

二、多选题

1. 钢筋锥螺纹连接方法的优点是(　　)。

A. 丝扣松动对接头强度影响小　　B. 应用范围广

C. 不受气候影响　　D. 扭紧力距不准对接头强度影响小

E. 现场操作工序简单、速度快

2. 施工中可能造成混凝土强度降低的因素有(　　)。

A. 水灰比过大　　B. 养护时间不足　　C. 混凝土产生离析

D. 振捣时间短　　E. 洒水过多

3. 施工中混凝土结构产生裂缝的原因是(　　)。

A. 接缝处模板拼缝不严，漏浆　　B. 模板局部沉浆

C. 拆模过早　　D. 养护时间过短

E. 混凝土养护期间内部与表面温差过大

4. 在使用绑扎接头时，钢筋下料强度为外包尺寸加上(　　)。

A. 钢筋末端弯钩增长值　　B. 钢筋末端弯折增长值

C. 搭接长度　　D. 钢筋中间部位弯折的量度差值

E. 钢筋末端弯折的量度差值

5. 钢筋现场代换的原则有(　　)。

A. 等面积代换　　B. 等应力代换　　C. 等刚度代换

D. 等间距代换　　E. 等强度代换

6. 钢筋锥螺纹连接的优点是(　　)。

A. 工序简单　　B. 不受气候影响　　C. 质量稳定可靠

D. 应用范围广　　E. 丝扣松动对接头强度影响大

7. 浇筑后浇带混凝土(　　)。

A. 要求比原结构强度提高一级

B. 最好选在主体收缩状态

C. 在室内正常的施工条件下后浇带间距为 30m

D. 不宜采用无收缩水泥

E. 宜采用微膨胀水泥

8. 为避免大体积混凝土由于温度应力作用产生裂缝，可采取的措施有(　　)。

A. 提高水灰比

B. 减少水泥用量

C. 降低混凝土的入模温度，控制混凝土内外的温差

D. 留施工缝

E. 优先选用低水化热的矿渣水泥拌制混凝土

9. 混凝土结构表面损伤，缺棱掉角产生的原因有(　　)。

A. 浇筑混凝土顺序不当，造成模板倾斜

B. 模板表面未涂隔离剂，模板表面未处理干净

C. 振捣不良，边角处未振实

D. 模板表面不平，翘曲变形

E. 模板接缝处不平整

10. 冬期施工为提高混凝土的抗冻性可采取的措施有(　　)。

A. 配制混凝土时掺引气剂　　B. 配制混凝土减少水灰比

C. 优先选用水化热量大的硅酸盐水泥　　D. 采用粉煤灰硅酸盐水泥配制混凝土

E. 采用较高等级的水泥配制混凝土

三、简答题

1. 什么是钢筋冷拉？冷拉的作用和目的有哪些？
2. 混凝土的力学性能有哪些？
3. 混凝土徐变的规律和特点是什么？
4. 钢筋和混凝土的粘结应力由什么构成？
5. 钢筋的锚固长度和什么有关？

第3章习题答案.docx

实训工作单

<table>
<tr><td>班级</td><td></td><td>姓名</td><td></td><td>日期</td><td></td></tr>
<tr><td colspan="2">教学项目</td><td colspan="4">钢筋与混凝土的力学性能基本知识</td></tr>
<tr><td>学习项目</td><td colspan="2">钢筋与混凝土的力学性能</td><td>学习要求</td><td colspan="2">了解混凝土和钢筋的力学性能，掌握钢筋与混凝土的工作原理</td></tr>
<tr><td colspan="3">相关知识</td><td colspan="3">立方体抗压强度、轴心抗压强度、轴心抗拉强度、屈服强度、极限强度、延伸率、钢筋的徐变和松弛</td></tr>
<tr><td colspan="3">其他内容</td><td colspan="3">光圆钢筋、变形钢筋、钢筋的锚固和连接</td></tr>
<tr><td colspan="6">学习记录</td></tr>
<tr><td>评语</td><td colspan="2"></td><td>指导教师</td><td colspan="2"></td></tr>
</table>

第4章　轴心受压(拉)构件力学性能

【教学目标】

第4章 轴心受压(拉)构件力学性能.pptx

1. 了解建筑力学轴力和轴力图基本知识。
2. 掌握建筑力学拉(压)杆内的应力基本常识。
3. 理解拉(压)杆的变形。
4. 了解建筑材料在拉伸和压缩时的力学性能。
5. 了解建筑力学应力集中与材料疲劳。
6. 掌握受压构件的一般构造要求等基本知识。

【教学要求】

本章要点	掌握层次	相关知识点
轴力和轴力图	轴向拉伸和压缩时横截面上的内力	轴力和轴力图的定义
拉(压)杆内的应力	拉(压)杆横截面和斜截面上的应力	应力
拉(压)杆的变形	绝对变形、胡克定律	相对变形、泊松比
材料在拉伸和压缩时的力学性能	1. 掌握低碳钢拉伸时的力学性能 2. 了解塑性材料和脆性材料的主要区别	材料的拉伸和压缩试验
应力集中与材料疲劳	应力集中对构件强度的影响	应力集中的概念
受压构件的一般构造要求	1. 了解受压构件 2. 掌握受压构件的分类 3. 掌握受压构件的构造要求	受压构件

【案例导入】

某多层现浇框架厂房结构标准层中柱，轴向压力设计值 N=2100kN，楼层高 H=5.60m，计算长度 l_0=1.25H，混凝土用 C30(f_c=14.3N/mm²)，钢筋用 HRB335 级(f_y'=300N/mm²)，环境类别为一类。

解：根据构造要求，先假定柱截面尺寸为 400mm×400mm。

长细比：

$$\frac{l_0}{b}=\frac{1.25\times5600}{400}=17.5，查表\phi=0.825$$

根据轴心受压承载力公式确定 A_s'：

$$A_s'=\frac{1}{f_y'}\left(\frac{N}{0.9\phi}-f_cA\right)=\frac{1}{300}\left(\frac{2100000}{0.9\times0.825}-14.3\times400\times400\right)=1801(\text{mm}^2)$$

$$\rho'=\frac{A_s'}{A}=\frac{1801}{400\times400}=1.1\%>\rho'_{\min}=0.6\%$$

对称配筋截面每一侧配筋率也满足 0.2%的构造要求。

选 6 根直径为 20 的二级钢筋，截面面积为：

$$A_s'=1884\text{mm}^2$$

设计面积与计算面积误差：

$$\frac{1884-1801}{1801}=4.6\%<5\%$$

所以满足要求。

【问题导入】

确定该柱截面尺寸及纵筋面积。

4.1　轴力和轴力图基本知识

音频.轴力与轴力图.mp3

4.1.1　轴向拉伸和压缩时横截面上的内力

轴向拉伸与压缩是杆件受力或变形的一种最基本的形式。

在工程结构和机械中，发生轴向拉伸或压缩变形的构件有很多。如图 4-1 所示的起重机吊架中，忽略自重，*AB*、*BC* 两杆均为二力杆；*BC* 杆在通过轴线的拉力作用下沿杆轴线发生拉伸变形；而杆 *AB* 则在通过轴线的压力作用下沿杆轴线发生压缩变形。

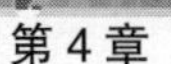

如图 4-2 所示为液压传动活塞中的活塞杆，在油压和工作阻力作用下受拉。此外，用于连接的螺栓都承受拉伸；千斤顶的螺杆在顶重物时则承受压缩。

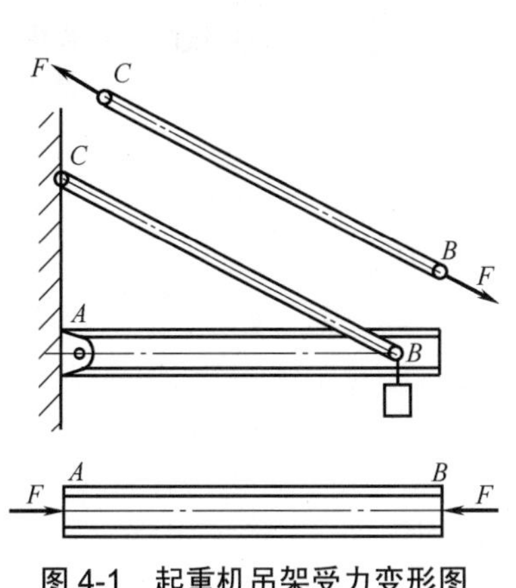

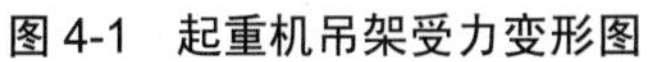
图 4-1　起重机吊架受力变形图

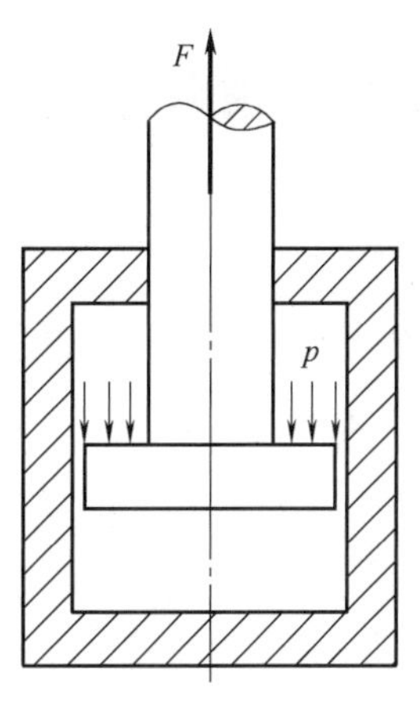

图 4-2　活塞杆

这些杆件的结构形式虽各有差异，加载方式也并不相同，但若把杆件形状和受力情况进行简化，都可以画成如图 4-3 所示的计算简图。这类杆件的受力特点是：杆件承受外力的作用线与杆件轴线重合。其变形特点是：杆件沿轴线方向伸长或缩短。这种变形形式称为轴向拉伸或压缩，简称拉伸或压缩。

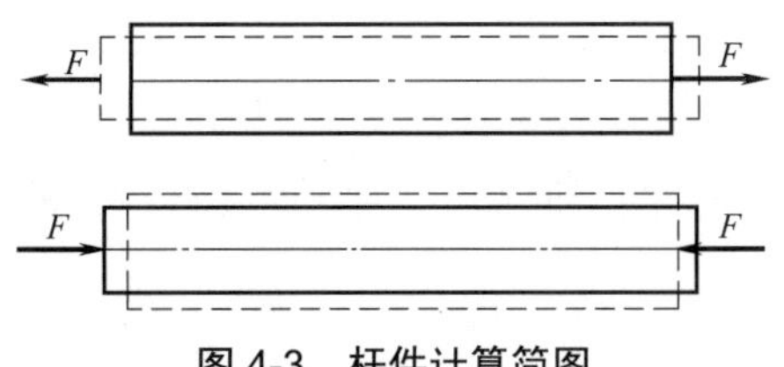

图 4-3　杆件计算简图

为了维持构件各部分之间的联系，保持构件的形状和尺寸，构件内部各部分之间必定存在着相互作用的力，该力称为内力。在外部载荷作用下，构件内部各部分之间相互作用的内力也随之改变，这个因为外部载荷作用而引起构件内力的改变量，称为附加内力，简称内力。

这里必须注意，材料力学中的内力与静力学曾介绍的内力有所不同。前者是物体内部各部分之间的相互作用力；后者则是在讨论物体系统平衡时，各个物体之间的相互作用力，它相对于物体系这个整体来说是内力，但对于一个物体来说就属于外力了。

(1)　受力特征。作用于等直杆两端的外力或其合力的作用线沿杆件的轴线，特征是一对力大小相等、矢向相反。

(2)　变形特征。受力后杆件沿其轴向方向均匀伸长(缩短)，即杆件任意两横截面沿杆件轴向方向产生相对的平行移动。

(3) 拉压杆。以轴向拉压为主要变形的杆件，称为拉压杆或轴向受力杆。作用线沿杆件轴向的载荷，称为轴向载荷。

拉压杆.docx

4.1.2 轴力与轴力图

1. 截面法

将杆件假想地切开以显示内力，并由平衡条件建立内力与外力的关系或由外力确定内力的方法，称为截面法，它是分析杆件内力的一般方法。其过程可归纳为三个步骤。

(1) 截开：在欲求内力的截面处，假想用一平面将截面分成两部分，任意保留一部分，弃去另一部分。

(2) 代替：用作用于截面上的内力代替弃去部分对留下部分的作用。

(3) 平衡：对留下部分建立平衡方程，确定内力分量。

2. 轴力

由于轴向拉压杆的外力沿轴线作用，因而内力的作用线也必然沿着杆的轴，故其内力称为该杆的轴力，用符号 N 或 kN 表示。通常规定，杆件产生拉伸变形时的轴力为正，轴力的方向离开横截面；产生压缩变形时的轴力为负，轴力的方向指向横截面。

如图 4-4 所示，两端受轴向拉力 F 的杆件，为了求任一横截面 1—1 上的内力，可采用截面法。假想用与杆件轴线垂直的平面在 1—1 截面处将杆件截开；取左段为研究对象，用分布内力的合力 F_N 来替代右段对左段的作用力，建立平衡方程，可得 $F_N = -F$ 。

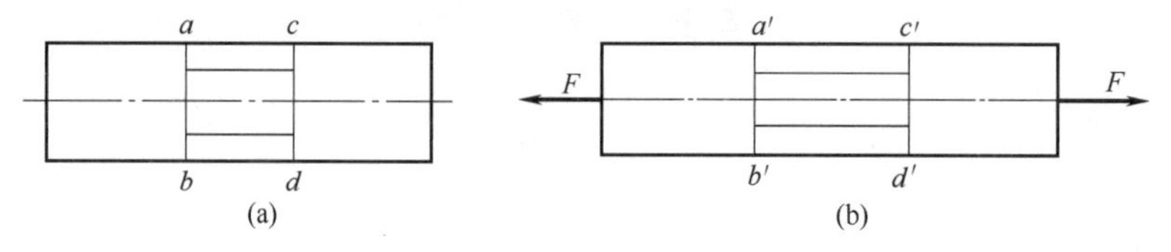

图 4-4 杆件

实际问题中，杆件所受外力可能很复杂，这时直杆各横截面上的轴力将不相同， F_N 将是横截面位置坐标 x 的函数。即

$$F_N = F_N(x) \tag{4-1}$$

3. 轴力图

轴力图.docx

当杆受到多个轴向外力作用时，在杆的不同横截面上的轴力将各不相同。为了表明横截面上的轴力随横截面位置而变化的情况，可用平行于杆轴线的坐标表示横截面的位置，用垂直于杆轴线的坐标表示横截面上轴力的数

值，从而绘出表示轴力与截面位置关系的图线，称为轴力图。

下面通过例题来介绍轴力的计算。

【案例 4-1】直杆 AD 受力如图 4-5 所示。已知 F_1=16kN，F_2=10kN，F_3=20kN，试画出直杆 AD 的轴力图。

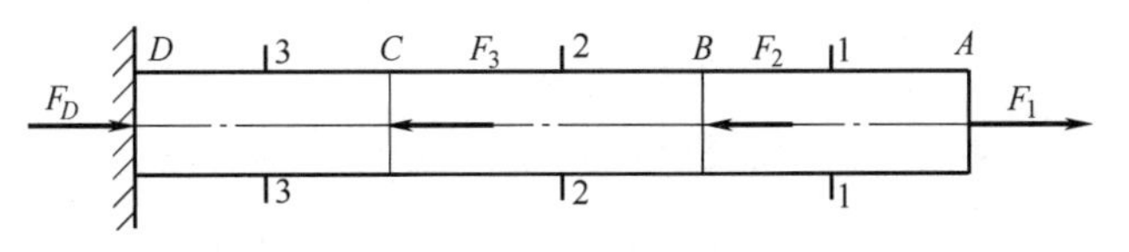

图 4-5 直杆 AD 受力图

解:

(1) 计算 D 端支座反力。

以整体为对象，由受力图建立平衡方程得:

$$\sum F_x = 0, \quad F_D + F_1 - F_2 - F_3 = 0$$

$$F_D = F_2 + F_3 - F_1 = 10\text{kN} + 20\text{kN} - 16\text{kN} = 14\text{kN}$$

(2) 分段计算轴力。

由平衡方程 $\sum F_x = 0$，$F_1 - F_{N1} = 0$ 可知:

$$F_{N1} = F_1 = 16(\text{kN})$$

对于 BC 段

$$F_{N2} = F_1 - F_2 = 16 - 10 = 6(\text{kN})$$

为了计算 BC 段的轴力

$$F_{N2} = F_3 - F_D = 20 - 14 = 6(\text{kN})$$

对于 CD 段，该段的平衡条件得

$$F_{N3} = -F_D = -14(\text{kN})$$

(3) 画轴力图。

根据所求得的轴力值，画出轴力图。由轴力图可以看出，轴力的最大值为 16kN，发生在 AB 段内，如图 4-6 所示。

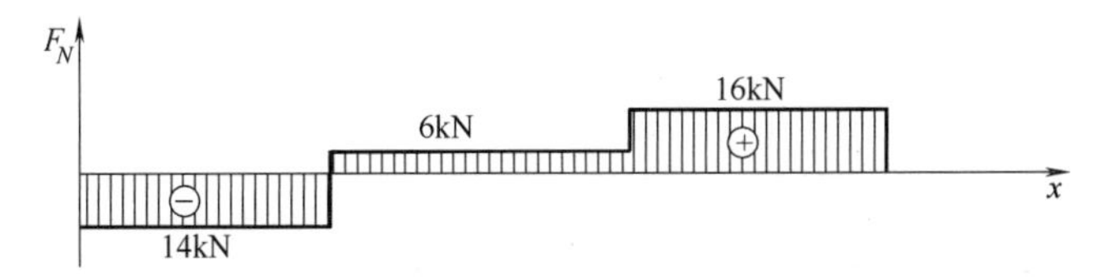

图 4-6 直杆 AD 轴力图

4.2　拉(压)杆内的应力

4.2.1　拉(压)杆横截面上的应力

1. 应力的概念

应用截面法确定了轴力后，单凭轴力并不能判断杆件的强度是否足够。例如，用同一材料制成粗细不等的两根直杆，在相同的拉力作用下，虽然两杆轴力相同，但随着拉力的增大，横截面小的杆件必然先被拉断。这说明杆件的强度不仅与轴力的大小有关，还与横截面面积的大小有关。为此，引入应力的概念。把单位面积上内力的大小称为应力，并以此作为衡量受力程度的尺度。

2. 横截面上的正应力

取一橡胶(或其他易于变形的材料)制的等截面直杆，在杆上画两条与杆轴线垂直的横向线 *ab* 和 *cd*，并在平行线 *ab* 和 *cd* 之间画与杆轴线平行的纵向线，然后沿杆的轴线作用拉力 *F*，使杆件产生拉伸变形，如图 4-7 所示。

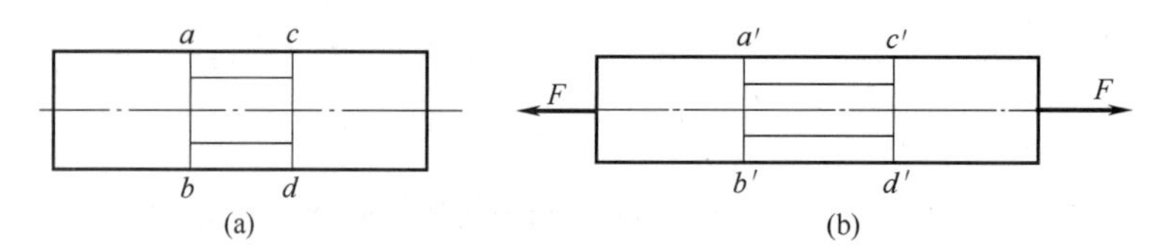

图 4-7　等截面直杆

设想杆件是由无数条纵向纤维所组成，根据平面假设，在任意两个横截面之间的各条纤维的伸长量相同，即变形相同。由材料的连续性、均匀性假设可以推断出内力在横截面上的分布是均匀的，即横截面上各点处的应力大小相等，其方向与横截面上轴力一致，垂直于横截面，故为正应力，如图 4-8 所示。

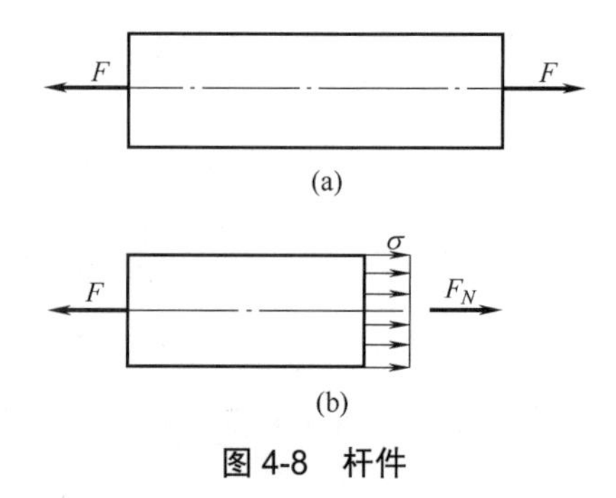

图 4-8　杆件

设杆件横截面的面积为 A，轴力为 F_N，则根据上述假设可知，横截面上各点处的正应力均为：

$$\sigma = \frac{F_N}{A} \tag{4-2}$$

式(4-2)已为试验所证实，适用于横截面为任意形状的等截面直杆。当轴力为正号(拉伸)时，正应力也得正号，称为拉应力；当轴力为负号(压缩)时，正应力也得负号，称为压应力。

3. 纵向线应变和横向线应变

设杆件的原长为 l，直径为 d，承受轴向拉力 F 后，变形为图虚线所示的形状，如图 4-9 所示。杆件的纵向长由 l 变为 l_1，横向尺寸由 d 变为 d_1，则杆的纵向绝对变形为：

$$\Delta l = l_1 - l \tag{4-3}$$

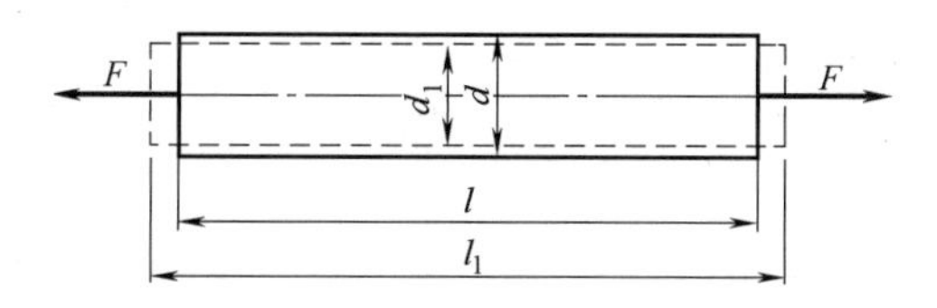

图 4-9　纵向线应变和横向线应变

杆的横向绝对变形为：

$$\Delta d = d_1 - d \tag{4-4}$$

为了消除杆原尺寸对变形大小的影响，用单位长度内杆的变形即线应变来衡量杆件的变形程度。与上述两种绝对变形相对应的纵向线应变为：

$$\varepsilon = \frac{\Delta l}{l} \tag{4-5}$$

横向线应变为：

$$\varepsilon' = \frac{\Delta d}{d} \tag{4-6}$$

线应变表示的是杆件的相对变形，它是一个量纲为 1 的量。线应变的正负号分别与 Δl 、Δd 的正负号一致。

试验表明：当应力不超过某一限度时，横向线应变与轴向线应变之间存在正比关系，且符号相反。即

$$\varepsilon' = -\mu\varepsilon \tag{4-7}$$

上式中，比例系数 μ 称为材料的横向变形系数，或称泊松比。

4.2.2 拉(压)杆斜截面上的应力

为了更全面地了解杆件内部的应力分布情况，还需要进一步研究杆件斜截面上的应力分布情况。仍以拉杆为例，利用截面法，沿斜截面 $m-m$ 将杆件分成两个部分，如图 4-10(a)所示，该斜截面的外法线方向与横截面外法线方向的夹角为 α，称为方位角。规定 α 角以从横截面外法线方向逆时针旋转到斜截面外法线方向时为正，反之为负，图 4-10(a)所示的 α 角为正。取截面所截左边部分进行受力分析，由于整根杆件处于平衡状态，因此任何一局部也处于平衡状态，由平衡条件，可得斜截面 $m-m$ 上的内力为：

$$F_\alpha = F \tag{4-8}$$

按照横截面上正应力均匀分布的分析方法，同样可以得到斜截面上各点处应力 P_α 分布均匀的结论，如图 4-10(b)所示，即

$$P_\alpha = \frac{F_\alpha}{A_\alpha} \tag{4-9}$$

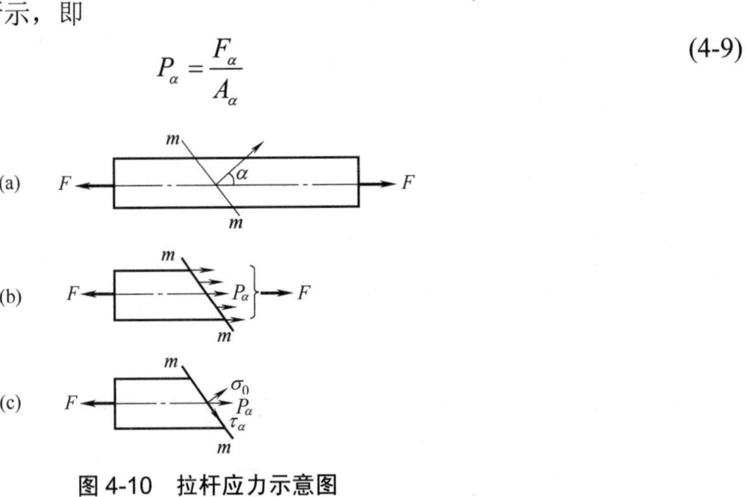

图 4-10 拉杆应力示意图

式中，A_α 为斜截面面积，其与横截面面积 A 的关系为：

$$A_\alpha = \frac{A}{\cos\alpha} \tag{4-10}$$

由式(4-8)、式(4-9)及式(4-10)可得斜截面上的应力 P_α 与横截面上的正应力 σ_0 之间的关系为：

$$P_\alpha = \frac{F\cos\alpha}{A} = \sigma_0 \cos\alpha \tag{4-11}$$

将应力 P_α 沿斜截面法线和切线方向分解，如图 4-10(c)所示，可以得到斜截面上的正应力 P_α 与切应力 τ_α 的表达式分别为：

$$\sigma_\alpha = P_\alpha \cos\alpha = \sigma_0 \cos^2\alpha \tag{4-12}$$

$$\tau_\alpha = P_\alpha \sin\alpha = \sigma_0 \cos\alpha \sin\alpha = \frac{\sigma_0}{2}\sin 2\alpha \tag{4-13}$$

由式(4-12)和式(4-13)可知，在拉压杆的任一斜截面上，既有正应力，又有切应力，其大小随截面方位角而改变。当 $\alpha = 0$ 时(横截面)，正应力达到最大值，而 τ_α=0，即

$$\sigma_0 = \sigma_{\max}\text{，}\quad \tau_0 = 0$$

当 $\alpha = \pm 45°$ 时，τ_α 分别达到最大值和最小值，而 $\sigma_\alpha = \dfrac{\sigma_0}{2}$，即

$$\sigma_{45°} = \frac{\sigma_0}{2}\text{，}\quad \tau_{45°} = \tau_{\max} = \frac{\sigma_0}{2}$$

$$\sigma_{-45°} = \frac{\sigma_0}{2}\text{，}\quad \tau_{-45°} = \tau_{\max} = -\frac{\sigma_0}{2}$$

正应力的正负号规定如前所述。切应力正负号规定如下：对研究部分内部任一点取矩，使研究部分发生顺时针方向转动的切应力为正，反之为负。

4.3　拉(压)杆的变形

4.3.1　绝对变形、胡克定律

实验表明，当拉杆沿其轴向伸长时，其横向将缩短，如图 4-11(a)所示；轴向缩短时，横向增大，如图 4-11(b)所示。

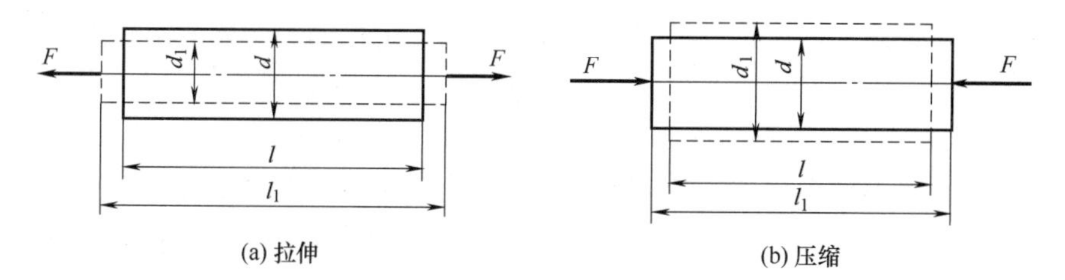

(a) 拉伸　　(b) 压缩

图 4-11　拉(压)变形

设 l 、d 为直杆变形前的长度与直径，l 、d 为直杆变形后的长度与直径，则轴向和横向变形分别为式(4-3)及式(4-4)，Δl 与 Δd 称为绝对变形。由式(4-3)、式(4-4)可知 Δl 与 Δd 符号相反。

实验结果表明：如果所施加的荷载使杆件的变形处于弹性范围内，杆的轴向变形 Δl 与杆所承受的轴向荷载 F 杆的原长 l 成正比，而与其横截面面积 A 成反比，写成关系式为 $\Delta l \propto \dfrac{Fl}{A}$。引进比例常数 E，则有：

$$\Delta l = \frac{Fl}{EA} \tag{4-14}$$

由于 $F = F_N$，故上式可改写为：

$$\Delta l=\frac{F_N l}{EA} \tag{4-15}$$

这一关系式称为胡克定律，Δl 的正负与轴力 F_N 一致。比例常数 E 称为杆材料的弹性模量，E 的数值与材料有关，是通过实验测定的，其量纲为 $ML^{-1}T^{-2}$，其单位为 Pa。E_A 称为杆的拉伸(压缩)刚度或抗拉刚度，对于长度相等且受力相同的杆件，其抗拉刚度越大，则杆件的变形越小，其值表征材料抵抗弹性变形的能力。

当拉、压杆有两个以上的外力作用时，其轴力沿杆长变化，则杆件的总的变形应按式(4-15)分段计算各段的变形，各段变形的代数和即为杆的总变形，即

$$\Delta l=\sum_i \frac{F_{Ni} l_i}{(EA)_i} \tag{4-16}$$

4.3.2 相对变形、泊松比

绝对变形的大小只反映杆的总变形量，而无法说明杆的变形程度。因此，为了度量杆的变形程度，还需计算单位长度内的变形量。对于轴力为常量的等截面直杆，其变形处处相等。可将 Δl 除以 l，Δl 除以 l 表示单位长度的变形量，即可得到式(4-5)。

ε 称为纵向线应变；ε' 称为横向线应变。应变是单位长度的变形，是无量纲量。由于 Δl 与 Δd 符号相反，因此 ε 与 ε' 也具有相反的符号。胡克定律的另一表达形式为：

$$\varepsilon=\frac{\sigma}{E} \tag{4-17}$$

显然，式(4-17)中的纵向线应变 ε 和横截面上正应力的正负号也是相对应的。式(4-17)是经过改写后的胡克定律，它不仅适用于拉(压)杆，还可以更普遍地用于所有的单轴应力状态，故通常又称为单轴应力状态下的胡克定律。

试验表明，当拉(压)杆内应力不超过某一限度时，横向线应变 ε' 与纵向线应变 ε 之比的绝对值为一常数，即

$$\mu=\left|\frac{\varepsilon'}{\varepsilon}\right| \tag{4-18}$$

μ 称为横向变形因数或泊松比，是小于 1 的系数，它也与材料有关，是通过实验测定的。

弹性模量 E 和泊松比 μ 都是与材料有关的弹性系数。几种常用材料的 E 和 μ 值如表 4-1 所示。

表 4-1 几种常用材料 E 和 μ 的约值

材料名称	E/GPa	μ
碳钢	196～216	0.24～0.80
合金钢	186～206	0.25～0.30
灰铸铁	78.5～157	0.23～0.27
铜及铜合金	72.6～128	0.31～0.42
铝合金	70	0.33
混凝土	15.2～36	0.16～0.18

变形与位移既有联系又有区别。位移是指其位置的移动，而变形是指构件尺寸的改变量。变形是代数量，有大小有符号，而位移是矢量，不仅有大小，还要有方向，所以计算出位移后要标出位移的指向。

【案例 4-2】如图 4-12 所示，实心圆钢杆 AB 和 AC 在 A 点以铰相连接，在 A 点作用有铅垂向下的力 F=35kN。已知杆 AB 和 AC 的直径分别为 d_1=12mm 和 d_2=15mm，钢的弹性模量 E=210GPa。

试求 A 点在铅垂方向的位移。

解：用能量法解如下。由

$$\sum F_x = 0 \qquad -F_{NBA}\sin 45^\circ + F_{NAC}\sin 30^\circ = 0$$

$$\sum F_y = 0 \qquad F_{NAB}\cos 45^\circ + F_{NAC}\cos 30^\circ = F$$

可解得:

$$F_{NBA} = \frac{2F}{\sqrt{2}+\sqrt{6}} F_{NAC} = \frac{2\sqrt{2}F}{\sqrt{2}+\sqrt{6}}$$

如图 4-12(b)所示。

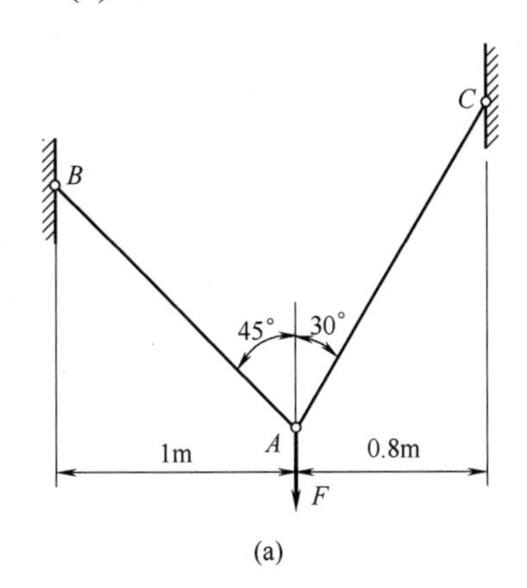

(a)

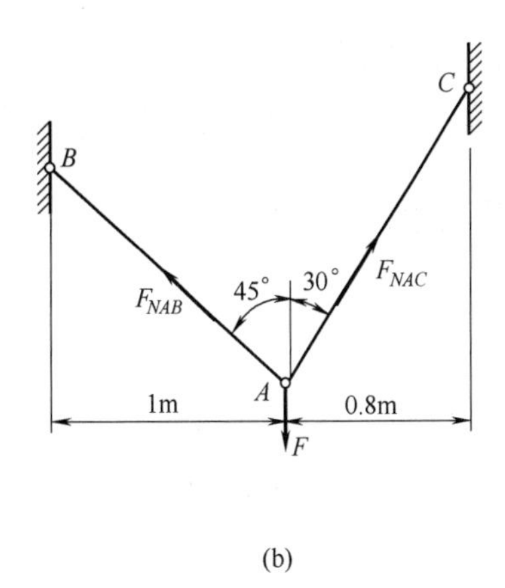

(b)

图 4-12 实心圆钢杆

杆 AB 和 AC 内存储的应变能分别为：

$$V_{\varepsilon AB}=\frac{F_{NAB}^2 l_{AB}}{2EA_{AB}} \qquad V_{\varepsilon AC}=\frac{F_{NAC}^2 l_{AC}}{2EA_{AC}}$$

$$l_{AB}=\frac{1}{\sin 45^\circ} \qquad l_{AC}=\frac{0.8}{\sin 30^\circ}$$

体系的总应变能为：

$$V_\varepsilon = V_{\varepsilon AB}+V_{\varepsilon AC}$$

外力对体系所做的功为：

$$W=\frac{1}{2}F\Delta l$$

又因为外力功应等于存储在体系内的应变能，有：

$$W=V_\varepsilon$$

由以上各式可解得：

$$\Delta l = 1.365\text{mm}$$

4.4　材料在拉伸和压缩时的力学性能

音频.材料的拉伸和压缩试验.mp3

4.4.1 材料的拉伸和压缩试验

材料在拉伸和压缩时的力学性质，又称机械性能，是指材料在受力过程中在强度和变形方面表现出的特性，是解决强度、刚度和稳定性问题不可缺少的依据。

材料在拉伸和压缩时的力学性质，是通过试验得出的。拉伸与压缩试验通常在万能材料试验机上进行。拉伸与压缩试验的过程：把由不同材料按标准制成的试件装夹到试验机上，试验机对试件施加荷载，使试件产生变形甚至破坏。试验机上的测量装置测出试件在受荷载作用变形过程中，所受荷载的大小及变形情况等数据，由此测出材料的力学性质。

4.4.2 低碳钢拉伸时的力学性能

低碳钢拉伸时的力学性能.mp4

将准备好的低碳钢试样装到试验机上，开动试验机使试样两端受轴拉力 F 的作用。当力 F 由零逐渐增加时，试样逐渐伸长，用仪器测量标距 l 的伸长 Δl，将各 F 值与相应的 Δl 值记录下来，直到试样被拉断为止。然后，以 Δl 为横坐标，力 F 为纵坐标，在纸上标出若干点，以曲线相连，可得一条 $F-\Delta l$ 曲线，如图 4-13 所示，称为低碳钢的拉伸曲线或拉伸图。一般万能试验机可以自动绘出拉伸曲线。

低碳钢试样的拉伸图只能代表试样的力学性能，因为该图的横坐标和纵坐标均与试样的几何尺寸有关。为了消除试样尺寸的影响，将拉伸图中的F值除以试样横截面的原面积，即用应力来表示：$\sigma=\dfrac{F}{A}$；将Δl除以试样工作段的原长l，即用应变来表示$\varepsilon=\dfrac{\Delta l}{l}$。这样，所得曲线即与试样的尺寸无关，而可以代表材料的力学性质，称为应力—应变曲线或$\sigma-\varepsilon$曲线，如图4-14所示。

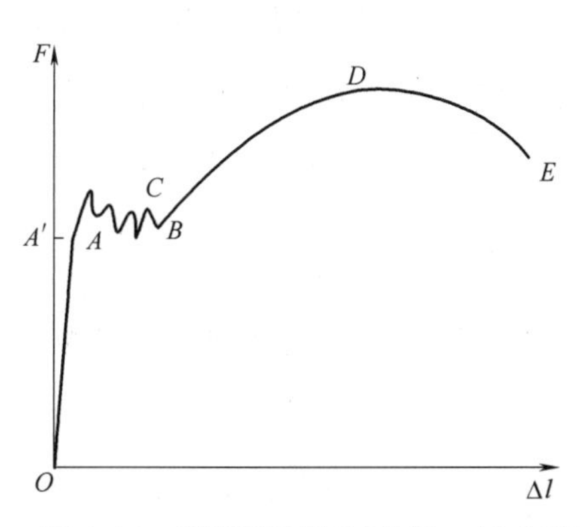

图4-13 低碳钢的拉伸图($F-\Delta l$曲线)

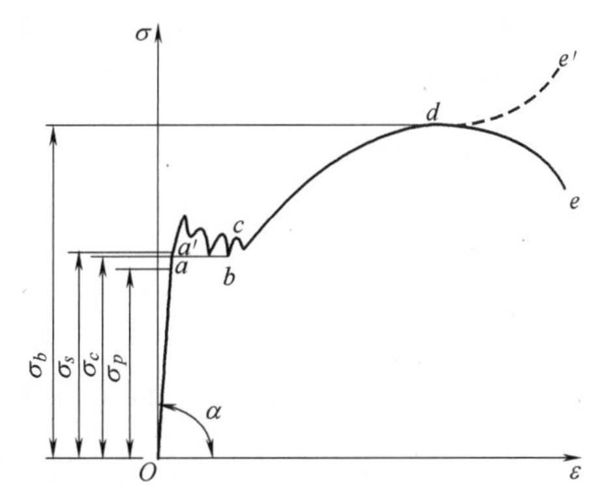

图4-14 低碳钢的拉伸$\sigma-\varepsilon$曲线

低碳钢是工程中使用最广泛的材料之一，同时，低碳钢试样在拉伸试验中所表现出的变形与抗力之间的关系也比较典型。由$\sigma-\varepsilon$曲线图可见，低碳钢在整个拉伸试验过程中大致可分为4个阶段。

低碳钢.docx

1. 弹性阶段

这一阶段试样的变形完全是弹性的，全部卸除荷载后，试样将恢复其原长，这一阶段称为弹性阶段。如图4-14中的Oa'段所示。

这一阶段曲线有两个特点：一个特点是Oa段是一条直线，它表明在这段范围内应力与应变成正比，即

$$\sigma=E\varepsilon \tag{4-19}$$

比例系数E即为弹性模量，在图4-14中$E=\tan\alpha$，此式所表明的关系即胡克定律。图4-14中点a所对应的应力值σ_p，称为比例极限，Oa段称为线性单性区。低碳钢的σ_p接近200MPa；另一个特点是aa'段为非直线段，它表明应力与应变呈非线性关系。试验表明，只要应力不超过a'点所对应的应力，其变形是完全弹性的，称σ_c为弹性极限，其值与σ_p接近，所以在应用上，对比例极限和弹性极限不作严格区别。

2. 屈服阶段

在应力超过弹性极限后，试样的伸长急剧地增加，而万能试验机的荷载读数却在很小

的范围内波动，即试样的荷载基本不变而试样却不断伸长，好像材料暂时失去了抵抗变形的能力，这种现象称为屈服(见图 4-15)，这一阶段则为屈服阶段。屈服阶段出现的变形，是不可恢复的塑性变形。若试样经过抛光，则在试样表面可以看到一些与试样轴线呈 45° 角的条纹，如图 4-16 中 $a'c$ 阶段所示，这是由材料沿试样的最大切应力面发生滑移而出现的现象，称为滑移线。

在屈服阶段内，应力 σ 有幅度不大的波动，称最高点 C 为上屈服点，称最低点 D 为下屈服点。试验指出，加载速度等很多因素对上屈服值的影响较大，而下屈服值则较为稳定。因此将下屈服点所对应的应力 σ_s，称为屈服强度或屈服极限。低碳钢的 $\sigma_s\approx$240MPa。

3. 强化阶段

试样经过屈服阶段后，材料的内部结构得到了重新调整。在此过程中材料不断发生强化，试样中的抗力不断增长，材料抵抗变形的能力有所提高，表现为变形曲线自 c 点开始又继续上升，直到最高点 d 为止，这一现象称为强化，这一阶段称为强化阶段。其最高点 d 所对应的应力 σ_b，称为强度极限。低碳钢的 $\sigma_b\approx$400MPa。

对于低碳钢来讲，屈服极限 σ_s 和强度极限 σ_b 是衡量材料强度的两个重要指标。

若在强化阶段某点 m 停止加载，并逐渐卸除荷载，如图 4-16 所示，变形将退到点 n。如果立即重新加载，变形将重新沿直线 nm 到达点 m，然后大致沿着曲线 mde 继续增加，直到拉断。材料经过这样处理后，其比例极限和屈服极限将得到提高，而拉断时的塑性变形减少，即塑性降低了。这种通过卸载的方式而使材料的性质获得改变的做法称为冷作硬化。在工程中常利用冷作硬化来提高钢筋和钢缆绳等构件在线弹性范围内所能承受的最大荷载。值得注意的是，若试样拉伸至强化阶段后卸载，经过一段时间后再受拉，则其线弹性范围的最大荷载还有所提高，如图 4-16 中 $nfgh$ 所示。这种现象称为冷作时效。

钢筋冷拉后，其抗压的强度指标并不提高，所以在钢筋混凝土中受压钢筋不用冷拉。

4. 局部变形阶段

试样从开始变形到 $\sigma-\varepsilon$ 曲线的最高点 d，在工作长度 l 范围内沿横纵向的变形是均匀的。但自 d 点开始，到 e 点断裂时为止，变形将集中在试样的某一个较薄弱的区域内，如图 4-17 所示，该处的横截面面积显著收缩，出现“缩颈”现象。在试样继续变形的过程中，由于“缩颈”部分的横截面面积急剧缩小，因此，荷载读数(即试样的抗力)反而降低，如图 4-13 中的 DE 线段。在图 4-14 中的实线 de 是以变形前的横截面面积除拉力 F 后得到的，所以其形状与图 4-13 中的 DE 线段相似，也是下降的。但实际缩颈处的应力仍是增长的，如图 4-14 中虚线 de' 所示。

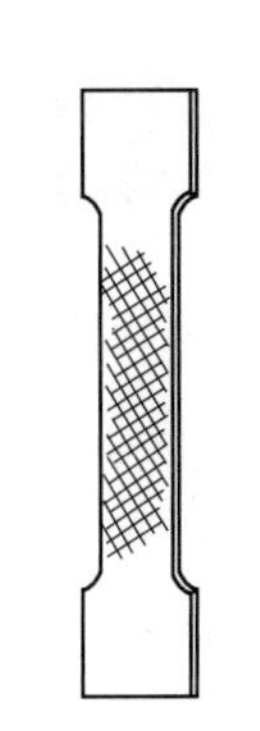

图 4-15　屈服现象

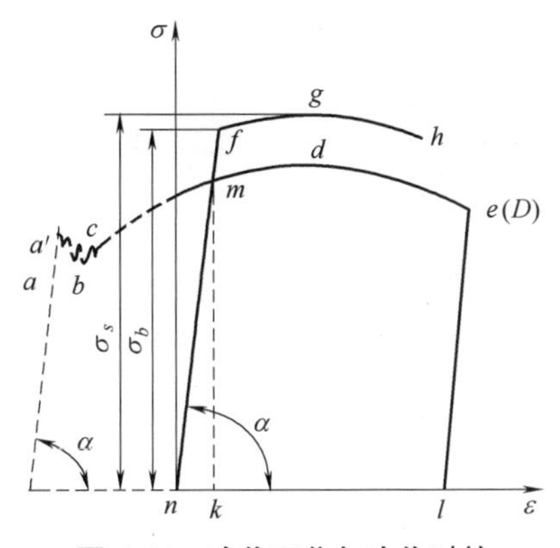

图 4-16　冷作硬化与冷作时效

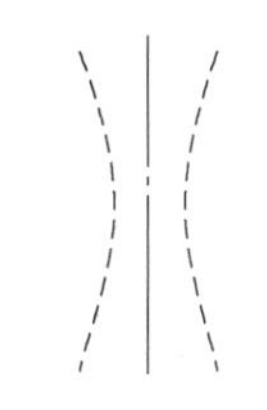

图 4-17　缩颈现象

4.4.3 塑性材料和脆性材料的主要区别

综合上述关于塑性材料和脆性材料的力学性能，归纳其区别如下。

(1) 多数塑性材料在弹性变形范围内，应力与应变成正比关系，符合胡克定律；多数脆性材料在拉伸或压缩时 $\sigma-\varepsilon$ 图一开始就是一条微弯曲线，即应力与应变不成正比关系，不符合胡克定律，但由于 $\sigma-\varepsilon$ 曲线的曲率较小，所以在应用上假设它们成正比关系。

(2) 塑性材料断裂时延伸率大，塑性性能好；脆性材料断裂时延伸率很小，塑性性能很差。所以塑性材料可以压成薄片或抽成细丝，而脆性材料则不能。

(3) 表征塑性材料力学性能的指标有弹性模量、弹性极限、屈服极限、强度极限、延伸率和截面收缩率等；表征脆性材料力学性能的只有弹性模量和强度极限。

(4) 多数塑性材料在屈服阶段以前，抗拉和抗压的性能基本相同，所以应用范围广；多数脆性材料抗压性能远大于抗拉性能，且价格低廉又便于就地取材，所以主要用于制作受压构件。

(5) 塑性材料承受动荷载的能力强，脆性材料承受动荷载的能力很差，所以承受动荷载作用的构件多由塑性材料制作。

值得注意的是，在常温、静载条件下，根据拉伸试验所得材料的延伸率，将材料区分为塑性材料和脆性材料。但是，材料是塑性的还是脆性的，将随材料所处的温度、加载速度和应力状态等条件的变化而不同。例如，具有尖锐切槽的低碳钢试样，在轴向拉伸时将在切槽处发生突然的脆性断裂。又如，将铸铁放在高压介质下做拉伸试验，拉断时也会发生塑性变形和缩颈现象。

4.5　应力集中与材料疲劳

4.5.1　应力集中的概念

由于构造与使用等方面的需要，许多构件常常带有沟槽(如螺纹)、孔和圆角(构件由粗到细的过渡圆角)等。在外力作用下，构件中邻近沟槽、孔或圆角的局部范围内，应力急剧增大，如图 4-18(a)所示含圆孔的受拉薄板，圆孔处截面 *A*—*A* 上的应力分布如图 4-18(b)所示，最大应力 $\sigma_{\max}$ 显著超过该截面的平均应力。由于截面急剧变化所引起的应力局部增大现象，称为应力集中。

应力集中的程度用所谓应力集中因数 *K* 表示，其定义为：

$$K = \frac{\sigma_{\max}}{\sigma_{\mathrm{n}}} \tag{4-20}$$

式中，σ_{n} 为名义应力；$\sigma_{\max}$ 为最大局部应力。名义应力是在不考虑应力集中的条件下求得的。例如上述含圆孔薄板，若所受拉力为 *F*，板厚为 δ，板宽为 b，孔径为 d，则截面 *A*—*A* 上的名义应力为：

$$\sigma_{\mathrm{n}} = \frac{F}{(b-d)\delta} \tag{4-21}$$

最大局部应力 $\sigma_{\max}$ 则由解析理论(如弹性力学)、实验或数值方法(如有限元法与边界元法等)确定。

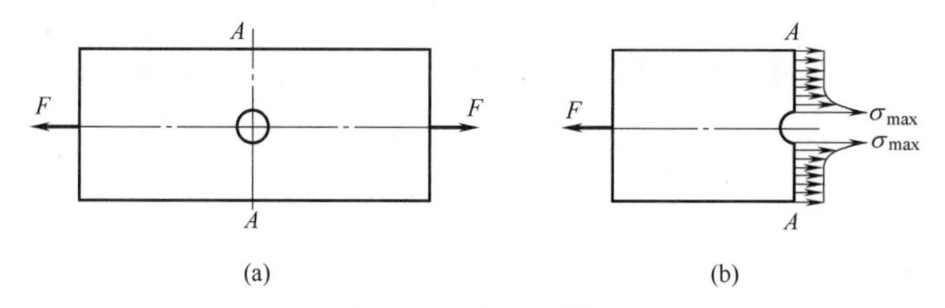

图 4-18　受拉薄板

4.5.2　交变应力与材料疲劳

在机械和工程结构中，许多构件常常受到随时间循环变化的应力，如图 4-19 所示，即所谓交变应力或循环应力。

实验表明，在交变应力作用下的构件，虽然所受应力小于材料的静强度极限，但经过应力的多次重复后，构件将产生可见裂纹或完全断裂，而且，即使是塑性很好的材料，断裂时也往往无显著的塑性变形。在交变应力作用下，构件产生可见裂纹或完全断裂的现象，称为疲劳破坏。

实验还表明，材料承受的应力越大，破坏前所能经受的应力循环次数 N 即疲劳寿命越短。例如碳钢的应力与相应寿命的关系曲线，即所谓应力—寿命曲线或 S–N 曲线，如图 4-20 所示。

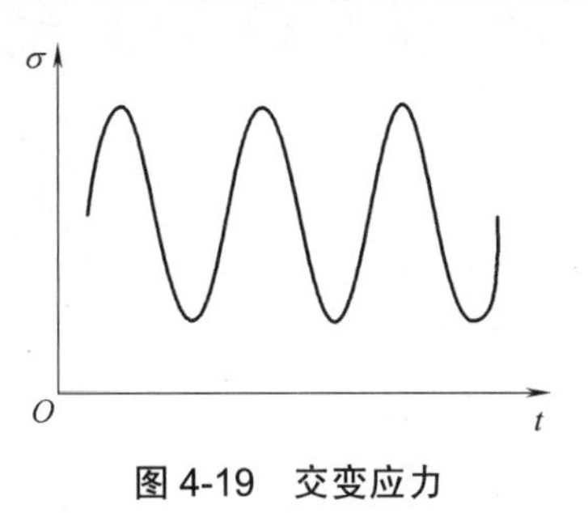

图 4-19　交变应力

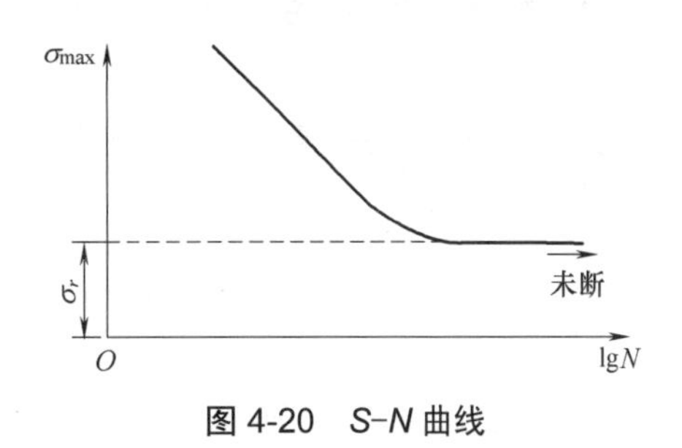

图 4-20　S–N 曲线

从图 4-20 中可以看出，应力越小，疲劳寿命越长，而当应力减小至某一数值后，S–N 曲线趋向于水平直线。

实验表明，钢和铸铁等的 S–N 曲线均具有上述特点。这说明，对于钢和铸铁等材料，只要最大应力不超过一定限度(其值随材料而异)，它们即可经历“无限”次应力循环而不发生疲劳破坏。材料能经受“无限”次循环而不发生疲劳破坏的最大应力值，称为持久极限，用 σ_r 表示。

4.5.3 应力集中对构件强度的影响

对于由脆性材料制成的构件，当由应力集中所形成的最大局部应力 σ_{max} 到达强度极限时，构件即发生破坏。因此，在设计脆性材料构件时，应考虑应力集中的影响。

对于由塑性材料制成的构件，应力集中对其在静载荷作用下的强度则几乎无影响。因为当最大应力 σ_{max} 达到屈服应力 σ_s 后，如果继续增大载荷，则所增加的载荷将由同一截面的未屈服部分承担，以致屈服域不断扩大，如图 4-21 所示，应力分布逐渐趋于均匀化。所以，在研究塑性材料构件的静强度问题时，通常可以不考虑应力集中的影响。

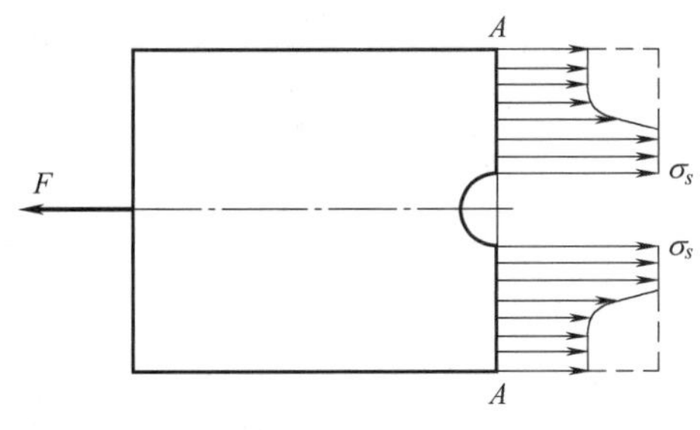

图 4-21　构件

然而，应力集中促使疲劳裂纹的形成与扩展，因而对构件(无论是塑性材料还是脆性材料)的疲劳强度影响极大。所以，在工程设计中，要特别注意减小构件的应力集中。

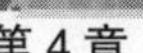

4.6 受压构件的一般构造要求

框架结构的中柱.docx

4.6.1 受压构件简介

受压构件(比如柱)在建筑结构中随处可见，若按受力性能分，受压构件有轴心受压和偏心受压。如图 4-22(a)所示的框架结构的中柱 *AB* 就可以视为轴心受压构件，而图 4-22(b)中的牛腿柱就是典型的偏心受压构件。

牛腿柱.docx

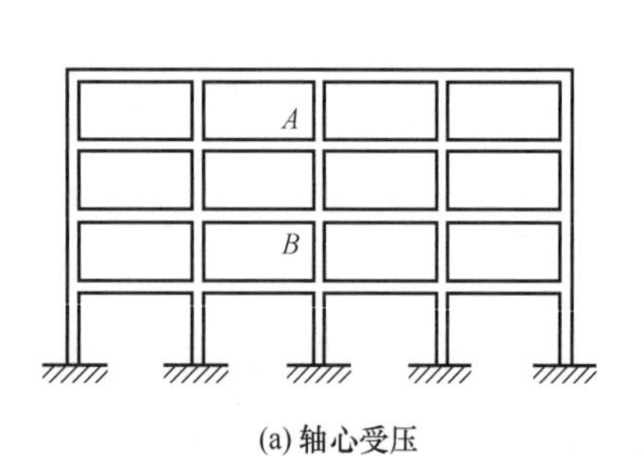

(a) 轴心受压

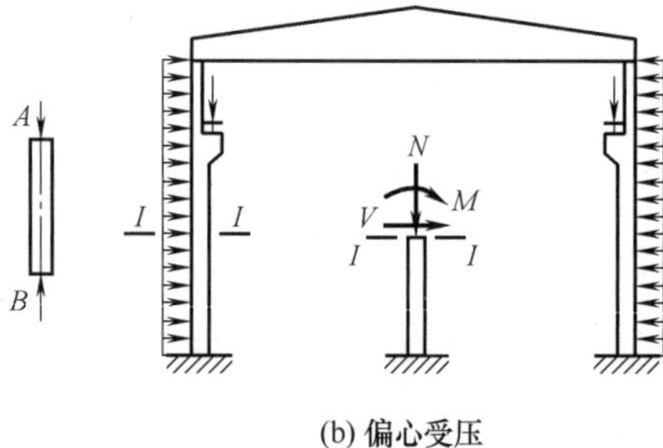

(b) 偏心受压

图 4-22　轴心受压与偏心受压

音频 3.受压构件的一般构造要求.mp3

4.6.2 受压构件的分类

受压构件按照纵向压力作用位置的不同可分为轴心受压构件和偏心受压构件。当轴向压力与构件轴线重合时，称为轴心受压构件，此时构件截面上的内力只有轴力。当轴向压力与构件轴线不重合时，称为偏心受压构件。其中，偏心受压构件又可进一步分为单向偏心受压构件和双向偏心受压构件。当纵向压力只在一个方向有偏心时，称为单向偏心受压构件；当纵向压力在两个方向都有偏心时，称为双向偏心受压构件。此时构件截面上的内力除了轴力还有弯矩，如图 4-23 所示。

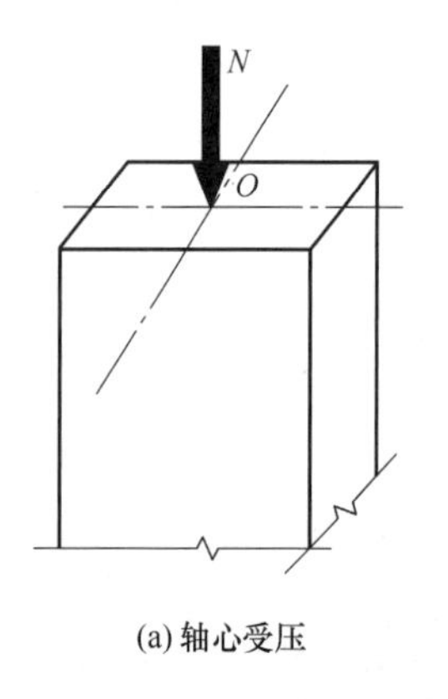

(a) 轴心受压

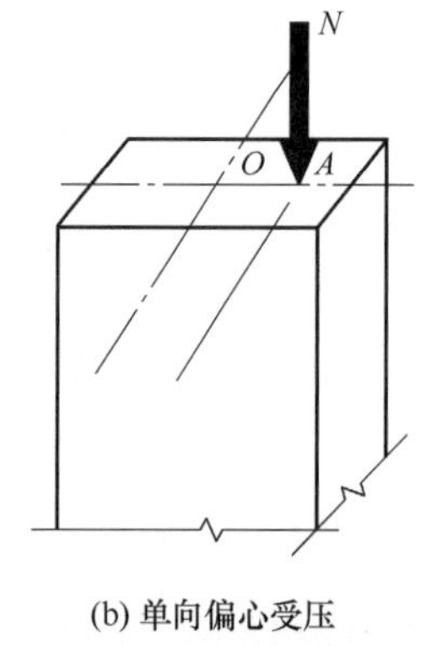

(b) 单向偏心受压

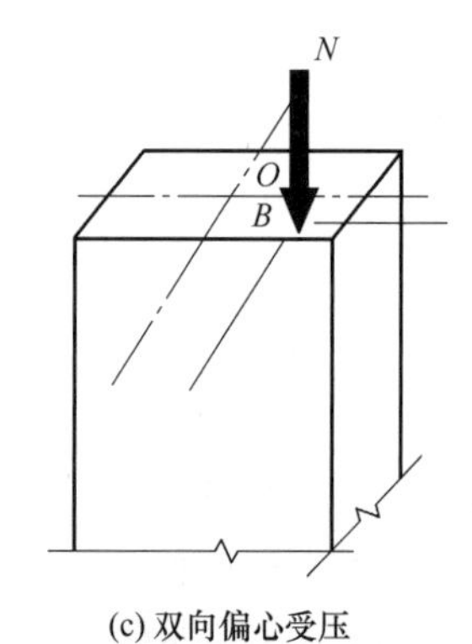

(c) 双向偏心受压

图 4-23　受压构件分类

4.6.3 受压构件的构造要求

1. 材料

混凝土的优点是抗压性能好，用它来承压是合适的。采用强度等级较高的混凝土，对提高柱的抗压承载力和减小截面尺寸都是有利的。

一般情况下，宜采用 C20、C25、C30 的混凝土。对于高层建筑的底层柱，必要时可采用更高强度等级的混凝土。

钢筋与混凝土共同受压时，若钢筋强度等级过高，则不能充分发挥其作用，其原因是所有的压力均由混凝土承担，在计算中钢筋是不考虑受压的。故受压钢筋宜采用 HPB235 级和 HRB335 级钢筋，有时也可采用 HRB400 级钢筋，而不宜用高强度钢筋作受压钢筋。同时，也不得用冷拉钢筋作受压钢筋。

2. 截面形式及尺寸

装配式厂房柱.docx

钢筋混凝土受压构件常用正方形截面或矩形截面，有特殊要求时也采用圆形截面或多边形截面，装配式厂房柱则常用工字形截面。

为使柱截面尺寸模数化，柱截面边长在 800mm 以下者，取 50mm 的模数；边长在 800mm 以上者，取 100mm 的模数。柱的截面尺寸需要定得大一些，一般宜大于 250mm。

3. 纵向钢筋

(1) 纵向受力钢筋的直径不宜小于 12mm，通常在 16～32mm 选用。取较粗的钢筋作受压钢筋，其目的是形成较为刚劲的骨架，受压后不易被压屈。

(2) 全部纵向钢筋的配筋率不宜超过 5%，但也不得少于 0.6%。常用的配筋率多为 0.7%～2%。

(3) 纵向受力钢筋的根数：矩形截面不得少于 4 根，圆柱中纵向钢筋宜沿周边均匀布置，根数不宜少于 8 根，且不应少于 6 根，其根数最好取双数，即 4、6、8、10、12 根等。

(4) 柱内纵向钢筋的净距不应小于 50mm。对水平浇筑的预制柱，其纵向钢筋的最小净距应按照梁的规定取用。偏心受压柱中，垂直于弯矩作用平面的纵向受力钢筋以及轴心受压柱中各边的纵向受力钢筋，它的中距不宜大于 300mm。

(5) 当偏心受压柱的截面高度 $h \geqslant 600$mm 时，在柱的侧面应设置直径为 10～16mm 的纵向构造钢筋，并相应地设置复合箍筋或拉筋。纵向钢筋的混凝土保护层厚度在一类环境

中取 30mm。

4. 箍筋

(1) 箍筋一般采用 HPB235 级的热轧钢筋。箍筋间距 s 和直径应符合表 4-2 的要求。

表 4-2　柱内箍筋的直径和间距

项　次	直　径		间　距
1	热轧钢筋	$\geqslant\begin{cases}d/4\\6\text{mm}\end{cases}$	$\leqslant\begin{cases}15d\\b\\400\text{mm}\end{cases}$
2	配筋率 $\rho'>3\%$	$\geqslant 8\text{mm}$	$\leqslant\begin{cases}10d\\200\text{mm}\end{cases}$

(2) 当柱截面短边尺寸大于 400mm，且各边纵向钢筋多于 3 根时，或当柱截面短边尺寸未超过 400mm，但各边纵向钢筋多于 4 根时，为防止中间纵向钢筋被压屈，应设置复合箍筋，如图 4-24 所示。

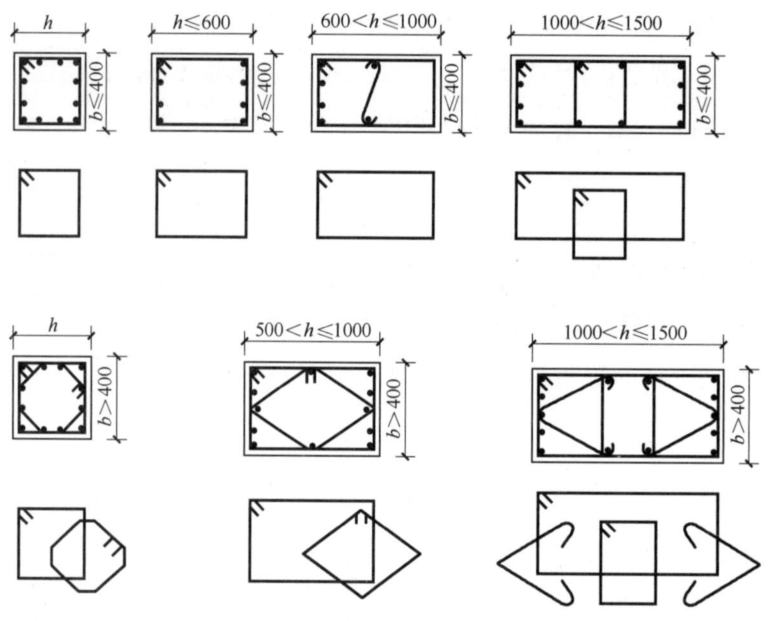

图 4-24　矩形截面柱箍筋的形式

(3) 对截面形状复杂的柱，其箍筋的配置如图 4-25 所示，但不能采用具有内折角的箍筋，以免产生外向拉力而使折角处的混凝土破损。

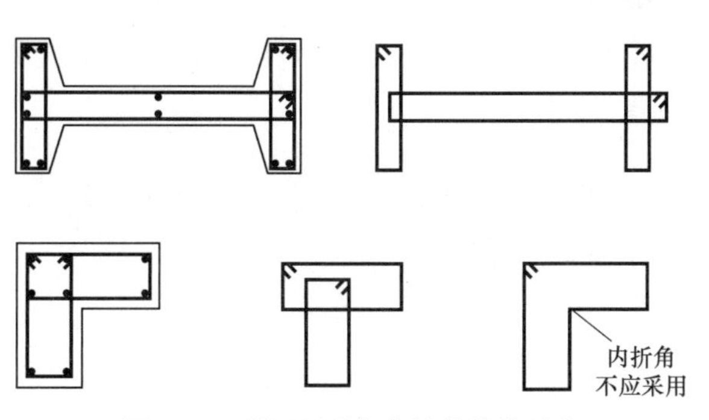

图 4-25 截面形状复杂柱的箍筋形式

本章小结

通过本章的学习，使读者主要了解建筑力学轴力和轴力图基本知识；掌握建筑力学拉(压)杆内的应力基本常识；理解拉(压)杆的变形；了解建筑材料在拉伸和压缩时的力学性能；了解建筑力学应力集中与材料疲劳；掌握受压构件的一般构造要求等基本知识。通过本章的学习，使读者对轴心受压(拉)构件力学性能的基本知识有基础了解，并掌握相关的知识点，举一反三，学以致用。

实训练习

一、单选题

1. 轴心受拉构件按强度极限状态是(　　)。

   A. 净截面的平均应力达到钢材的抗拉强度

   B. 毛截面的平均应力达到钢材的抗拉强度

   C. 净截面的平均应力达到钢材的屈服强度

   D. 毛截面的平均应力达到钢材的屈服强度

2. 实腹式轴心受拉构件计算的内容有(　　)。

   A. 强度　　　　B. 强度和整体稳定性

   C. 强度、局部稳定和整体稳定　　　　D. 强度、刚度(长细比)

3. 轴心受力构件的强度计算，一般采用轴力除以净截面面积，这种计算方法对下列哪种连接方式是偏于保守的？(　　)

A. 摩擦型高强度螺栓连接　　B. 承压型高强度螺栓连接

C. 普通螺栓连接　　D. 铆钉连接

4. 用 Q235 号钢和 16 锰钢分别建造一轴心受压柱，其长细比相同，在弹性范围内屈曲时，前者的临界力(　　)后者的临界力。

A. 大于　　B. 小于

C. 等于或接近　　D. 无法比较

5. 轴心受压格构式构件在验算其绕虚轴的整体稳定时采用换算长细比，是因为(　　)。

A. 格构式构件的整体稳定承载力高于同截面的实腹构件

B. 考虑强度降低的影响

C. 考虑剪切变形的影响

D. 考虑单支失稳对构件承载力的影响

6. 为防止钢构件中的板件失稳采取加劲措施，这一做法是为了(　　)。

A. 改变板件的宽厚比　　B. 增大截面面积

C. 改变截面上的应力分布状态　　D. 增加截面的惯性矩

7. 轴心压杆构件采用冷弯薄壁型钢或普通型钢，其稳定性计算(　　)。

A. 完全相同　　B. 仅稳定系数取值不同

C. 仅面积取值不同　　D. 完全不同

8. 工字形截面受压构件的腹板高度与厚度之比不能满足按全腹板进行计算的要求时(　　)。

A. 可在计算时仅考虑腹板两边缘各部分截面参加承受荷载

B. 必须加厚腹板

C. 必须设置纵向加劲肋

D. 必须设置横向加劲肋

二、名词解释

1. 绝对变形

2. 相对变形

3. 胡克定律

三、计算题

1. 已知轴心受压柱的截面尺寸为 500mm×500mm，其几何长度 $l=8.5\text{m}$，该柱一端铰接；

一端固定，承受轴向力组合设计值 N_g=3510kN，材料为 C25 混凝土，拟采用 HRB335 钢筋，结构重要性系数为 1.0。求所需纵向钢筋截面面积 A′。

2. 已知有一圆形截面轴心受压柱，直径 300mm，柱高 3m，两端固结；采用混凝土为 C25，沿周边均匀配置 6 根直径为 16mm 的 HRB400 纵向钢筋，箍筋采用 HRB335，直径为 10mm，其形状为螺旋形，间距为 200mm，求柱所能承受的最大轴力设计值。

第 4 章习题答案.docx

实训工作单一

<table>
<tr><td>班级</td><td></td><td>姓名</td><td></td><td>日期</td><td></td></tr>
<tr><td colspan="2">教学项目</td><td colspan="4">轴向拉伸和压缩实验</td></tr>
<tr><td>任务</td><td colspan="2">轴向拉伸和压缩时横截面上的内力</td><td>学习资源</td><td colspan="2">课本、课外资料、现场讲解、教师讲解</td></tr>
<tr><td colspan="3">学习目标</td><td colspan="3">了解轴向拉伸和压缩时横截面上的内力特征，重点掌握轴向拉伸和压缩时横截面上的内力计算，能独立分析案例解决问题</td></tr>
<tr><td colspan="3">其他内容</td><td colspan="3">轴力图</td></tr>
<tr><td colspan="6">学习记录</td></tr>
<tr><td>评语</td><td colspan="3"></td><td>指导教师</td><td></td></tr>
</table>

实训工作单二

<table>
<tr><td>班级</td><td></td><td>姓名</td><td></td><td>日期</td><td></td></tr>
<tr><td colspan="2">教学项目</td><td colspan="4">材料的拉伸和压缩试验</td></tr>
<tr><td>学习项目</td><td colspan="2">材料的拉伸与压缩试验</td><td>学习要求</td><td colspan="2">掌握各种材料的拉伸与压缩</td></tr>
<tr><td colspan="3">相关知识</td><td colspan="3">材料的性质</td></tr>
<tr><td colspan="3">其他内容</td><td colspan="3">应力集中与材料疲劳</td></tr>
<tr><td colspan="6">学习记录</td></tr>
<tr><td>评语</td><td colspan="3"></td><td>指导教师</td><td></td></tr>
</table>

实训工作单三

<table>
<tr><td>班级</td><td></td><td>姓名</td><td></td><td>日期</td><td></td></tr>
<tr><td colspan="2">教学项目</td><td colspan="4">低碳钢拉伸时的力学性能</td></tr>
<tr><td>任务</td><td colspan="2">了解低碳钢拉伸时的力学性能</td><td>要求</td><td colspan="2">1.懂得低碳钢拉伸时的力学性能
2.运用所学知识进行低碳钢拉伸实验</td></tr>
<tr><td colspan="3">相关知识</td><td colspan="3">低碳钢的性质</td></tr>
<tr><td colspan="3">其他要求</td><td colspan="3">塑性材料与脆性材料的主要区别</td></tr>
<tr><td colspan="6">学习记录</td></tr>
<tr><td>评语</td><td colspan="2"></td><td>指导教师</td><td colspan="2"></td></tr>
</table>

第 5 章　偏心受压构件的力学性能

【教学目标】

第 5 章 偏心受压构件的力学性能.pptx

1. 了解组合变形的基本概念。
2. 熟悉偏心压缩的分类和截面破坏形态。
3. 熟悉偏心受压构件的配筋设计。
4. 掌握截面偏心受压构件正截面受压承载力的计算。

【教学要求】

本章要点	掌握层次	相关知识点
组合变形	了解组合变形的基本概念	建筑力学
偏心压缩	熟悉偏心压缩的分类和截面破坏形态	混凝土结构设计
附加偏心距与初始偏心距	熟悉偏心受压构件的配筋设计	建筑力学及结构设计
偏心受压构件正截面受压承载力的计算	掌握截面偏心受压构件正截面受压承载力的计算	混凝土结构设计

【案例导入】

某矩形截面钢筋混凝土柱，构件环境类别为一类。长为 b，高为 h，柱的计算长度为 l_0。承受的压力设计值为 N，柱的两端设计值分别为 M_1 和 M_2。该柱采用 HRB400 级钢筋，混凝土强度等级为 C25。采用非对称配筋。

【问题导入】

结合自己对建筑力学的了解，试想该如何利用所给数据求钢筋的截面面积？什么是非对称配筋？与对称配筋有何差异？

5.1 组合变形的基本概念

组合变形.docx

1. 基本概念

受力构件产生的变形是由两种或两种以上的基本变形组合而成的，这种变形称为组合变形。组合变形是拉伸(压缩)变形、剪切变形、扭转变形、弯曲变形这四种基本变形的组合。组合变形如图 5-1 所示。

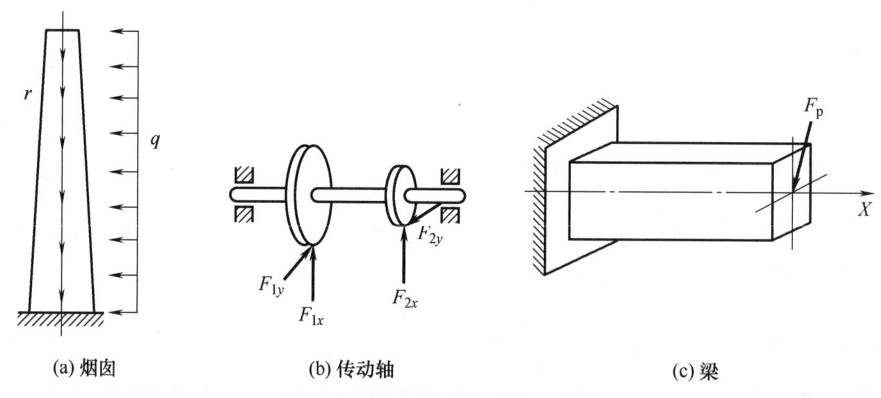

(a) 烟囱　(b) 传动轴　(c) 梁

图 5-1　组合变形受力情况简图

组合问题的计算一般用叠加原理。叠加原理：构件在小变形和服从胡克定理的条件下，力的独立性原理是成立的。即所有载荷作用下的内力、应力、应变和位移等是各个单独载荷作用下的值的叠加。

构件在外力作用下，若在线弹性范围内，且满足小变形条件，即受力变形后仍可按原始尺寸和形状进行计算，那么构件上各个外力所引起的变形将相互独立、互不影响。这样，在处理组合变形问题时，就可以先将构件所受外力简化为符合各种基本变形作用条件下的外力系。通过对每一种基本变形条件下的内力、应力、变形进行分析计算，然后再根据叠加原理，综合考虑在组合变形情况下构件的危险截面的位置以及危险点的应力状态，并可据此对构件进行强度计算。

但需指出，若构件超出了线弹性范围，或不满足小变形假设，则各基本变形将会互相影响，这样就不能应用叠加原理进行计算，对于这类问题的解决，可参阅相关资料的介绍。而本章所涉及的内容，叠加原理均适用。

2. 处理组合变形的基本方法

音频.处理组合变形的基本方法.mp3

1)　外力分析

将外力进行简化分解，把构件上的外力转化为几个静力等效载荷，使之

每个载荷对应一种基本变形，即将组合变形分解为基本变形。

2) 内力分析

求每个外力分量对应的内力方程和内力图，确定危险截面。分别计算在每一种基本变形下构件的应力。

3) 应力分析

画出危险截面的应力分布图，利用叠加原理将基本变形下的应力叠加，建立危险点的强度条件。

偏心压缩.mp4

5.2 偏 心 压 缩

受压及受拉构件可分为轴心受力构件和偏心受力构件。轴心受力构件包括轴心受拉构件和轴心受压构件，偏心受力构件包括偏心受拉构件和偏心受压构件。

偏心压缩.docx

5.2.1 单向偏心受压

如图5-2(a)所示的柱子，荷载 F 的作用与柱的轴线不重合，称为偏心力，其作用线与柱轴线间的距离 e 称为偏心距。偏心力 F 通过截面一根形心主轴时，称为单向偏心受压。

单向偏心受压.mp4

音频.偏心压缩的分类.mp3

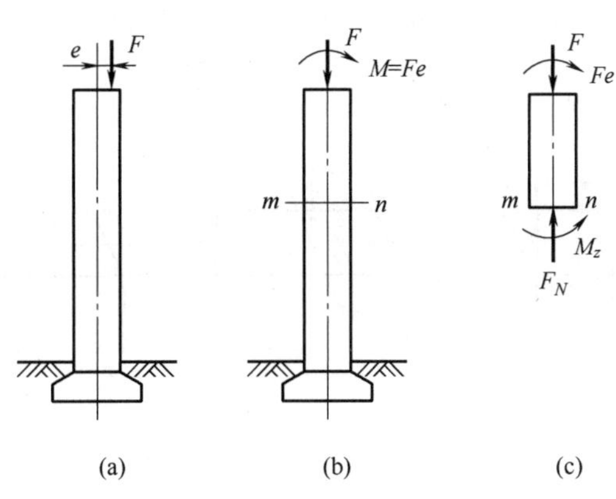

图5-2 单向偏心受压

1. 荷载简化和内力计算

将偏心力 F 向截面形心平移，得到一个通过柱轴线的轴向压力 F 和一个力偶矩 $M=Fe$ 的力偶，如图5-2(b)所示。可见，偏心压缩实际上是轴向压缩和平面弯曲的组合变形。

运用截面法可求得任意横截面 m—n 上的内力。由图5-2(c)可知，横截面 m—n 上的内

力为轴力 F 和弯矩 M，其值分别为：

$$F_N = F \tag{5-1}$$

$$M_z = Fe \tag{5-2}$$

显然，偏心受压的杆件，所有横截面的内力是相同的。

2. 应力计算

对于该横截面上任一点 K，如图 5-3 所示，由轴力 F 所引起的正应力为：

$$\sigma' = -\frac{F_N}{A} \tag{5-3}$$

由弯矩 M 所引起的正应力为：

$$\sigma'' = -\frac{M_z y}{I_z} \tag{5-4}$$

根据叠加原理，K 点的总应力为：

$$\sigma = \sigma' + \sigma'' = -\frac{F_N}{A} - \frac{M_z y}{I_z} \tag{5-5}$$

式中弯曲正应力 σ'' 的正负号由变形情况判定。当 K 点处于弯曲变形的受压区时取负值，处于受拉区时取正值。

3. 强度条件

从图 5-3(a)中可知：最大压应力发生在截面与偏心力 F 较近的边线 $n—n$ 线上；最大拉应力发生在截面与偏心 F 较远的边线 $m—m$ 线上，其值分别为：

$$\sigma_{\max} = \sigma_{l\max} = -\frac{F}{A} + \frac{M_z}{W_z} \tag{5-6}$$

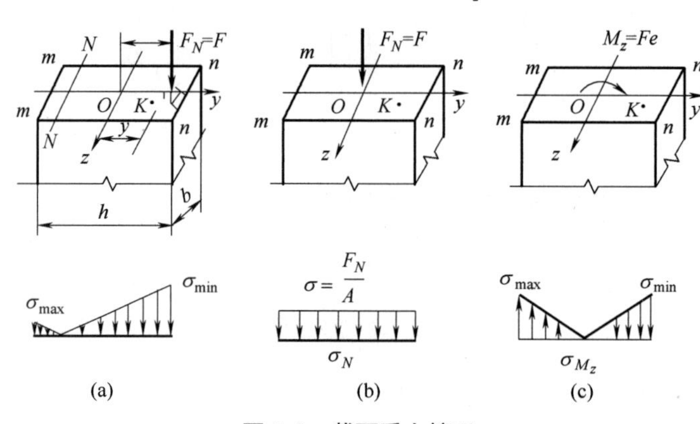

图 5-3　截面受力情况

截面上各点均处于单向受力状态，所以单向压缩的强度条件为：

$$\begin{cases}\sigma_{\min}=\sigma_{c\max}=\left|\dfrac{F}{A}+\dfrac{M_z}{W_Z}\right|\leqslant[\sigma_c] \\ \sigma_{\max}=\sigma_{l\max}=-\dfrac{F}{A}+\dfrac{M_z}{W_z}\leqslant[\sigma_c]\end{cases} \tag{5-7}$$

对于单向偏心压缩，从图 5-3(a)可以看出，中性轴是一条与 z 轴平行的直线 $n—n$。

4. 讨论

下面讨论当偏心受压柱是矩形截面时，截面边缘线上的最大正应力和偏心距 e 之间的关系。

图 5-3(a)所示的偏心受压柱，截面尺寸 $b\times h$，$A=bh$，$W_z=\dfrac{bh^2}{6}$，$M_z=F\cdot e$，将各值代入式(5-7)得：

$$\sigma_{\max}=-\frac{F}{bh}+\frac{F\cdot e}{\frac{bh^2}{6}}=-\frac{F}{bh}\left(1-\frac{6e}{h}\right) \tag{5-8}$$

边缘 $m—m$ 上的正应力 $\sigma_{\max}$ 的正负号，由式(5-8)中 $\left(1-\dfrac{6e}{h}\right)$ 的符号决定，可出现以下三种情况。

(1) 当 $\dfrac{6e}{h}<1$，即 $e<\dfrac{h}{6}$ 时，$\sigma_{\max}$ 为压应力，截面全部受压，截面应力分布如图 5-4(a)所示。

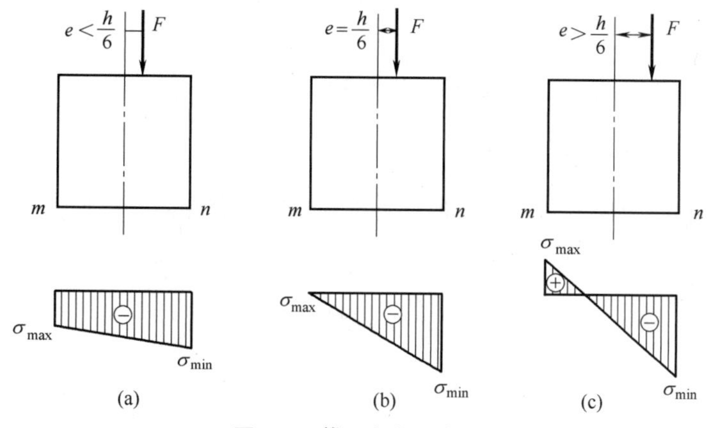

图 5-4　截面应力分布图

(2) 当 $\dfrac{6e}{h}=1$，即 $e=\dfrac{h}{6}$ 时，$\sigma_{\max}$ 为零，截面全部受压，而边缘 $m—m$ 上的正应力恰好为零，截面应力分布如图 5-4(b)所示。

(3) 当 $\dfrac{6e}{h}>1$，即 $e>\dfrac{h}{6}$ 时，$\sigma_{\max}$ 为拉应力，截面部分受拉，部分受压，应力分布如

图 5-4(c)所示。

可见，截面上应力分布情况随偏心距 e 而变化，与偏心力 F 的大小无关。当偏心距 $e \leqslant \frac{h}{6}$ 时，截面全部受压，当偏心距 $e > \frac{h}{6}$ 时，截面上出现受拉区。

5.2.2 双向偏心受压

当偏心压力 F 的作用线与柱轴线平行，但不通过横截面任一形心主轴时，称为双向偏心压缩。如图 5-5(a)所示，偏心压力 F 至 z 轴的偏心距为 e_y，至 y 轴的偏心距为 e_x。

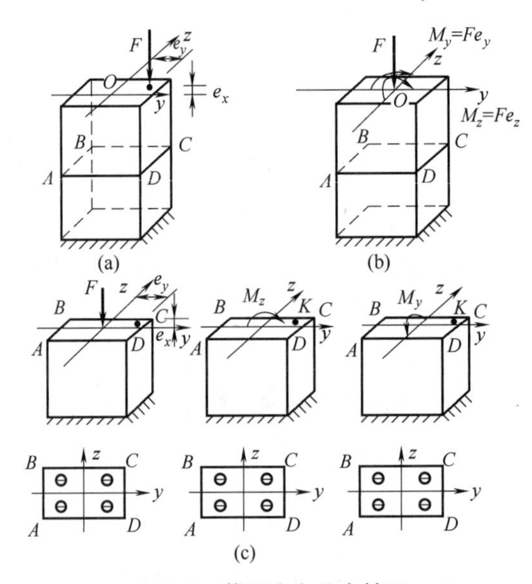

图 5-5 截面应力分布情况

1. 荷载简化和内力计算

将压力 F 向截面的形心 O 简化，得到一个轴向压力 F 和两个附加力偶矩 M_z、M_y，如图 5-5(b)所示，其中：

$$M_z = F \cdot e_y，M_y = F \cdot e_z \tag{5-9}$$

可见，双向偏心压缩就是轴向压缩和两个相互垂直的平面弯曲的组合。

由截面法可求得任一截面 $ABCD$ 上的内力为：

$$F_N = F，M_z = F \cdot e_y，M_y = F \cdot e_z \tag{5-10}$$

2. 应力计算

对于该截面上任一点 K 如图 5-5(c)所示的应力。

由轴力 F_N 所引起的正应力为：

$$\sigma' = -\frac{F_N}{A} \tag{5-11}$$

由弯矩 M_z 所引起的正应力为：

$$\sigma'' = -\frac{M_z y}{I_z} \tag{5-12}$$

由弯矩 M_y 所引起的正应力为：

$$\sigma'' = -\frac{M_y z}{I_y} \tag{5-13}$$

根据叠加原理，K 点的总应力为：

$$\sigma = \sigma' + \sigma'' + \sigma''' = -\frac{F_N}{A} - \frac{M_z y}{I_z} - \frac{M_y z}{I_y} \tag{5-14}$$

式中弯曲应力 σ'' 和 σ''' 的正负号，可根据变形情况直接判定。

3. 强度条件

由图 5-5(c)可见，最大压应力 $\sigma_{\min}$ 发生在 C 点，最大拉应力 $\sigma_{\max}$ 发生在 A 点，其值为：

$$\begin{cases} \sigma_{\min} = \sigma_{c\max} = -\dfrac{F_N}{A} - \dfrac{M_z}{W_z} - \dfrac{M_y}{W_y} \\ \sigma_{\max} = \sigma_{l\max} = -\dfrac{F_N}{A} + \dfrac{M_z}{W_z} + \dfrac{M_y}{W_y} \end{cases} \tag{5-15}$$

危险点 A、C 均处于单向应力状态，所以强度条件为：

$$\begin{cases} \sigma_{\min} = \sigma_{c\max} = \left| -\dfrac{F_N}{A} - \dfrac{M_z}{W_z} - \dfrac{M_y}{W_y} \right| \leqslant [\sigma_t] \\ \sigma_{\max} = \sigma_{l\max} = -\dfrac{F_N}{A} + \dfrac{M_z}{W_z} + \dfrac{M_y}{W_y} \leqslant [\sigma_t] \end{cases} \tag{5-16}$$

单向偏心受压是双偏心受压的特殊情况，当偏心压力通过截面形心主轴时，即 e_y 和 e_z 。

5.2.3 截面核心

对于用砖、石、混凝土和铸铁等脆性材料做成的受压构件，由于这些材料抗压性能好，抗拉性能差，所以在截面上只允许产生压应力，不允许出现拉应力。根据上述偏心压缩受力分析，当压力 F 位于截面形心附近一个区域以内时，中性轴可移到截面以外，这时截面上只有压应力。将截面形心附近的这个区域称为截面核心，如图 5-6 所示。

截面核心.docx

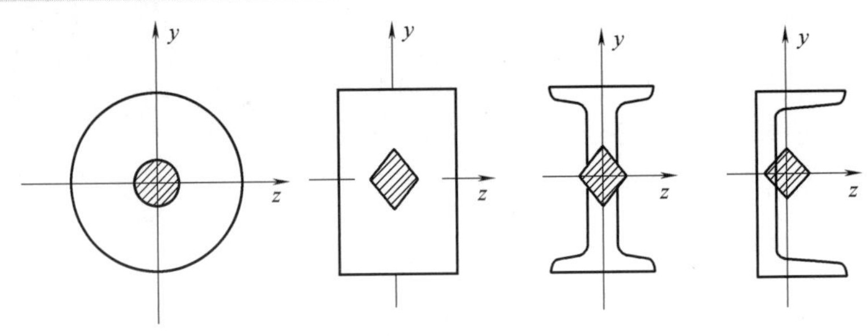

图 5-6　截面核心

5.3　偏心受压构件面配筋设计

偏心受压破坏.docx

5.3.1 偏心受压构件正截面的破坏特征

根据钢筋混凝土偏心受压构件正截面的受力特点与破坏特征，偏心受压构件可分为大偏心受压构件和小偏心受压构件两种类型。

1. 大偏心受压(受拉破坏)

在偏心轴向力的作用下，远离轴向力一侧的截面受拉，近轴向力一侧的截面受压。随着轴向力的增加，受拉区首先出现横向裂缝。偏心距越大，受拉钢筋越少，横向裂缝出现得越早，裂缝的开展与延伸越快。继续增加轴向力，主裂缝逐渐明显，受拉钢筋首先达到屈服，受拉变形的发展大于受压变形的发展，中和轴上升。混凝土压区的高度减少，压区边缘混凝土的应变达到其极限值，受压钢筋受压屈服，在压区出现纵向裂缝，最后混凝土压碎崩脱。这种破坏一般发生在轴向力的偏心距较大，且受拉钢筋配置不多的情况，如图 5-7 所示。

音频.受压构件的截面破坏形态.mp3

在上述破坏过程中，关键的破坏特征是受拉钢筋首先达到屈服，然后受压钢筋也能达到屈服，最后由于受压区混凝土压碎而导致构件破坏，这种破坏形态在破坏前有明显的预兆，属于延性破坏。所以把这类破坏称为受拉破坏。

2. 小偏心受压(受压破坏)

当偏心距较小，或偏心距虽然较大，但受拉钢筋配置较多时，截面可能处于大部分受压而少部分受拉状态。当荷载增加到一定程度时，受拉边缘混凝土将达到其极限拉应变，从而沿构件受拉边一定间隔将出现垂直于构件轴线的裂缝。但由于构件截面受拉区的应变增长速度较受压区慢，因此受拉区裂缝的开展也较为缓慢。在构件破坏时，中和轴距离受拉钢筋较近，钢筋中的拉应力较小，受拉钢筋达不到屈服强度，因此，也不可能形成明显

的主拉裂缝。构件的破坏是由受压区混凝土的压碎所引起的，而且压碎区的长度往往较大。当柱内配置的箍筋较少时，还可能在混凝土压碎前在受压区内出现较长的纵向裂缝。在混凝土压碎时，受压一侧的纵向钢筋只要强度不是过高，受压钢筋压应力一般都能达到屈服强度。破坏阶段图形如图5-8所示。

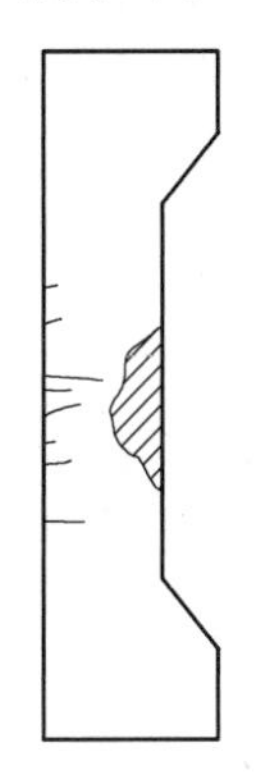

图5-7　大偏心受压破坏形态

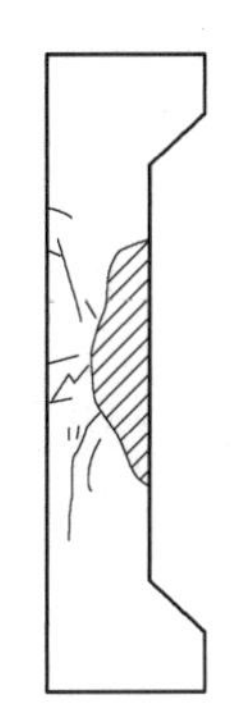

图5-8　小偏心受压破坏形态

另外，当轴向压力的偏心距很小，而远离纵向偏心压力一侧的钢筋配置得过少，接近纵向偏心压力一侧的钢筋配置较多时，截面的实际重心和构件的几何形心不重合，重心轴向纵向偏心压力方向偏移，且越过纵向压力作用线。在这种特殊情况下，远离纵向偏心压力一侧的混凝土的压应力反而大，出现远离纵向偏心压力一侧边缘混凝土的应变首先达到极限压应变，混凝土被压碎，最终构件破坏的现象。由于压应力较小一侧钢筋的应力通常也达不到屈服强度，因此在截面应力分布图形中其应力只能用$S\sigma$来表示。

上述小偏心受压情况所共有的关键性破坏特征是，构件的破坏是由受压区混凝土的压碎所引起的。破坏时，压应力较大一侧的受压钢筋的压应力一般都能达到屈服强度，而另一侧的钢筋无论受拉还是受压，其应力一般都达不到屈服强度。构件在破坏前变形不会急剧增长，但受压区垂直裂缝不断发展，破坏时没有明显预兆，属于脆性破坏。所以把具有这类特征的破坏形态统称为“受压破坏”。

5.3.2　大小偏心受压界限

1. 界限破坏

在“受拉破坏”和“受压破坏”之间存在着一种界限状态，称为“界限破坏”。其不仅有横向主裂缝，而且比较明显。它在受拉钢筋应力达到屈服的同时，受压混凝土出现纵向裂缝并被压碎。在界限破坏时，混凝土压碎区段的大小比“受拉破坏”情况时的大，比“受压破坏”情况时的要小。

2. 偏心受压的判别

大偏心受压破坏是受拉钢筋屈服后受压区混凝土被压碎，小偏心受压破坏是受压区混凝土边缘先被压碎后同侧受压钢筋屈服。二者破坏界限与受弯构件中的适筋梁破坏和超筋梁破坏的界限相同，即受拉钢筋屈服，受压区边缘混凝土达到极限压应变而被压碎。

因此，采用相对界限受压区高度ξ_b为界限。

(1) 当$\xi \leqslant \xi_b (x \leqslant \xi_b \xi_0)$时，属于大偏心受压构件。

(2) 当$\xi > \xi_b$时，属于小偏心受压构件。

5.3.3 附加偏心距和初始偏心距

由于工程中实际存在着荷载作用位置的不定性、混凝土质量的不均匀性及施工的偏差等因素，都可能产生附加偏心距。《混凝土结构设计规范》(GB 50010—2010)规定，在偏心受压构件的正截面承载力计算中，应考虑轴向压力在偏心方向的附加偏心距e_a，其值应不小于20mm和偏心方向截面最大尺寸的1/30两者中的较大值。正截面计算时所取的偏心距e_i由e_o和e_a两者相加而成，即

$$e_o = \frac{M}{N} \tag{5-17}$$

$$e_a = \frac{h}{30} \geqslant 20\text{mm} \tag{5-18}$$

$$e_i = e_o + e_a \tag{5-19}$$

式中：e_o——由截面上作用的设计弯矩M和轴力N计算所得的轴向力对截面重心的偏心距；

e_a——附加偏心距；

e_i——初始偏心距。

《混凝土结构设计规范)(GB 50010—2010)规定的附加偏心距也考虑了对偏心受压构件正截面计算结果的修正作用，以补偿基本假定和实际情况不完全相符带来的计算误差。

5.4 矩形截面偏心受压构件正截面受压承载力计算

5.4.1 非对称配筋矩形截面偏心受压构件正截面受压承载力计算

1. 基本公式及适用条件

1) 大偏心受压构件

根据试验研究结果，对于大偏心受压破坏，纵向受拉钢筋A_s的应力取抗拉强度设计值

f_y，纵向受压钢筋 A_s' 的应力取抗压强度设计值 f_y'，与受弯构件正截面受弯承载力计算时采用的分析方法相同，构件截面受压区混凝土压应力分布取为等效矩形应力分布，其应力值为 $\alpha_1 f_c$。截面应力计算图形如图 5-9 所示。

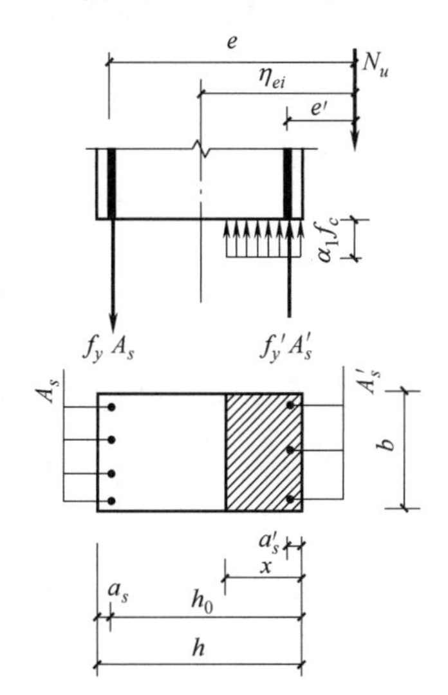

图 5-9　非对称配筋矩形截面大偏心受压构件截面应力计算图形

由纵向力的平衡条件及各力对受拉钢筋合力点取矩的力矩平衡条件，可以得到以下基本公式

$$\sum Y = 0,\ N \leqslant N_u = \alpha_1 f_c bx + f_y' A_s' - f_y A_s \tag{5-20}$$

$$\sum M_{A_s} = 0 \tag{5-21}$$

$$Ne \leqslant N_u e = \alpha_1 f_c bx\left(h_0 - \frac{x}{2}\right) + f_y' A_s'(h_0 - a_s') \tag{5-22}$$

$$e = \eta e_i + \frac{h}{2} - a_s \tag{5-23}$$

将 $x = \xi h_0$ 代入式(5-20)和式(5-22)，并令 $a_s = \xi(1-0.5\xi)$，则上列公式可写成如下形式：

$$N \leqslant N_u = \alpha_1 f_c b h_0 \xi + f_y' A_s' - f_y A_s \tag{5-24}$$

$$Ne \leqslant N_u e = \alpha_1 f_c b h_0^2 a_s + f_y' A_s'(h_0 - a_s') \tag{5-25}$$

以上两个公式是按大偏心受压破坏模式建立的，所以在应用公式时，要满足以下两个条件：

$$x \leqslant \xi_b h_0 (\text{或} \xi \leqslant \xi_b) \tag{5-26}$$

$$x \geqslant 2a_s' \left(\text{或} \xi \geqslant \frac{2a_s'}{h_0}\right) \tag{5-27}$$

如果计算中出现 $x < 2a_s'$ 的情况，则说明纵向受压钢筋的应力没有达到抗压强度设计值 f_y'，此时，可近似取 $x = 2a_s'$，并对受压钢筋 A_s' 的合力点取矩，则得：

$$Ne' \leqslant N_u e' = f_y A_s (h_0 - a_s') \tag{5-28}$$

$$e' = \eta e_i - \frac{h}{2} + a_s' \tag{5-29}$$

式中，e' 为纵向压力作用点至受压区纵向钢筋 A_s' 合力点的距离。

取 $N = N_u$，则

$$A_s = \frac{Ne'}{f_y (h_0 - a_s')} \tag{5-30}$$

2) 小偏心受压构件

(1) σ_s 值的确定。

非对称配筋小偏心受压构件.docx

由试验结果可知，小偏心受压破坏时受压区混凝土已被压碎，该侧钢筋应力可以达到受压屈服强度，故 A_s' 应力取抗压强度设计值 f_y'。而远侧钢筋可能受拉也可能受压，但均不能达到屈服强度，所以 A_s 的应力用 σ_s 表示，受压区混凝土应力图形仍取为等效矩形分布，其应力值为 $\alpha_1 f_c$。小偏心受压破坏时的截面应力计算图形如图 5-10 所示。

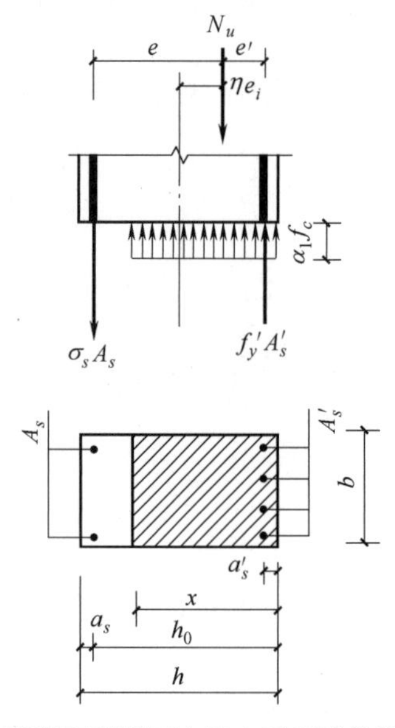

图 5-10　非对称配筋矩形截面小偏心受压构件截面应力计算图形

σ_s 可近似按下式计算：

$$\sigma_s = \frac{\xi - \beta_1}{\xi - \beta_1} f_y \tag{5-31}$$

当计算出来 σ_s 为正号时，表示 A_s 受拉；σ_s 为负号时，表示 A_s 受压。按上式计算的 σ_s 应符合下式要求：

$$-f_y' \leqslant \sigma_s \leqslant f_y \tag{5-32}$$

下面说明式(5-31)的建立过程。图5-11是根据平截面假定作出的截面应变关系图，据此可以写出A_s的应力σ_s与相对受压区高度ξ之间的关系式，即

$$\sigma_s = E_s\varepsilon_{cu}\left(\frac{\beta_1}{\xi}-1\right) \tag{5-33}$$

如果采用公式(5-33)确定σ_s，则应用小偏心受压构件计算公式时需要解x的三次方程，手算的话很不方便。

我国大量的试验资料及计算分析表明，小偏心受压情况下实测的受拉边或受压较小边的钢筋应力σ_s与ξ接近直线关系。为了计算方便，《混凝土结构设计规范》(GB 50010—2010)取σ_s与ξ之间为直线关系。当$\xi=\xi_b$时(即发生界限破坏时)，$\sigma_s=f_y$；当$\xi=\beta_1$时，由式(5-33)可知，σ_s=0。根据这两个点建立的直线方程就是公式(5-31)。

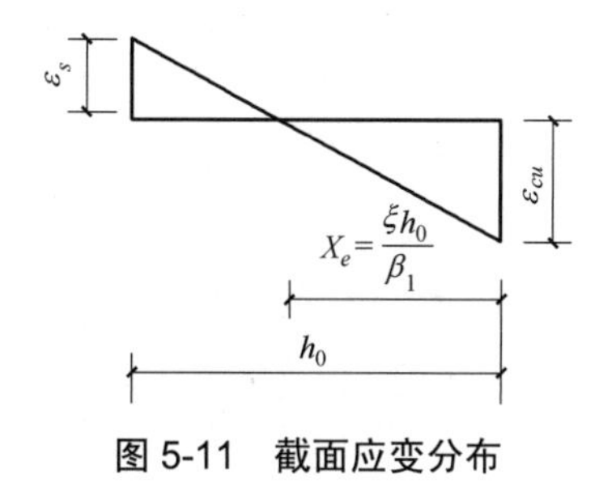

图5-11 截面应变分布

(2) 基本公式。

由截面上纵向力的平衡条件、各力对A_s合力点取矩以及对A_s'合力点取矩的力矩平衡条件，可以得到以下计算公式：

$$\sum Y=0,\ N\leqslant N_u=\alpha_1 f_c bx+f_y'A_s'-\sigma_s A_s \tag{5-34}$$

$$\sum M_{A_s}=0,\ Ne\leqslant N_u e=\alpha_1 f_c bx\left(h_0-\frac{x}{2}\right)+f_y'A_s'\left(h_0-a_s'\right) \tag{5-35}$$

$$\sum M_{A_s'}=0,\ Ne'\leqslant N_u e'=\alpha_1 f_c bx\left(\frac{x}{2}-a_s'\right)-\sigma_s A_s\left(h_0-a'\right) \tag{5-36}$$

$$e=\frac{h}{2}-a_s+\eta e_i \tag{5-37}$$

$$e'=\frac{h}{2}-a_s'-\eta e_i \tag{5-38}$$

将$x=\xi h_0$代入式(5-34)、式(5-35)及式(5-36)，则基本公式可写成如下形式：

$$N\leqslant N_u=\alpha_1 f_c bh_0\xi+f_y'A_s'-\sigma_s A_s \tag{5-39}$$

$$Ne\leqslant N_u e=\alpha_1 f_c bh_0^2\xi(1-0.5\xi)+f_y'A_s'(h_0-a_s') \tag{5-40}$$

$$Ne'\leqslant N_u e'=\alpha_1 f_c bh_0^2\xi\left(\frac{\xi}{2}-\frac{a_s'}{h_0}\right)-\sigma_s A_s(h_0-a_s') \tag{5-41}$$

(3) 反向受压破坏时的计算。

当轴向压力较大而偏心距很小时，有可能 A_s 受压屈服，这种情况称为小偏心受压的反向破坏。图 5-12 是与反向破坏对应的截面应力计算图形。对 A_s' 合力点取矩，可得：

$$Ne' \leqslant N_u e' = f_c bh\left(h_0' - \frac{h}{2}\right) + f_y A_s\left(h_0' - a_s\right) \tag{5-42}$$

$$e' = \frac{h}{0} - a_s' - \left(e_0 - e_a\right) \tag{5-43}$$

式中，e' 为轴向压力作用点至受压区纵向钢筋合力点的距离。

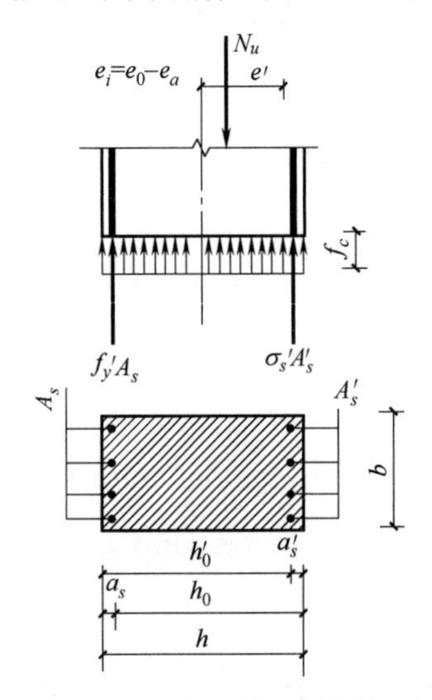

图 5-12　小偏心反向受压破坏时截面应力计算图形

《混凝土结构设计规范》(GB 50010—2010)规定，对采用非对称配筋的小偏心受压构件，当轴向压力设计值 $N > f_c bh$ 时，为了防止 A_s 发生受压破坏，A_s 应满足式(5-42)的要求。按反向受压破坏计算时，不考虑偏心距增大系数 η，并取初始偏心距 $e_i = e_0 - e_a$，这是考虑了不利方向的附加偏心距。按这样考虑计算的 e' 会增大，从而使 A_s 用量增加，偏于安全。注意，式(5-43)仅适用于式(5-42)的计算。

2. 大小偏心破坏的设计判别(界限偏心距)

在进行偏心受压构件截面设计时，应首先确定构件的偏心类型。如果根据大、小偏心受压构件的界限条件 $\xi = \xi_b$ 来判别，则需计算出截面相对受压区高度 ξ。而在设计之前，由于钢筋面积尚未确定，无法求出 ξ，因此，必须另外寻求一种间接的判别方法。

当构件的材料、截面尺寸和配筋为已知，并且配筋量适当时，纵向力的偏心距 e_0 是影响受压构件破坏特征的主要因素。当纵向力的偏心距 e_0 从大到小变化到某一数值 e_{0b} 时，构件从“受拉破坏”转化为“受压破坏”。e_{0b} 随配筋率 ρ、ρ' 的变化而变化，如果能找到 e_{0b} 中

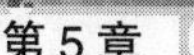

的最小值，则可以此作为大、小偏心受压构件的划分条件。

现对界限破坏时的应力状态进行分析。在大偏心受压构件基本公式(5-24)和式(5-25)中，取 $\xi = \xi_b$，可得到与界限状态对应的平衡方程，即：

$$N_u = \alpha_1 f_c b h_0 \xi_b + f_y' A_s' - f_y A_s \tag{5-44}$$

$$N_u \left(\eta e_{ib} + \frac{h}{2} - a_s \right) = \alpha_1 f_c b h_0^2 a_{sb} + f_y' A_s' (h_0 - a_s') \tag{5-45}$$

由式(5-44)和式(5-45)联立解得：

$$\eta e_{ib} = \frac{\alpha_1 f_c b h_0^2 a_{sb} + f_y' A_s' \left(h_0 - a_s' \right)}{\alpha_1 f_c b h_0 \xi_b + f_y' A_s' - f_y A_s} - \frac{h}{2} + A_s$$

$$= \frac{a_{sb} + \rho' \dfrac{f_y'}{\alpha_1 f_c} \left(1 - \dfrac{d_s}{h_0} \right)}{\xi_b + \rho' \dfrac{f_y'}{\alpha_1 f_c} - \rho \dfrac{f_y}{\alpha_1 f_c}} h_0 - \frac{1}{2} \left(1 - \frac{a_s}{h_0} \right) h_0 \tag{5-46}$$

当截面尺寸和材料确定后，ηe_{ib} 主要与配筋率 ρ、ρ' 有关，ηe_{ib} 的最小值与上式中第一项的最小值有关。当 ρ' 取最小值 $\rho'_{\min}$ 时，分子最小，此时 ρ 取最小值 $\rho_{\min}$ 则分母最大，则得：

$$\left(\eta e_{ib} \right)_{\min} = \frac{a_{sb} + \rho'_{\min} \dfrac{f_y'}{\alpha_1 f_c} \left(1 - \dfrac{a_s'}{h_0} \right)}{\xi_b + \rho'_{\min} \dfrac{f_y'}{\alpha_1 f_c} - \rho_{\min} \dfrac{f_y}{\alpha_1 f_c}} h_0 - \frac{1}{2} \left(1 - \frac{a_s}{h_0} \right) h_0 \tag{5-47}$$

对于偏心受压构件，受拉和受压钢筋的最小配筋率相同，$\rho_{\min} = \rho'_{\min} = 0.002$，同一构件中受拉和受压钢筋的种类通常也相同，对于 HPB235 级、HRB335 级、HRB400 级和 RRB400 级热轧钢筋，$f_y = f_y'$，所以上式可写为：

$$\left(\eta e_{ib} \right)_{\min} = \frac{1}{\xi} \left[a_{sb} + \rho'_{\min} \frac{f_y'}{\alpha_1 f_c} \left(1 - \frac{a_s'}{h_0} \right) \right] h_0 - \frac{1}{2} \left(1 - \frac{a_s}{h_0} \right) h_0 \tag{5-48}$$

将常用的钢筋和混凝土材料强度代入上式，并取 a_s' / h_0 (a_s / h_0)等于 0.05，求出相应的 $(\eta e_{ib})_{\min} / h_0$，结果如表 5-1 所示。

表 5-1　$(\eta e_{ib})_{\min} / h_0$

钢筋 混凝土	C20	C25	C30	C35	C40	C45	C50	C55	C60	C65	C70	C75	C80
HRB335	0.358	0.337	0.322	0.312	0.304	0.299	0.295	0.297	0.299	0.302	0.305	0.309	0.313
HRB400、RRB400	0.404	0.377	0.358	0.345	0.335	0.329	0.323	0.325	0.326	0.328	0.331	0.334	0.337

从表 5-1 可看出，对于 HRB335 级、HRB400 级和 RRB400 级钢筋以及常用的各种混凝

土强度等级，相对界限偏心距的最小值$(\eta e_{ib})_{\min}/h_0$分别在 0.295～0.358 和 0.323～0.404 范围内变化。对于常用材料，取ηe_{ib}=0.3h_0作为大、小偏心受压的界限偏心距是合适的。因此，设计时可按下列条件进行判别。

① 当$\eta e_i > 0.3h_0$时，可能为大偏心受压，也可能为小偏心受压，可先按大偏心受压设计。

② 当$\eta e_i \leqslant 0.3h_0$时，按小偏心受压设计。

3. 截面设计

已知构件所采用的混凝土强度等级和钢筋种类、截面尺寸$b \times h$、截面上作用的轴向压力设计值N和弯矩设计值M以及构件的计算长度l_0等，要求确定钢筋截面面积A_s和A_s'。

首先根据偏心距大小初步判别构件的偏心类别。当$\eta e_i > 0.3h_0$时，先按大偏心受压构件设计，当$\eta e_i \leqslant 0.3h_0$时，则先按小偏心受压构件设计。不论大、小偏压，在弯矩作用平面受压承载力计算之后，均应按轴心受压构件验算垂直于弯矩作用平面的受压承载力，计算公式为：

$$N \leqslant N_u = 0.9\varphi(f_c A + f_y' A_s') \tag{5-49}$$

式(5-49)中的A_s'应取截面上全部纵向钢筋的截面面积，包括受拉钢筋A_s和受压钢筋A_s'；计算长度l_0应按垂直于弯矩作用平面方向确定，对于矩形截面，稳定系数φ应按该方向的计算长度l_0与截面短边尺寸的比值查表确定。

1) 大偏心受压构件

(1) A_s和A_s'均未知，求A_s和A_s'。

因为共有ξ、A_s和A_s'三个未知数，以($A_s + A_s'$)总量最小作为补充条件，解得ξ=0.5h/h_0，同时应满足$\xi \leqslant \xi_b$。

① 为了简化计算，也可直接取$\xi = \xi_b$，解出A_s'，即

$$A_s' = \frac{Ne - \alpha_1 f_c b h_0^2 a_{sb}}{f_y'(h_0 - a_s')} \tag{5-50}$$

式中：$a_{sb} = \xi_b(1 - 0.5\xi_b)$。

如果$A_s' < \rho_{\min} bh$且A_s'与$\rho_{\min} bh$数值相差较多，则取$A_s' = \rho_{\min} bh$，并改按第二种情况(已知A_s'求A_s)计算A_s。

② 将$\xi = \xi_b$和A_s'及其他已知条件代入式(5-24)，得：

$$A_s = \frac{\alpha_1 f_c b h_0 \xi_b + f_y' A_s' - N}{f_y} \geqslant \rho_{\min} bh \tag{5-51}$$

(2) 已知A'_s，求A_s。

① 将已知条件代入式(5-25)计算a_s，即

$$a_s=\frac{Ne-f'_yA'_s(h_0-a'_s)}{\alpha_1 f_c bh_0^2} \tag{5-52}$$

② 按$\xi=1-\sqrt{1-2a_s}$计算ξ，如果$\frac{2a'_s}{h_0}\leqslant\xi\leqslant\xi_b$，则由式(5-24)得：

$$A_s=\frac{\alpha_1 f_c bh_0\xi+f'_yA'_s-N}{f_y}\geqslant\rho_{\min}bh \tag{5-53}$$

如果$\xi>\xi_b$，则说明受压钢筋数量不足，应增加A'_s的数量，按第一种情况(A_s和A'_s均未知)或增大截面尺寸后重新计算；如果$\xi<\frac{2a'_s}{h_0}$(即$x<2a'_s$)，则应按式(5-30)重新计算A_s。

2) 小偏心受压构件

从式(5-39)和式(5-40)可以看出，此时共有ξ、A_s和A'_s三个未知数，如果仍以($A_s+A'_s$)总量最小为补充条件，则计算过程非常复杂。试验研究表明，当构件发生小偏心受压破坏时，A_s受拉或受压，一般均不能达到屈服强度，所以，不需配置较多的A_s，实用上可按最小配筋率配置，设计步骤如下。

(1) 按最小配筋率初步拟定A_s值，即取$A_s=\rho_{\min}bh$。对于矩形截面非对称配筋小偏心受压构件，当$N>f_cbh$时，应再按式(5.32)验算A_s用量，即

$$A_s=\frac{Ne'-f_cbh\left(h'_0-\frac{h}{2}\right)}{f'_y(h'_0-a_s)} \tag{5-54}$$

式中：$e'=\frac{h}{2}-a'_s-(e_0-e_a)$。

取两者中的较大值选配钢筋，并应符合钢筋的构造要求。

(2) 将实际选配的A_s数值代入式(5-40)并利用σ_s的近似公式(5-31)，得到关于ξ的一元二次方程，解此方程可以得到下式。也可将实际选配的A_s数值代入式(5-39)和式(5-40)直接解出ξ，但这样需要解联立方程：

$$\xi=A+\sqrt{A^2+B} \tag{5-55}$$

式中：$A=\frac{a'_s}{h_0}+\left(1-\frac{a'_s}{h_0}\right)\frac{f_yA_s}{(\xi_b-\beta_1)\alpha_1 f_c bh_0}$；

$B=\frac{2Ne'}{\alpha_1 f_c bh_0^2}-2\beta_1\left(1-\frac{a'_s}{h_0}\right)\frac{f_yA_s}{(\xi_b-\beta_1)\alpha_1 f_c bh_0}$。

如果$\xi\leqslant\xi_b$，应按大偏心受压构件重新计算。出现这种情况是由于截面尺寸过大造成的。

(3) 按照解出的ξ值计算σ_s，根据σ_s和ξ的不同情况，分别计算如下。

① 如果$-f_y' \leqslant \sigma_s < f_y$，且$\xi \leqslant \dfrac{h}{h_0}$，表明$A_s$可能受拉未达到屈服强度，也可能受压未达到受压屈服强度或恰好达到受压屈服强度，且混凝土受压区计算高度未超出截面高度，则第(2)步求得的ξ值有效，代入公式(5-40)可得：

$$A_s' = \frac{Ne - \alpha_1 f_c b h_0^2 \xi (1 - 0.5\xi)}{f_y'(h_0 - a_s')} \tag{5-56}$$

② 如果$\sigma_s < -f_y'$，且$\xi \leqslant \dfrac{h}{h_0}$，说明$A_s$的应力已达到受压屈服强度，混凝土受压区计算高度未超出截面高度，则第(2)步求得的ξ值无效，应重新计算。这时，取$\sigma_s = -f_y'$，则式(5-39)和式(5-41)成为：

$$N \leqslant N_u = \alpha_1 f_c b h_0 \xi + f_y' A_s' + f_y' A_s \tag{5-57}$$

$$Ne' \leqslant N_u e' = \alpha_1 f_c b h_0^2 \xi \left(\frac{\xi}{2} - \frac{a_s'}{h_0} \right) + f_y' A_s (h_0 - a_s') \tag{5-58}$$

两个方程中的未知数是ξ和A_s'，由公式(5-58)解出ξ，再代入式(5-57)求出A_s'。

③ 如果$\sigma_s < -f_y'$，且$\xi > \dfrac{h}{h_0}$，说明A_s的应力已经达到受压屈服强度，且混凝土受压区计算高度超出截面高度，则第(2)步计算的ξ值无效，应重新计算。这时，取$\sigma_s = -f_y'$，$\xi = \dfrac{h}{h_0}$，则式(5-39)和式(5-40)成为：

$$N \leqslant N_u = \alpha_1 f_c b h + f_y' A_s' + f_y' A_s \tag{5-59}$$

$$Ne \leqslant N_u e = \alpha_1 f_c b h (h_0 - 0.5h) + f_y' A_s' (h_0 - a_s') \tag{5-60}$$

未知数为σ_s和A_s，由式(5-60)计算A_s'，再代入式(5-59)求出A_s，与第(1)步确定的A_s比较，取大值。

④ 如果$-f_y' \leqslant \sigma_s < 0$，且$\xi > \dfrac{h}{h_0}$，说明混凝土全截面受压，$A_s$未达到或刚达到受压屈服强度，且混凝土受压区计算高度超出截面高度，则第(2)步计算的ξ值无效，应重新计算。取$\xi = \dfrac{h}{h_0}$，式(5-39)可写成：

$$N \leqslant N_u = \alpha_1 f_c b h + f_y' A_s' - \sigma_s A_s \tag{5-61}$$

式(5-40)可写成式(5-60)。

方程中的未知数是σ_s和A_s'，A_s仍采用第(1)步确定的数量。如果由式(5-60)和式(5-61)解出的σ_s，仍然满足$-f_y' \leqslant \sigma_s < 0$，则由两式解出的$A_s'$有效。如果$\sigma_s$超出此范围，则应增加$A_s$的用量，返回到第(2)步重新计算。

以上各种情况汇总于表5-2。

表5-2　σ_s和ξ可能出现的各种情况及计算方法

序号	σ_s	ξ	含　义	计算方法
①	$-f_y' \leqslant \sigma_s \leqslant f_y$	$\xi \leqslant \dfrac{h}{h_0}$	A_s受拉未屈服或受压未屈服或刚达到受压屈服，受压区计算高度在截面范围内，ξ计算值有效	式(5-29)或式(5-30)求A_s'
②	$\sigma_s < -f_y'$	$\xi \leqslant \dfrac{h}{h_0}$	A_s已受压屈服，受压区计算高度在截面范围内，ξ计算值无效	式(5-29)及式(5-31)取$\sigma_s = -f_y'$重求ξ和A_s'
③	$\sigma_s < -f_y'$	$\xi > \dfrac{h}{h_0}$	A_s已受压屈服，受压区计算高度超出截面范围，ξ计算值无效	式(5-29)及式(5-31)取$\sigma_s = -f_y'$、$\xi = \dfrac{h}{h_0}$重求A_s'和A_s
④	$-f_y' \leqslant \sigma_s < 0$	$\xi > \dfrac{h}{h_0}$	A_s受压未屈服或刚达受压屈服，受压区计算高度超出截面范围，ξ计算值无效	式(5-29)及式(5-30)取$\xi = \dfrac{h}{h_0}$重求A_s'和A_s

(4)　按轴心受压构件验算垂直于弯矩作用平面的受压承载力，如果不满足要求，应重新计算。

对于小偏心受压构件的计算，按式(5-41)解出ξ后，不必计算出σ_s的具体数值即可根据ξ与σ_s的关系式(5-31)判断出受拉钢筋A_s的应力状态，参见图5-13和表5-3。但是，对于初学者来讲，计算出σ_s的具体数值后直接与f_y或$-f_y'$比较来判断受拉钢筋A_s的应力状态，更直观和便于理解，所以在小偏压计算步骤中增加一步计算σ_s的具体数值。

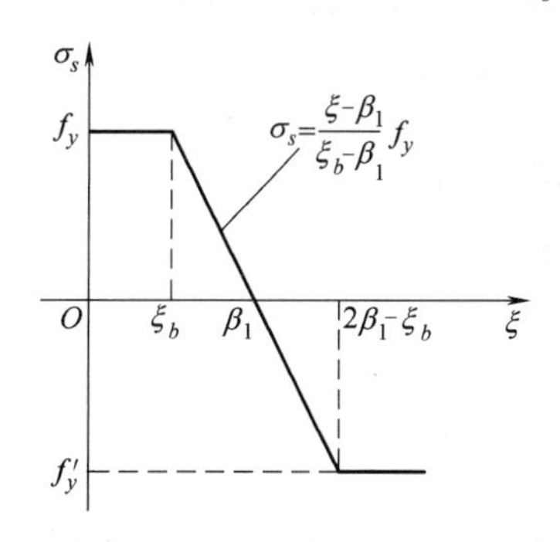

图5-13　受拉钢筋应力σ_s与ξ的关系

表 5-3　受拉钢筋应力 σ_s 与 ξ 的关系

序号	σ_s	与 σ_s 相应的 ξ	ξ	合并两个 ξ 范围后表达为
①	$-f'_y \leqslant \sigma_s < f_y$	$\xi_b < \xi \leqslant 2\beta_1 - \xi_b$	$\xi \leqslant \dfrac{h}{h_0}$	$\xi_b < \xi \leqslant 2\beta_1 - \xi_b$，且 $\xi \leqslant \dfrac{h}{h_0}$
②	$\sigma_s < -f'_y$	$\xi > 2\beta_1 - \xi_b$	$\xi \leqslant \dfrac{h}{h_0}$	$2\beta_1 - \xi_b < \xi \leqslant \dfrac{h}{h_0}$
③	$\sigma_s < -f'_y$	$\xi > 2\beta_1 - \xi_b$	$\xi \leqslant \dfrac{h}{h_0}$	$\xi > 2\beta_1 - \xi_b$，且 $\xi > \dfrac{h}{h_0}$
④	$-f'_y \leqslant \sigma_s < 0$	$\beta < \xi \leqslant 2\beta_1 - \xi_b$	$\xi \leqslant \dfrac{h}{h_0}$	$\dfrac{h}{h_0} < \xi \leqslant 2\beta_1 - \xi_b$

如果直接采用 ξ 的数值判断受拉钢筋 A_s 的应力状态，则可参考图 5-13 和表 5-3。表 5-3 中 σ_s 的四种情况与表 5-2 完全相同，第三列是将 σ_s 的范围换成 ξ 来表示，第五列是将两个 ξ 的范围合并在一起表达。由式(5-41)解出 ξ 后，按照表 5-3 第五列给出的四种情况判断，每种情况的含义以及计算方法与表 5-2 一一对应。

4. 截面承载力复核

在实际工程中，有时需要对已有的偏心受压构件进行截面承载力复核，此时，截面尺寸 $b \times h$、构件的计算长度 l_0、截面配筋 A_s 和 A'_s、混凝土强度等级和钢筋种类以及截面上作用的轴向压力设计值 N 和弯矩设计值 M 均为已知(或者已知偏心距)，要求判断截面是否能够满足承载力的要求或确定截面能够承受的轴向压力设计值 N_u。

1)　大、小偏心受压的判别条件

在确定大、小偏心受压破坏的判别条件时，由式(5-24)、式(5-25)取 $\xi = \xi_b$ 得到如下界限状态时的偏心距 ηe_{ib}：

$$\eta e_{ib} = \frac{\alpha_1 f_c b h_0^2 \xi(1-0.5\xi_b) + f'_y A'_s (h_0 - a'_s)}{\alpha_1 f_c b h_0 \xi_0 + f'_y A'_s - f_y A_s} - \left(\frac{h}{2} - a\right) \tag{5-62}$$

将实际计算出的 ηe_i 与 ηe_{ib} 比较，判别条件如下。

(1)　当 $\eta e_i \geqslant \eta e_{ib}$ 时，为大偏心受压。

(2)　当 $\eta e_i < \eta e_{ib}$ 时，为小偏心受压。

2)　截面承载力复核方法

首先按式 $e_i = e_0 + e_a$ 计算初始偏心距 e_i；然后按式 $\eta = 1 + \dfrac{1}{1400 e_i / h_0}\left(\dfrac{l_0}{h}\right)^2 \xi_1 \xi_2$ 计算偏心距增大系数 η，由于 N 未知，η 公式中的截面曲率修正系数 ξ_1 不能确定，可先取 ξ_1=1。然后判断偏心类型。

(1) 当为大偏心受压时，将已知条件代入式(5-24)、式(5-25)解出 N_u。

(2) 当为小偏心受压时，将已知条件代入式(5-39)、式(5-40)解出 N_u。

用求出的 N_u 值验算 ξ_1，如果 $\xi_1 \geqslant 1$，则证明所取 $\xi_1=1$ 正确；如果 $\xi_1<1$，则以此 ξ_1 重新计算 η，重复以上步骤，直至两次计算得到的 N_u 相差小于5%为止。

【案例5-1】已知构件截面尺寸 $b\times h=500\times700\text{mm}$，$a_s$ 和 $a_s'=40\text{mm}$，混凝土强度等级C40，钢筋采用HRB400，A_s 选用 6Φ25($A_s=2945\text{mm}^2$)，A_s' 选用 4Φ25($A_s'=1964\text{mm}^2$)。构件的计算长度 $l_0=12.6\text{m}$。轴向力的偏心距 $e_0=450\text{mm}$，求截面能承受的轴向力设计值 N_M。

解：

$$l_0/h=\frac{12600}{700}=18$$

$$e_0=450\text{mm}，e_a=700/30=23(\text{mm})\ (>20\text{mm})$$

$$e_i=e_0+e_a=450+23=473(\text{mm})$$

$$\xi_1=0.2+2.7e_i/h_0=0.2+2.7\times\frac{473}{660}=2.14>1$$

取 $\xi_1=1$

$$\frac{l_0}{h}=18>15$$

$$\xi_2=1.15-0.01\frac{l_0}{h}=1.15-0.01\times18=0.97$$

$$\eta=1+\frac{1}{1400\dfrac{e_i}{h_0}}\left(\frac{l_0}{h}\right)\xi_1\xi_2=1+\frac{1}{1400\dfrac{473}{660}}(18)^2\times1\times0.97=1.313$$

$$\eta e_i=1.313\times473=621(\text{mm})$$

由图5-9，对 N 点取矩，得：

$$\alpha_1 f_c bx\left(\eta e_1-\frac{h}{2}+\frac{x}{2}\right)=f_y A_s\left(\eta e_i+\frac{h}{2}-a_s\right)-f_y' A_s'\left(\eta e_i-\frac{h}{2}+a_s'\right)$$

代入数据，则

$$1.0\times19.1\times500\times x\left(621-350+\frac{x}{2}\right)$$

$$=360\times2945\times(621+350-40)-360\times1964\times(621-350-40)$$

移项求解：

$$x^2+542x-170507=0$$

$$x=\frac{1}{2}\times(-542\pm\sqrt{542^2+4\times172507})=225(\text{mm})$$

$$2a_s'(=2\times40=80\text{mm})<x<x_b(=0.518\times660=342\text{mm})$$

由公式(5-20)得该截面能承受的轴向力设计值为:

$N_{\mathrm{M}}=\alpha_1 f_c bx+f_y'-f_y A_s=1.0\times19.1\times500\times225+360\times1964-360\times2945$

$=17956(\mathrm{kN})$

5.4.2 对称配筋矩形截面偏心受压构件正截面受压承载力计算

实际工程中，受压构件经常承受变号弯矩的作用，如果弯矩相差不多或者虽然相差较大，但按对称配筋设计所得钢筋总量与非对称配筋设计的钢筋总量相比相差不多时，宜采用对称配筋。对于装配式柱来讲，采用对称配筋比较方便，吊装时不容易出错，设计和施工都比较简便。实际工程中，对称配筋的应用更为广泛。

对称配筋柱关系图.docx

所谓对称配筋就是截面两侧的钢筋数量和钢筋种类都相同，即 $A_s=A_s'$，$f_y=f_y'$。

1. 基本公式及适用条件

1) 大偏心受压构件

将 $A_s=A_s'$、$f_y=f_y'$ 代入式(5-21)和式(5-22)，可得对称配筋大偏心受压构件的基本公式，即可得到式(5-22)和下式:

$$N\leqslant N_u=\alpha_1 f_c bx \tag{5-63}$$

式(5-22)和式(5-63)的适用条件仍是：$x\leqslant\xi_b h_0$(或$\xi\leqslant\xi_b$) 和 $x\geqslant2a_s'\left(\text{或}\xi\geqslant\dfrac{2a_s'}{h_0}\right)$。

2) 小偏心受压构件

(1) 将 $A_s=A_s'$ 代入式(5-34)和式(5-35)，得到对称配筋小偏心受压构件的公式，即可得到式(5-22)和下式:

$$N\leqslant N_u=\alpha_1 f_c bx+f_y'A_s'-\sigma_s A_s' \tag{5-64}$$

式中，σ_s 仍按式(5-31)计算，且应满足式(5-32)的要求，其中 $f_y=f_y'$。

将 $x=\xi h_0$ 及式(5-31)代入式(5-22)和式(5-64)，可写成如下形式:

$$N\leqslant N_u=\alpha_1 f_c bh_0\xi+f_y'A_s'\frac{\xi_b-\xi}{\xi_b-\beta} \tag{5-65}$$

$$Ne\leqslant N_u e=\alpha_1 f_c bh_0^2\xi\left(1-\frac{\xi}{2}\right)+f_y'A_s'(h_0-a_s') \tag{5-66}$$

(2) ξ 的近似计算公式。

式(5-65)和式(5-66)中只有两个未知数 ξ 和 A_s'，令 $N=N_u$，由式(5-65)得:

$$f'_y A'_s = \frac{N - \alpha_1 f_c b h_0 \xi}{\dfrac{\xi_b - \xi}{\xi_b - \beta_1}} \tag{5-67}$$

将上式代入式(5-66)消去 $f'_y A'_s$，得：

$$Ne = \alpha_1 f_c b h_0^2 \xi \left(1 - \frac{\xi}{2}\right) + \frac{N - \alpha_1 f_c b h_0 \xi}{\dfrac{\xi_b - \xi}{\xi_b - \beta_1}} (h_0 - \alpha'_s) \tag{5-68}$$

$$Ne \frac{\xi_b - \xi}{\xi_b - \beta_1} = \alpha_1 f_c b h_0^2 \xi \left(1 - \frac{\xi}{2}\right) \frac{\xi_b - \xi}{\xi_b - \beta_1} + (N - \alpha_1 f_c b h_{0\xi})(h_0 - \alpha'_s) \tag{5-69}$$

式(5-69)为 ξ 的三次方程，手算求解 ξ 非常不方便，下面对此式进行降阶简化处理。令 $y = \xi \left(1 - \dfrac{\xi}{2}\right) \dfrac{\xi_b - \xi}{\xi_b - \beta_1}$，对于给定的钢筋级别和混凝土强度等级，$\xi_b$、$\beta_1$ 为定值，经实验发现，当 ξ 在 ξ_b ～1 时，y 与 ξ 接近直线关系。为简化计算，《混凝土结构设计规范》(GB 50010—2010)对各种钢筋级别和混凝土强度等级统一取：

$$\xi \left(1 - \frac{\xi}{2}\right) \frac{\xi_b - \xi}{\xi_b - \beta_1} \approx 0.34 \frac{\xi_b - \xi}{\xi_b - \beta_1} \tag{5-70}$$

这样就将求解 ξ 的方程降为一次方程，再将式(5-70)代入式(5-69)，得：

$$Ne \frac{\xi_b - \xi}{\xi_b - \beta_1} = 0.43 \alpha_1 f_c b h_0^2 \frac{\xi_b - \xi}{\xi_b - \beta_1} + (N - \alpha_1 f_c b h_0 \xi)(h_0 - \alpha'_s) \tag{5-71}$$

$$(Ne - 0.43 a_1 f_c b h_0^2)(\xi_b - \xi) = (N - \alpha_1 f_c b h_0 \xi)(h_0 - a')(\xi_b - \beta_1) \tag{5-72}$$

$$\xi = \frac{(\mathrm{Ne} - 0.43 a_1 f_c b h_0^2)\xi + N(\beta_1 - \xi_b)(h_0 - a'_s)}{(Ne - 0.43 \alpha_1 f_c b h_0^2) + \alpha_1 f_c b h_0 (\beta_1 - \xi_b)(h_0 - a'_s)} \tag{5-73}$$

整理后得：

$$\xi = \frac{N - \alpha_1 f_c b h_0 \xi_b}{\dfrac{Ne - 0.43 \alpha_1 f_c b h_0^2}{(\beta_1 - \xi_b)(h_0 - a'_s)} + \alpha_1 f_c b h_0} + \xi_b \tag{5-74}$$

(3) 迭代法。

在计算对称配筋小偏心受压构件时，除了上述将求解 ξ 的三次方程作降阶处理的近似方法外，还可采用迭代法来解 ξ 和 A'_s。将式(5-65)、式(5-66)改写为如下形式：

$$\xi_{i+1} = \frac{N}{\alpha_1 f_c b h_0} - \frac{f'_y A'_{si}}{\alpha_1 f_c b h_0} \cdot \frac{\xi_b - \xi_i}{\xi_b - \beta_1} \tag{5-75}$$

$$A'_{si} = \frac{Ne - \xi_i (1 - 0.5 \xi_i) \alpha_1 f_c b h_0^2}{f'_y (h_0 - a'_s)} \tag{5-76}$$

对于小偏心受压，ξ 的最小值是 ξ_b，最大值是 $\dfrac{h}{h_0}$，因此可取 $\xi = \dfrac{1}{2}\left(\xi_b + \dfrac{h}{h_0}\right)$ 作为第一

次近似值代入式(5-76)，得到 A_s' 的第一次近似值。然后，将 A_s' 的第一次近似值代入式(5-75)得 ξ 的第二次近似值，再将其代入式(5-76)得到 A_s' 的第二次近似值。重复进行直到前后两次计算所得的 A_s' 相差不大时为止，一般相差不超过 5%即认为满足精度要求。

2. 大、小偏心受压构件的设计判别

由大偏心受压构件的基本公式(5-63)可直接算出 x，即

$$x=\frac{N}{\alpha_1 f_c b} \tag{5-77}$$

因此，不论大、小偏心受压构件都可以首先按大偏心受压构件考虑，通过比较 x 和 $\xi_b h_0$ 来确定构件的偏心类型，即

(1) 当 $x \leqslant \xi_b h_0$ 时，为大偏心受压构件。

(2) 当 $x > \xi_b h_0$ 时，为小偏心受压构件。

截面设计时，非对称配筋矩形截面偏心受压构件由于不能首先计算出 x，所以只能根据偏心距近似作出判断。而对称配筋时，可以借助于式(5-77)所计算的 x 来区分大、小偏心受压构件。但是，用式(5-77)进行判断有时会出现矛盾的情况。

当轴向压力的偏心距很小甚至接近轴心受压时，应该说属于小偏心受压。然而当截面尺寸较大而 N 又较小时，用式(5-77)计算的 x 进行判断，有可能判为大偏心受压。也就是说会出现 $\eta e_i < 0.3h_0$ 而 $x < \xi_b h_0$ 的情况。其原因是截面尺寸过大，截面并未达到承载能力极限状态。此时，无论用大偏心受压或小偏心受压公式计算，所得配筋均由最小配筋率控制。

3. 截面设计

1) 大偏心受压构件

当按式(5-77)计算的 x 判为大偏心受压构件时，将 x 代入式(5-22)计算 A_s'，取 $A_s = A_s'$。然后再验算垂直于弯矩作用平面的受压承载力。

如果 $x < 2a_s'$，仍可按式(5-30)计算 A_s，然后取 $A_s' = A_s$。

2) 小偏心受压构件

当由式(5-77)计算的 x 判定属于小偏心受压时，改按小偏心受压构件计算。将已知条件代入式(5-74)计算 ξ，然后计算 σ_s。

(1) 如果 $-f_y' \leqslant \sigma_s < f_y$，且 $\xi \leqslant \dfrac{h}{h_0}$，将 ξ 代入式(5-66)计算 A_s'，取 $A_s = A_s'$。

(2) 如果 $\sigma_s < -f_y'$，且 $\xi \leqslant \dfrac{h}{h_0}$，取 $\sigma_s = -f_y'$，式(5-64)和式(5-66)成为：

$$N = \alpha_1 f_c b h_0 \xi + 2 f_y' A_s' \tag{5-78}$$

$$Ne = \alpha_1 f_c b h_0^2 \xi (1 - 0.5\xi) + f_y' A_s' (h_0 - a_s') \tag{5-79}$$

由式(5-78)和式(5-79)两式联立求解可得 ξ 、 A_s' 。

(3) 如果 $\sigma_s < -f_y'$ ，且 $\xi > \dfrac{h}{h_0}$ ，取 $\sigma_s = -f_y'$ ， $\xi = \dfrac{h}{h_0}$ ，式(5-64)和式(5-66)成为：

$$N = \alpha_1 f_c bh + a f_y' A_s' \tag{5-80}$$

$$Ne = \alpha_1 f_c bh (h_0 - 0.5h) + f_y' A_s' (h_0 - a_s') \tag{5-81}$$

由式(5-80)和式(5-81)各解一个 A_s' ，取其大者。

(4) 如果 $-f_y' \leqslant \sigma_s < 0$ ，且 $\xi > \dfrac{h}{h_0}$ ，将 $\xi = \dfrac{h}{h_0}$ 代入式(5-64)和式(5-66)可得式(5-81)和下式：

$$N = \alpha_1 f_c bh + f_y' A_s' - \sigma_s A_s' \tag{5-82}$$

由两式得到 A_s' 、 σ_s ，如果仍有 $-f_y' \leqslant \sigma_s < 0$ ，则所求的 A_s' 有效。

最后还应验算垂直于弯矩作用平面的受压承载力是否满足要求。

4. 截面承载力复核

截面承载力复核方法与非对称配筋时相同。当已知构件截面上的轴向压力设计值 N 与弯矩设计值 M 以及其他条件，要求计算截面所能承受的轴向压力设计值 N_u 时，由式(5-22)和式(5-63)或式(5-65)和式(5-66)可见，无论是大偏心受压还是小偏心受压，其未知量均为两个(N_u 和 x 或 ξ)，故可由基本公式直接求解 x 或 ξ 和 N_u 。

【案例 5-2】已知某四层四跨现浇框架结构的底层内柱，截面尺寸为 400mm×400mm，轴心压力设计值 $N = 3090\text{kN}$，$H = 3.9\text{m}$，混凝土强度等级为 C40，钢筋用 HRB400 级。求纵向钢筋截面面积 A_s' 。

解：按《混凝土结构设计规范》规定：

$$l_0 = H = 3.9\text{m}$$

按式 $l_0 / b = 3900/400 = 9.75$ ，查表 5-1 得：

$$\varphi = 0.983$$

按式(5-1)求 A_s' :

$$A_s' = \frac{1}{f_y'}\left(\frac{N}{0.9\varphi} - f_c A\right) = \frac{1}{360}\left(\frac{3090\times10^3}{0.9\times0.983} - 19.1\times400^2\right) = 1213(\text{mm}^2)$$

如果采用 4 根直径为 20mm 的纵筋，则：

$$A_s = 1256\text{mm}^2$$

$$\rho' = \frac{A_s'}{A} = \frac{1256}{400 \times 400} = 0.79\% < 3\%$$

故上述 A 的计算中没有减去 A_s' 是正确的，且由附表 18 可知：

$\rho_{\min} = 0.55\%$，$\rho' > \rho_{\min}$，可以。

截面每一侧配筋率：

$\rho' = \dfrac{0.5 \times 1256}{400 \times 400} = 0.39\% < 0.2\%$，可以。

故满足受压纵筋最小配筋率(全部纵向钢筋的 $\rho_{\min} = 0.55\%$；一侧纵向钢筋的 $\rho'_{\min} = 0.2\%$)的要求。

所以选用 4 根直径为 20mm 的纵筋，$A_s' = 1256\text{mm}^2$。

本章小结

本章属于建筑力学中的重点难点，读者需重点熟悉偏心受压构件正截面破坏的两种形态，偏心压缩的分类与确定，其中矩形截面偏心受压构件的正截面受压承载力计算属于本章难点，读者需认真复习。书读百遍，其义自见，单靠一次所学不足以掌握本章节全部内容，读者需要花费一定的时间吃透章节知识，在脑海中构建知识框架，培养自己的思维能力与计算能力，为建筑力学的学习与计算打下坚实的基础，也为接下来的学习铺设道路。

实训练习

一、单选题

1. 将截面形心附近的区域称为(　　)。

A. 曲面核心　　B. 截面形心

C. 截面核心　　D. 截面质心

2. 图示力 F=2kN 对 A 点之矩为(　　)kN · m。

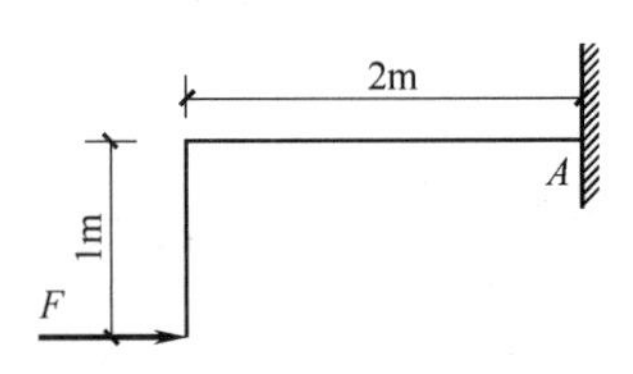

A. 2　　B. 4　　C. −2　　D. −4

3. 构件在破坏前变形不会急剧增长，但受压区垂直裂缝不断发展，破坏时没有明显预兆，属于脆性破坏。所以把具有这类特征的破坏形态统称为(　　)。

A. 受拉破坏　　B. 受压破坏　　C. 受剪破坏　　D. 受扭破坏

4. 对于装配式柱来讲，宜采用(　　)。

A. 非对称配筋　　B. I形配筋　　C. T形配筋　　D. 对称配筋

5. (　　)是受拉钢筋屈服后受压区混凝土被压碎，(　　)是受压区混凝土边缘先被压碎后同侧受压钢筋屈服。

A. 大偏心受压破坏、小偏心受压破坏　　B. 小偏心受压破坏、大偏心受压破坏

C. 大偏心受压破坏、大偏心受压破坏　　D. 小偏心受压破坏、小偏心受压破坏

二、多选题

1. 处理组合变形的方法为(　　)。

A. 应力分析　　B. 内力分析　　C. 外力分析

D. 合力分析　　E. 压力分析

2. 偏心压缩分为哪几类？(　　)

A. 斜向偏心压缩　　B. 单向偏心压缩　　C. 三向偏心压缩

D. 轴向偏心压缩　　E. 双向偏心压缩

3. 以下(　　)可引起附加偏心距。

A. 混凝土不均匀　　B. 施工偏差　　C. 温度与湿度

D. 荷载作用位置　　E. 外部环境及天气的影响

4. 以下对于小偏心受压破坏的描述，正确的是(　　)。

A. 压碎前无明显征兆

B. 构件的破坏是由受压区混凝土的压碎所引起的，而且压碎区的长度往往较大

C. 可能在混凝土压碎前在受压区内出现较长的纵向裂缝

D. 在混凝土压碎时，受压一侧的纵向钢筋只要强度不是过高，受压钢筋压应力一般都能达到屈服强度

E. 破坏截面出现很大的主裂缝

5. 以下哪些条件可将偏心压缩定义为双向偏心压缩？(　　)

A. 荷载F的作用与柱的轴线不重合　　B. 荷载F的作用与柱的轴线重合

C. 偏心压力F的作用线与柱轴线平行　　D. 偏心压力F的作用线与柱轴线相交

E. 偏心压力F的作用线不通过横截面任一形心主轴时

三、简答题

1. 什么叫组合变形？
2. 简述偏心受压构件的正截面破坏形态。
3. 什么是截面核心？如何确定截面核心？

第 5 章习题答案.docx

实训工作单

<table>
<tr><td>班级</td><td></td><td colspan="2">姓名</td><td></td><td>日期</td><td></td></tr>
<tr><td colspan="2">教学项目</td><td colspan="5">偏心受压构件的力学性能</td></tr>
<tr><td>任务</td><td>掌握偏心压缩、偏心受压构件面配筋设计</td><td>学习途径</td><td colspan="4">本书中的案例分析，自行查找相关书籍或看相关视频</td></tr>
<tr><td colspan="2">学习目标</td><td colspan="5">掌握单向、双向偏心受压以及偏心受压构件面配筋设计</td></tr>
<tr><td colspan="2">学习要点</td><td colspan="5">偏心受压构件面配筋设计</td></tr>
<tr><td colspan="7">学习记录</td></tr>
<tr><td>评语</td><td colspan="3"></td><td>指导教师</td><td colspan="2"></td></tr>
</table>

第 6 章　受弯构件的设计

【教学目标】

第 6 章 受弯构件的设计.pptx

1. 了解弯曲变形的内力。
2. 熟悉钢筋混凝土梁的设计。
3. 了解测量工作在建筑工程中的应用。
4. 了解钢筋混凝土板。
5. 掌握预应力混凝土构件的规定。

【教学要求】

本章要点	掌握层次	相关知识点
弯曲变形的内力	了解内力方程和内力图、会作内力图	微分法、叠加法作内力图
钢筋混凝土梁的设计	了解单筋矩形截面梁的正截面承载力计算	双筋矩形截面梁的正截面承载力设计
钢筋混凝土板	熟悉板的构造规定	钢筋混凝土板的概念
钢筋混凝土楼梯和雨篷	熟悉板式楼梯、梁式楼梯及雨篷	其他类型楼梯
预应力混凝土构件	了解预应力混凝土的特点	施加预应力的方法

【案例导入】

某宿舍一预制钢筋混凝土走道板，计算跨长 $l_0 = 1820\text{mm}$，板宽 480mm，板厚 60mm，混凝土的强度等级为 C25，受拉区配有 4 根直径为 8mm 的 HPB235 钢筋。

【问题导入】

当使用荷载及板自重在跨中产生的弯矩最大设计值为 $M = 910000\text{N} \cdot \text{mm}$ 时，试说明该截面的承载力是否足够？为什么？

6.1 弯曲变形的内力

音频.弯曲变形的内力.mp3

6.1.1 内力

当杆件受到外力作用后，杆件内部相邻各质点间的相对位置就要发生变化，这种相对位置的变化使整个杆件产生变形，并使杆件内各质点之间原来的(受外力作用之前的)相互作用力发生改变。各质点之间相互作用力的变化，使杆件相连两部分之间原有的相互作用力也发生了改变。在研究建筑力学问题时，习惯上将这种由于外力的作用，而使杆件相连两部分之间相互作用力产生的改变量称为附加内力，简称为内力。

内力是由于外力而引起的，杆件所受的外力越大，内力也就越大，同时变形也越大。如我们用双手拉一根橡胶绳，首先会发现橡胶绳也在拉我们的手。这是因为当我们用手拉橡胶绳时，对橡胶绳施加了一对大小相等、方向相反的拉力，这一对拉力对橡胶绳而言是作用在它上面的外力。

受弯杆件.docx

由于这种外力的作用，使橡胶绳内任意相邻的两部分之间会产生内力，即橡胶绳拉手的力；其次还会发现手拉橡胶绳的力越大，橡胶绳对手的拉力也越大，绳子的变形也越大。但是内力的增大不是无限度的，内力达到某一限度(这一限度与杆件的材料、几何尺寸等因素有关)时，杆件就会破坏。由此可知，内力与杆件的强度、刚度等有着密切的关系。讨论杆件强度、刚度和稳定性问题，必须先求出杆件的内力。图 6-1 所示为受弯杆件。

(a) 单杆

(b) 吊车梁

图 6-1　受弯杆件

6.1.2 内力方程和内力图

描述内力沿杆长度方向变化规律的坐标 x 的函数，称为内力方程。为了形象直观地反映内力沿杆长度方向的变化规律，以平行于杆轴线的坐标表示横截面的位置，以垂直于杆轴线的坐标表示内力的大小，选取适当的比例尺，便可作出对应的内力图。

一般梁中内力有三种，即弯矩、剪力和轴力。对于直梁，当所有外力都垂直于梁轴线时，横截面上只有剪力和弯矩，没有轴力。

表示结构上各截面内力数值的图形称为内力图。内力图通常用平行于杆轴线的坐标表示截面的位置。此坐标通常称为基线，是用垂直于杆轴线的坐标(又称竖标)表示内力的数值而绘出。

在土木工程中，弯矩图习惯绘在杆件的受拉一侧，而图上不必注明正负号；剪力图和轴力图则将正值绘在基线的上侧，同时标注正负号。

绘制内力图的基本方法是先分段写出内力方程，然后根据方程作出内力函数的图像。既然内力图从数学意义讲即为函数的图像，则为能快捷地画出内力图，我们可以利用内力函数的微分关系来作内力图，也有用叠加原理作内力图的方法。

如图 6-2(a)所示，当杆件在垂直于其轴线的外力或位于其轴线所在平面内的外力偶[图 6-2(b)]作用下，杆件将发生弯曲变形。

用截面法求弯曲杆件任一横截面 m—m 上的内力对图 6-3 建立平衡方程并求解，可求得 m—m 截面上的内力。根据平衡条件，截面上的内力既有力，又有力偶。该力与截面相切称为“剪力”，用符号 Q 表示。剪力是一个标量。

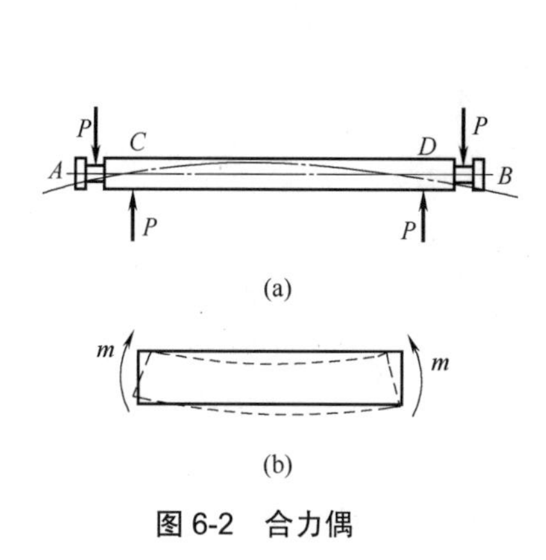

图 6-2　合力偶

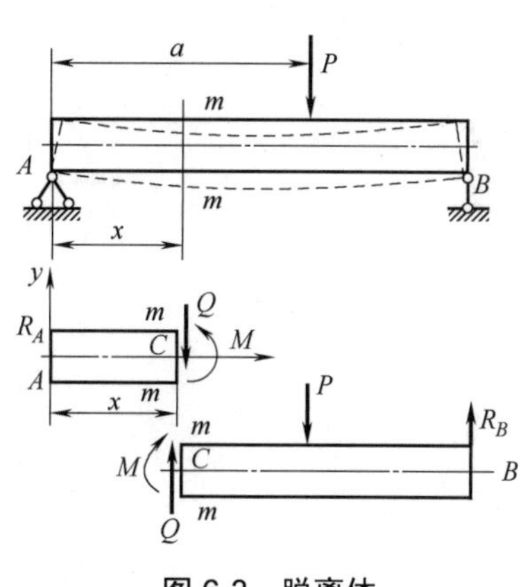

图 6-3　脱离体

该力偶称为“弯矩”，用符号 M 表示。弯矩也是一个标量。剪力和弯矩的正负号根据变形规定如下：考察作用于一微段两相邻截面上的剪力和弯矩所引起的变形，若剪切变形如图 6-4(a)所示，即梁段发生左侧截面向上，在侧截面向下的相对错动时，剪力 Q 为正，反之为负，如图 6-4(b)所示；对于剪力 Q 的正负号也可以理解为：当 Q 对脱离体内任一点顺时针转动时为正，如图 6-5(a)所示；逆时针转动时为负，如图 6-5(b)所示。若弯曲变形与图 6-5(a)所示相同，即梁段发生上凹下凸变形时，弯矩 M 为正，反之为负，如图 6-5(b)所示。

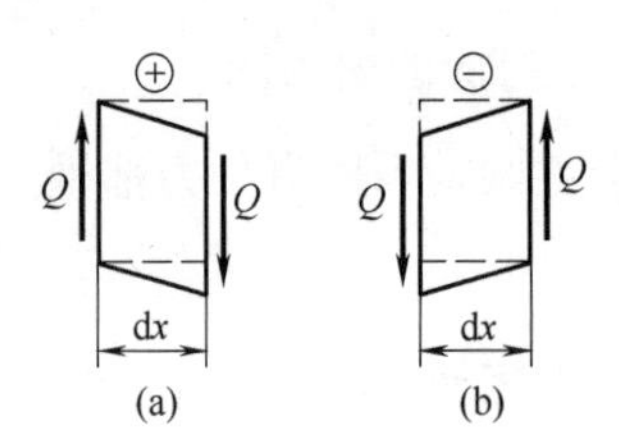

图 6-4　剪切变形

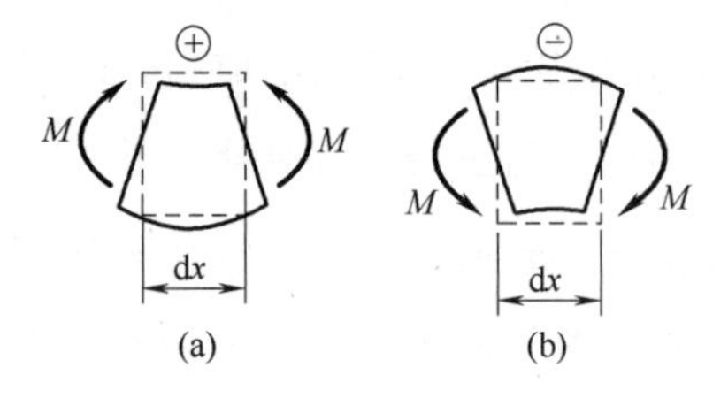

图 6-5　弯曲变形

6.1.3 微分法作内力图

在受横向分布荷载$q(x)$作用的直杆段上截取微段，为和数学作图相符，建立如图 6-6 所示的坐标，可得出荷载集度$q(x)$和剪力$F_s(x)$、弯矩$M(x)$的微分关系(利用微段的平衡，略去高阶小量，可证明)。

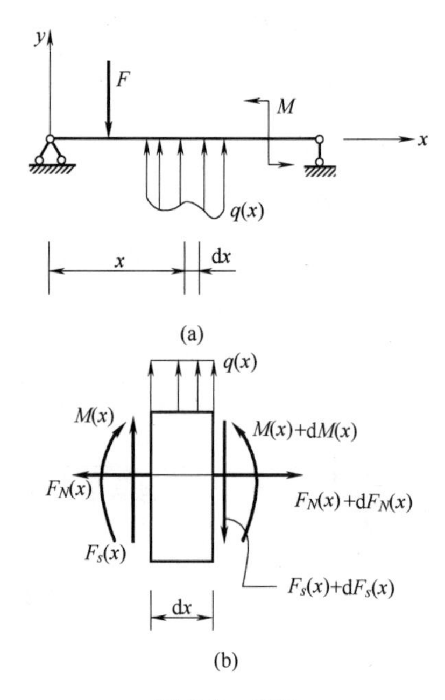

图 6-6　坐标

$$\begin{cases}\dfrac{\mathrm{d}M(x)}{\mathrm{d}x}=F_s(x)\\ \dfrac{\mathrm{d}F_s(x)}{\mathrm{d}x}=q(x)\\ \dfrac{\mathrm{d}^2M(x)}{\mathrm{d}x^2}=q(x)\end{cases}\tag{6-1}$$

式(6-1)具有明显的几何意义。即剪力图在某点的切线斜率等于该点的荷载集度，若在某区荷载集度为正，则此区间剪力图递增；弯矩图在某点的切线斜率等于该点的剪力，若在某区间剪力为正，则此区间弯矩图递增；弯矩图在某点的曲率等于该点的荷载集度，根据某区间荷载集度的正、负可判断弯矩曲线的凹凸性。

关于内力曲线凹凸性的判断，数学中有个二阶导数判别法，即函数二阶导数>0，表明曲线为凹；函数二阶导数<0，表明曲线为凸。

由于工程中习惯将弯矩图画在杆件的受拉一侧，这样梁的弯矩图竖标人为地翻下来，以向下为正。为此由数学曲率判出的凹凸性刚好在这里相反，即画弯矩图时凹凸性判断要注意相反。为方便记忆，经研究发现弯矩曲线的凸向与 q 的指向相同。

我们利用微分法作内力图总是要将梁分成若干段，一段一段地画。梁的分段点为集中力、集中力偶作用点，分布荷载的起点、终点。

分段以后每一段为一个区间。每个区间上荷载集度的分布情况通常有两种，一种是 $q=0$(无荷段)，另一种是 $q=$ 常数(方向向下)。表 6-1 给出了直梁内力图的形状特征。

表 6-1　直梁内力图形状特征

梁上情况	无横向外力区段 $q=0$	横向均布力 q 作用区段 $q=$ 常数		横向集中力 F 作用处		集中力偶 M 作用处	铰处
剪力图	水平线	斜直线	为零处	有突变(突变值 $=F$)	如变号	无变化	无影响
弯矩图	一般为斜直线	抛物线(凸出方向同 q 指向)	有极值	有尖角(尖角指向同 F 指向)	有极值	有突变(突变值 $-M$)	为零

6.1.4 叠加法作内力图

当梁在荷载作用下的变形微小时，梁沿轴线方向长度的改变可以忽略不计。由此，所求得的梁的支座反力、剪力、弯矩等都与梁上荷载呈线性关系。当梁上有多个荷载作用时，每个荷载所引起的支座反力和内力将不受其他荷载的影响，这时，可利用力学分析中的叠加原理计算梁的反力和内力：先分别计算出每项荷载单独作用时的反力和内力，然后把这些相应的计算结果代数相加，即得到多个荷载共同作用时的反力和内力。

如图 6-7(a)所示简支梁同时承受集中力 F 和两端力偶 M_A、M_B 的作用，可先分别绘出两端力偶 M_A 作用下和荷载 F 作用下的弯矩图，如图 6-7(b)、图 6-7(c)所示，然后将其竖标叠加，即得所求弯矩图，如图 6-7(d)所示。

实际作图时，也可以不必先作出图 6-7(b)、图 6-7(c)，而是直接作出图 6-7(d)。

此方法是：先将两端弯矩 M_A、M_B 绘出并连以直线(虚线)，然后以此直线为基线叠加简支梁在荷载 F 作用下的弯矩图。必须注意，这里所说的弯矩图的叠加，是指其纵坐标的叠加，而不是内力图图形的简单合并。因此图 6-7(d)中的竖标 F_{ab}/l 仍应沿竖向量取(而不是

垂直于 M_A、M_B 连线方向)。这样，最后的图线与最初的水平基线之间所包含的图形即为叠加后得到的弯矩图。

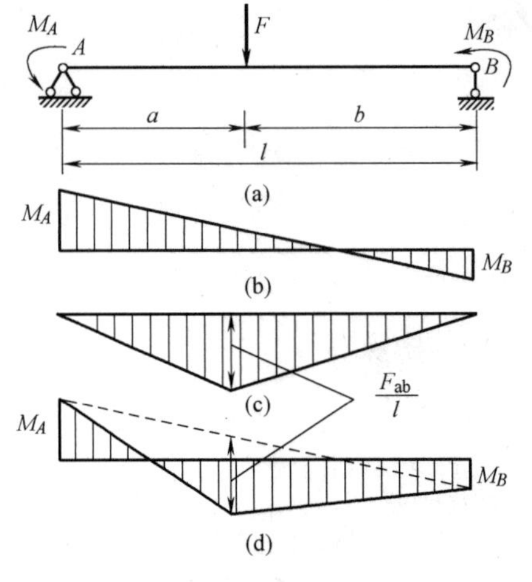

图 6-7　简支梁

再如一悬臂梁上作用有均布荷载 q 和集中荷载 F，见图 6-8(a)，梁的固定端处的反力为：

$$\begin{cases} F_A = F + ql \\ M_B = Fl + \frac{1}{2}ql^2 \end{cases} \tag{6-2}$$

距左端为 x 处横截面上的剪力和弯矩分别为：

$$\begin{cases} F_Q(x) = -F - qx \\ M(x) = -Fx - \frac{1}{2}qx^2 \end{cases} \tag{6-3}$$

由上述各式可以看出，梁的反力和内力都是由两部分组成。这时采用叠加法作内力图会带来很大的方便，先将集中力 F 和均布荷载 q 单独作用下的剪力图和弯矩图，如图 6-8(b)、图 6-8(c)分别画出，然后再叠加，就得两项荷载共同作用的剪力图和弯矩图，如图 6-8(a)所示。

值得指出的是，上述叠加法对直杆的任何区段都是适用的。接下来讨论梁中任意区段弯矩图的绘制方法。

如图 6-9(a)所示简支梁中某一区段 AB 的弯矩图。取杆段 AB 为分离体，受力图如图 6-9(b)所示。显然，杆段上任意截面的弯矩，是由杆段上的荷载 q 及杆段端面的内力共同作用所引起。但是，轴力 F_{NA} 和 F_{NB} 不产生弯矩。现在，取一简支梁 AB，令其跨度等于杆段 AB 的长度，并将杆段 AB 上的荷载以及杆端弯矩 M_A、M_B 作用在简支梁 AB 上，如图 6-9(c)所示。这时，由平衡方程可知，该简支梁的反力 F_{Ay} 和 F_{By} 分别等于杆段端面的剪力 F_{QA} 和 F_{QB}。于

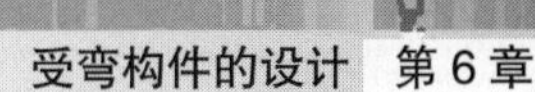

是可以判断出，简支梁 AB 的弯矩图与杆段 AB 的弯矩图相同。简支梁 AB 的弯矩图可按叠加法作出，如图 6-9(d)所示，其中 M_A 图、M_B 图和 M_q 图分别是杆端弯矩 M_A、M_B 及均布荷载 q 所引起的弯矩图。三者均使 AB 梁段下侧受拉，竖标叠加后即为简支梁 AB 的弯矩图。

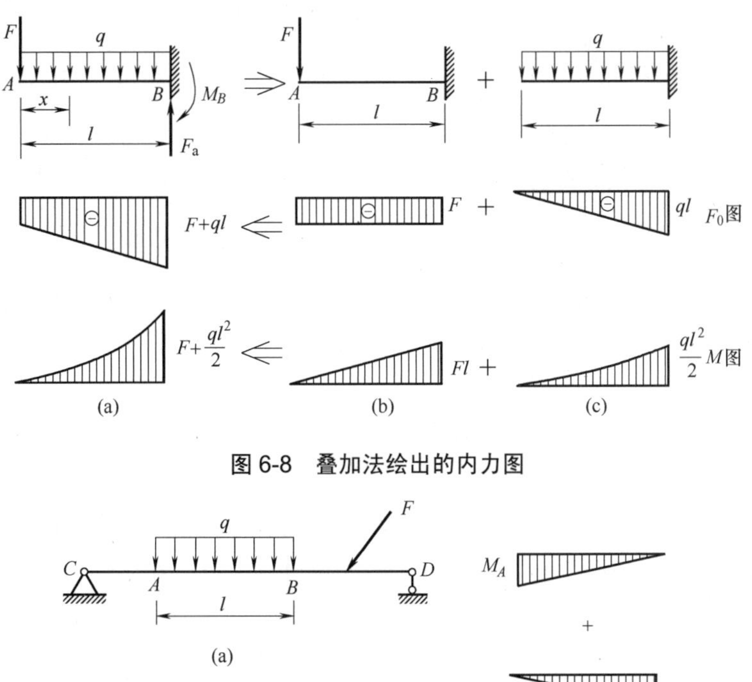

图 6-8 叠加法绘出的内力图

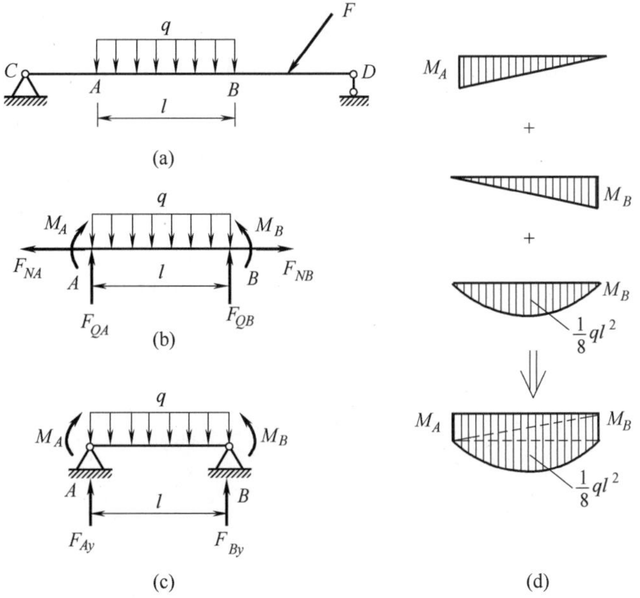

图 6-9 某简支梁受力图

综上所述，作某杆段的弯矩图时，只需求出该杆段的杆端弯矩，并连以直线(虚线)，然后在此直线上再叠加相应简支梁在荷载 q 作用下的弯矩图即可。

6.1.5 弯曲变形正应力和强度校核

当梁横截面上只有弯矩而无剪力时，梁的弯曲只与弯矩有关，称为纯弯曲。但梁的内

力分析表明，在一般情况下，梁横截面上同时存在弯矩和剪力。梁的弯曲不仅与弯矩有关，还与剪力有关，梁除弯曲变形外，还有剪切变形，称梁的这种弯曲为横力弯曲或剪切弯曲。结合静力学关系可知，弯矩是横截面上法向分布内力系的合力偶矩，剪力是横截面上切向分布内力系的合力。所以，梁纯弯曲时，横截面上只有正应力，没有切应力；梁横力弯曲时，其横截面上同时存在正应力和剪应力。通常将梁弯曲时横截面上的正应力与剪应力分别称为弯曲正应力与弯曲剪应力。

工程实际表明，梁强度的主要控制因素是与弯矩有关的弯曲正应力。因此，对梁弯曲正应力的研究是本章的主要内容。为了便于问题的研究，首先讨论梁在纯弯曲情况下正应力的计算。

要取得梁弯曲正应力的计算公式，必须综合考虑几何、物理和静力学三方面的关系。

1. 几何关系

首先观察梁的变形情况。取一根具有纵向对称面的等直梁，加载前在其表面画上与轴线平行的纵向线 cd 和 ab，以及垂直于纵向线的横向线 1—1 和 2—2，如图 6-10(a)所示，然后在梁的纵向对称面内施加一对大小相等、方向相反的力偶，使梁处于纯弯曲的情况，如图 6-10(b)所示。由此可知：

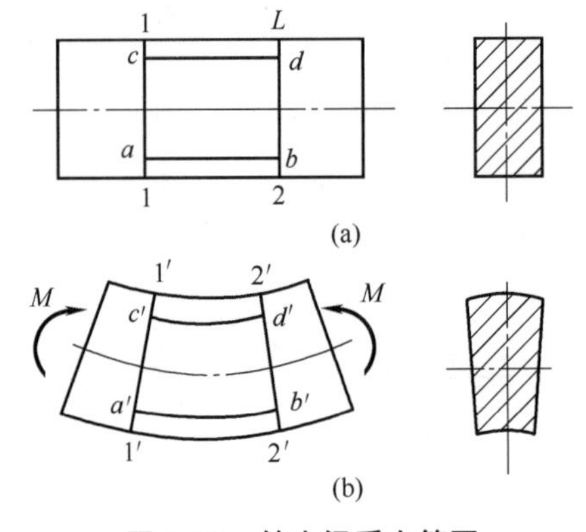

图 6-10　等直梁受力简图

(1) 梁表面的横向线变形后仍为直线，只是转动了一个小角度。

(2) 梁表面的纵向线变形后均成为曲线，但仍与转动后的横向线保持垂直，且靠近凹边的纵向线缩短，而靠近凸边的纵向线伸长。

依据梁表面的上述变形现象，考虑到材料的连续性、均匀性，以及从梁的表面到其内部并无使其变形突变的作用因素，可以由表及里对梁的变形作如下假设。

① 平面假设：即变形前为平面的横截面，变形后仍为平面，且仍与弯曲了的纵向线

保持垂直，只是绕横截面内某根轴转过了一个角度。

② 单向受力假设：即将梁设想成由众多平行于梁轴线的纵向纤维所组成，在梁内各纵向纤维之间无挤压，仅承受拉应力或压应力。

根据上述假设，梁弯曲时，一部分纤维伸长，另一部分纤维缩短，其间必存在一既不伸长也不缩短的过渡层，称为中性层，中性层与横截面的交线称为中性轴，如图 6-11 所示。联系到前述关于梁变形的平面假设可知，梁弯曲时，横截面即绕其中性轴转动。

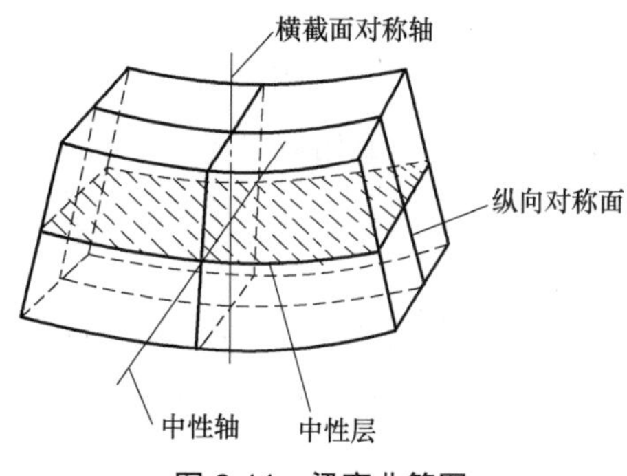

图 6-11　梁弯曲简图

注意到，在平面弯曲问题中，梁上横向载荷皆作用在梁的纵向对称面内，由于对称性梁的变形必对称于载荷所在的纵向对称面(称载荷所在平面为载荷作用面)，故平面弯曲时，中性轴必垂直于载荷作用面。

上面对梁的变形作了定性分析，为了取得弯曲正应力的计算公式，还需对与弯曲正应力有关的纵向线应变作定量分析。为此，沿平行于梁轴的方向取 x 轴，用相距 $\mathrm{d}x$ 的左、右两个横截面 1—1 与 2—2，从梁中取出一微段，并在微段梁的横截面上，取载荷作用面与横截面交线所在的横截面对称轴为 y 轴，取中性轴为 z 轴，由于中性轴垂直于载荷作用面，故 z 轴垂直于 y 轴，如图 6-12(a)所示。

根据平面假设，微段梁变形后，其左、右横截面 1—1 与 2—2 仍保持平面，只是相对转动了一个角度 $\mathrm{d}\theta$，如图 6-12(b)所示。设微段梁变形后中性层 O_1O_2 的曲率半径为 ρ，则由对称性可知，距中性层 O_1O_2 为 y 的各点处的纵向线应变皆相等，并且可以用纵向线 ab 的纵向线应变来度量，即

$$\varepsilon=\frac{\widehat{a'b'}-\overline{ab}}{\overline{ab}}=\frac{(p+y)\mathrm{d}\theta-p\mathrm{d}\theta}{p\mathrm{d}\theta}=\frac{y}{p} \tag{6-4}$$

对任一指定横截面，ρ 为常量，因此，式(6-4)表明，横截面上任一点处的纵向线应变 ξ 与该点到中性轴的距离 y 成正比，中性轴上各点处的线应变为零。

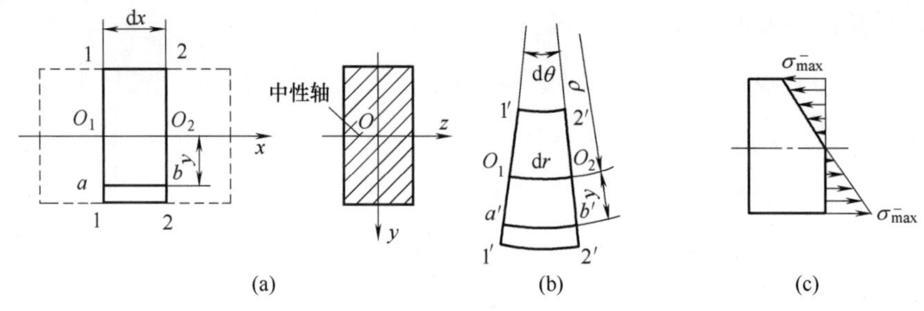

图 6-12　弯曲正应力

这里应当指出，式(6-4)是根据平面假设，由梁的变形几何关系导出的，与梁材料的力学性质无关，故不论材料的应力、应变关系如何，式(6-4)都是适用的。

2. 物理关系

根据单向受力假设，梁上各点均处于单向应力状态。在应力不超过材料的比例极限即材料为线弹性，以及材料在拉、压时弹性模量相同的条件下，由胡克定律，得：

$$\sigma = E\varepsilon = E\frac{y}{\rho} \tag{6-5}$$

对任一指定的横截面，E/ρ 为不变量，因此式(6-5)表明，横截面上任一点处的弯曲正应力 σ 与该点到中性轴的距离 y 成正比，即弯曲正应力沿截面高度按线性分布，中性轴上各点处的弯曲正应力为零，如图 6-12(c)所示。

应当指出，式(6-5)还不能直接用以计算弯曲正应力，这是因为，至此中性轴 z 的位置，以及中性层的曲率半径 ρ 均尚未确定。

3. 静力学关系

如图 6-13 所示，横截面上各点处的法向微内力 $\sigma \mathrm{d}A$ 组成一空间平行力系，而且，由于弯曲时，横截面上没有轴力，仅有位于 xy 面内的弯矩 M，故按静力学关系，有：

$$\int_A \sigma \mathrm{d}A = 0 \tag{6-6}$$

$$\int_A \sigma z \mathrm{d}A = 0 \tag{6-7}$$

$$\int_A \sigma y \mathrm{d}A = M \tag{6-8}$$

将式(6-5)代入式(6-6)，得：

$$\int_A E\frac{y}{\rho}\mathrm{d}A = \frac{E}{\rho}\int_A y\mathrm{d}A = \frac{E}{\rho}S_z = 0 \tag{6-9}$$

式中 $S_z = \int_A y\mathrm{d}A$ 为横截面 A 对中性轴 z 的净距。由于 E/ρ 不会为零，故必须有：

$$S_z = 0 \tag{6-10}$$

这表明，中性轴 z 为横截面的形心轴。

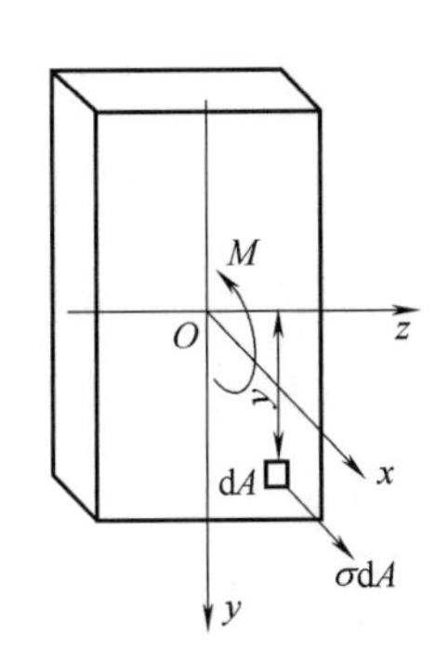

图 6-13　空间平衡力系

将式(6-5)代入式(6-7)，得：

$$\int_A \sigma z \mathrm{d}A = \frac{E}{\rho}\int_A yz\mathrm{d}A = \frac{E}{\rho}I_{yz} \tag{6-11}$$

式中 $I_{yz} = \int_A yz\mathrm{d}A$ 为横截面 A 对 y、z 轴的惯性积。由于 E/ρ 不会为零，故必须有：

$$I_{yz} = 0 \tag{6-12}$$

这表明，y、z 为横截面上一对相互垂直的主轴。

根据式(6-10)、式(6-12)，并结合平面弯曲的概念，可以得出关于平面弯曲与中性轴位置的重要结论，即

(1)　中性轴垂直于载荷作用面的弯曲即为平面弯曲。

(2)　梁平面弯曲时，若材料为线弹性，则中性轴为横截面的形心主轴。将式(6-5)代入式(6-8)，得

$$\int_A \sigma y \mathrm{d}A = \frac{E}{\rho}\int_A y^2\mathrm{d}A = \frac{E}{\rho}I_z = M \tag{6-13}$$

式中 $I_z = \int_A y^2\mathrm{d}A$ 为横截面 A 对中性轴 z 的惯性矩，由此得：

$$\frac{1}{\rho} = \frac{M}{EI_z} \tag{6-14}$$

此即用曲率 $1/\rho$ 表示的梁弯曲变形的计算公式。它表示梁弯曲时，弯矩对其变形的影响。式(6-14)表明，梁的 EI_z 越大，曲率 $1/\rho$ 越小，故将乘积 EI_z 称为梁的弯曲刚度，它表示梁抵抗弯曲变形的能力。

将式(6-14)代入式(6-5)，得：

$$\sigma = \frac{My}{I_z} \tag{6-15}$$

此即梁纯弯曲时，弯曲正应力的计算公式。此式表明，横截面上任一点处的弯曲正应力与该截面的弯矩成正比；与截面对中性轴的惯性矩成反比；与点到中性轴的距离成正比即沿截面高度线性分布，而中性轴上各点处的弯曲正应力为零。

上述计算式(6-14)、式(6-15)是以平面假设和单向受力假设为基础导出的，实验和理论分析可以证明，在纯弯曲情况下这些假设是成立的，因而导出的公式也是正确的。

对于横力弯曲的梁，由于剪力及切应力的存在，梁的横截面将不再保持平面而产生翘曲。此外，由于横向力的作用，在梁的纵向截面上还将产生挤压应力。但精确的理论分析表明，对于一般的细长梁(梁的跨度 l 与横截面高度 h 之比 l/h 大于 5)，横截面上的正应力分布规律与纯弯曲时几乎相同，即切应力和挤压应力对正应力的影响很小，可以忽略不计。例如，对均布载荷作用下的矩形截面简支梁，当其跨度与截面高度之比 l/h 大于 5 时，按式(6-15)所得的最大弯曲正应力的误差不超过 1%。所以，式(6-14)、式(6-15)对于横力弯曲的细长梁仍然适用。

注意，在公式(6-15)中，弯曲正应力 σ 的正负号与弯矩 M 及坐标 y 的正负号有关。为了避免计算过程中出现符号差错，建议在应用式(6-15)时，以 M 及 y 的绝对值代入计算，并根据截面上弯矩的实际方向和其所对应的变形，来判定 σ 是拉还是压。

应当指出，式(6-14)和式(6-15)的应用是有限制的，既要求梁的弯曲为平面弯曲，又要求材料是线弹性的，并且在拉、压时弹性模量相同。

4. 强度条件与校核

由式(6-15)可知，等直梁的最大弯曲正应力，发生在最大弯矩所在截面(称为危险截面)上距中性轴最远的各点处(称为危险点)，即

$$\sigma_{\max}=\frac{M_{\max}y_{\max}}{I_z} \tag{6-16}$$

令 $W_z=I_z/y_{\max}$，上式可写成：

$$\sigma_{\max}=\frac{M_{\max}}{W_z} \tag{6-17}$$

W_z 仅与截面形状、尺寸有关，称为抗弯截面系数，其量纲为$[长度]^3$。

① 对于高度为 h、宽度为 b 的矩形截面：

$$I_z=\frac{bh^3}{12},\quad y_{\max}=\frac{h}{2},\quad W_z=\frac{bh^2}{6}$$

② 对于直径为 d 的圆形截面：

$$I_z=\frac{\pi d^4}{64},\quad y_{\max}=\frac{d}{2},\quad W_z=\frac{\pi d^3}{32}$$

③ 对于外径为 D，内径为 d 的空心圆截面：

$$I_z=\frac{\pi}{64}(D^4-d^4),\quad y_{\max}=\frac{D}{2},\quad W_z=\frac{\pi D^3}{32}\left[1-\left(\frac{d}{D}\right)^4\right]$$

④ 对于各种型钢截面，其抗弯截面系数可以从型钢规格表中查到。

⑤ 对于工程中常见的细长梁，强度的主要控制因素是弯曲正应力。为了保证梁的安全，必须控制梁内最大弯曲正应力$\sigma_{\max}$不超过材料的弯曲许用应力$[\sigma]$，即等直梁的弯曲正应力强度条件为

$$\sigma_{\max}=\frac{M_{\max}}{W_z}\leqslant[\sigma] \tag{6-18}$$

⑥ 对于由脆性材料制成的梁，因其抗拉强度与抗压强度差别很大，按弯曲正应力强度条件要求，梁上最大拉应力$\sigma_{\max}^{+}$和最大压应力$\sigma_{\max}^{-}$不得超过材料各自的弯曲许用应力$[\sigma^{+}]$和$[\sigma^{-}]$。即

$$\sigma_{\max}^{+}=\frac{M_{\max}y_{\max}^{+}}{I_z}\leqslant[\sigma^{+}] \tag{6-19}$$

$$\sigma_{\max}^{-}=\frac{M_{\max}y_{\max}^{-}}{I_z}\leqslant[\sigma^{-}] \tag{6-20}$$

式中$y_{\max}^{+}$与$y_{\max}^{-}$分别代表最大拉应力$\sigma_{\max}^{+}$和最大压应力$\sigma_{\max}^{-}$所在点距中性轴的距离。

根据上述弯曲正应力强度条件，可以对梁进行强度设计，即校核梁的强度、设计梁的截面及确定梁的许用荷载。

6.1.6 弯曲变形剪应力和强度校核

横力弯曲时，梁的横截面上既有弯矩又有剪力，因此横截面上既有正应力又有剪应力。本节先以矩形截面为例，说明研究弯曲剪应力的方法，然后着重介绍矩形截面梁的剪应力计算。

设一矩形截面梁，其截面上的剪力为Q，如图6-14所示。现分析剪应力沿宽度方向的分布情况。

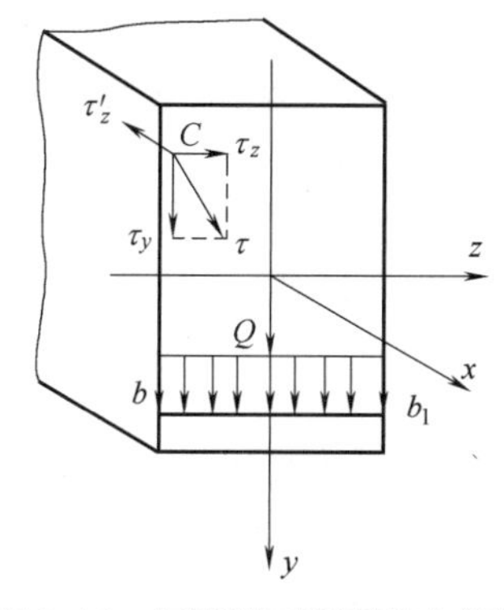

图6-14 矩形截面所受剪力简图

首先分析截面侧边任一点 C 处的剪应力方向。设在该点处的剪应力 τ 为任意方向，将其分解为平行和垂直于截面周边的两个分量 τ_y 及 τ_z。根据剪应力互等定理，梁侧面在该点处也应有一剪应力 τ_z' 存在，且 $\tau_z' = \tau_z$。然而实际上梁侧面上并无剪应力作用，即 $\tau_z' = 0$，所以必然有 $\tau_z' = 0$，C 点处仅有 τ_y 存在。由此可以得到结论：截面周边处的剪应力必定与周边相切。因此，截面左、右边界上的剪应力与剪力 Q 平行。又由于对称关系，y 轴上的剪应力也必与 Q 的方向相同，故可推知整个截面上各点的剪应力都平行于剪力 Q。又当截面高度大于宽度时，可近似地认为剪应力沿截面宽度均匀分布。

根据以上分析，对横截面上的剪应力的分布规律可作如下假设。

(1) 横截面上各点的剪应力的方向都平行于剪力 Q。

(2) 剪应力沿截面宽度均匀分布。

进一步的理论分析证明，对于截面高度大于宽度的细长梁，根据上述假设建立的剪应力计算公式是足够精确的。

如图 6-15(a)所示矩形截面梁的任意截面上，剪力 Q 皆与截面的对称轴 y 重合。根据矩形截面剪应力分布规律的假设可知，在距中性轴为 y 的横线 pq 上，各点的剪应力 τ 都相等，且都平行于 Q。再由剪应力互等定理，在沿 pq 切出的平行于中性层的 pr 平面上，也必然有与 τ 相等的剪应力 τ'，而且 τ' 沿宽度 b 也是均匀分布的，如图 6-15(b)所示。

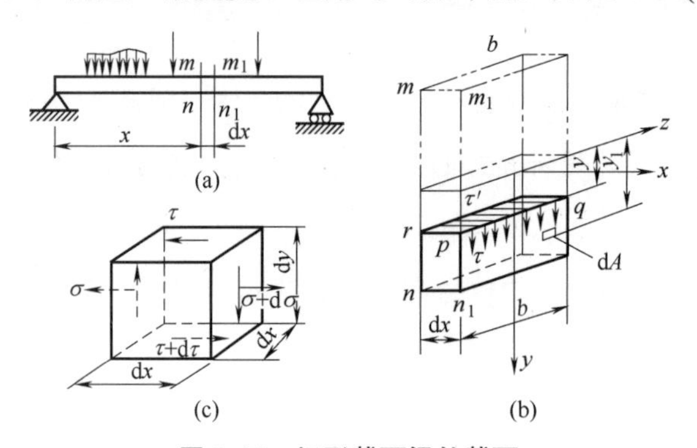

图 6-15 矩形截面梁的截面

由剪应力分布规律可以推得，在同一截面上，剪应力为坐标 y 的函数，且根据剪应力互等定理可证明，矩形截面的上下边缘处的剪应力为零。在 pq 横线上的某点处截取一单元体，如图 6-15(c)所示。其顶面的剪应力为 τ，当坐标 y 有一增量 $\mathrm{d}y$ 时，τ 的相应增量为 $\mathrm{d}\tau$，故单元体底面的剪应力为 $\tau + \mathrm{d}\tau$。同样的道理可知，单元体左面上的正应力为 σ，右面上的正应力为 $\sigma + \mathrm{d}\sigma$。由单元体的平衡方程：

$$\sum X = 0,\ (\sigma + \mathrm{d}\sigma)\mathrm{d}y\mathrm{d}z - \sigma\mathrm{d}y\mathrm{d}z + (\tau + \mathrm{d}\tau)\mathrm{d}x\mathrm{d}z - \tau\mathrm{d}x\mathrm{d}z = 0 \tag{6-21}$$

化简后可得：

$$\mathrm{d}\sigma\mathrm{d}y+\mathrm{d}\tau\mathrm{d}x=0 \tag{6-22}$$

此式又可写为：

$$\mathrm{d}\tau=-\frac{\mathrm{d}\sigma}{\mathrm{d}x}\mathrm{d}y \tag{6-23}$$

把式(6-15) $\sigma=\frac{My}{I_z}$ 代入式(6-22)，并注意到微分关系 $\frac{\mathrm{d}M}{\mathrm{d}x}=Q$，经过整理后，得：

$$\mathrm{d}\tau=-\frac{Q}{I_z}y\mathrm{d}y \tag{6-24}$$

将式(6-24)左右两边分别由 τ 到 0、y 到 $\frac{h}{2}$ 积分，得：

$$\int_{\tau}^{0}\mathrm{d}\tau=-\frac{Q}{I_z b}\int_{y}^{\frac{h}{2}}by_1\mathrm{d}y_1 \tag{6-25}$$

积分后得：

$$\tau=\frac{Q}{I_z b}\int_{y}^{\frac{h}{2}}by_1\mathrm{d}y_1 \tag{6-26}$$

对式(6-26)中进行积分得：

$$S_z^*=\int_{y}^{\frac{h}{2}}by_1\mathrm{d}y_1 \tag{6-27}$$

式(6-27)为横截面的部分面积 A_1 对中性轴的静矩，也就是距中性轴为 y 的横线 pq 以下的面积对中性轴的静矩。于是式(6-26)可写成：

$$\tau=\frac{QS_z^*}{I_z b} \tag{6-28}$$

式中，Q 为横截面上的剪力，b 为截面宽度，I_z 为整个截面对中性轴的惯性矩，S 为截面上距中性轴为 y 的横线以外部分面积对中性轴的静矩，如图 6-16(a)中的阴影部分，这就是矩形截面梁弯曲剪应力的计算公式。

对于矩形截面，如图 6-16(a)所示，利用式(6-27)，得：

$$S_z^*=\int_{y}^{\frac{h}{2}}by_1\mathrm{d}y_1=\frac{b}{2}\left(\frac{h^2}{4}-y^2\right) \tag{6-29}$$

这样，式(6-28)可以写成：

$$\tau=\frac{Q}{2I_z}\left(\frac{h^2}{4}-y^2\right) \tag{6-30}$$

由图 6-16 可知，沿截面高度剪应力按抛物线规律变化。当 $y=\pm\frac{h}{2}$ 时，即在横截面的上、下边缘处，$\tau=0$；随着离中性轴的距离 y 的减小，τ 逐渐增大，当 y=0 时，即在中性轴上，剪应力最大，其值为：

$$\tau_{\max}=\frac{Qh^2}{8I_z} \tag{6-31}$$

若把$l_z=\dfrac{bh^3}{12}$代入上式，即可得到：

$$\tau_{\max}=\frac{3Q}{2bh}=\frac{3Q}{2A} \tag{6-32}$$

式中：$A=bh$，为矩形截面的面积。可见，矩形截面梁的最大剪应力为平均剪应力$\dfrac{Q}{A}$的1.5倍。

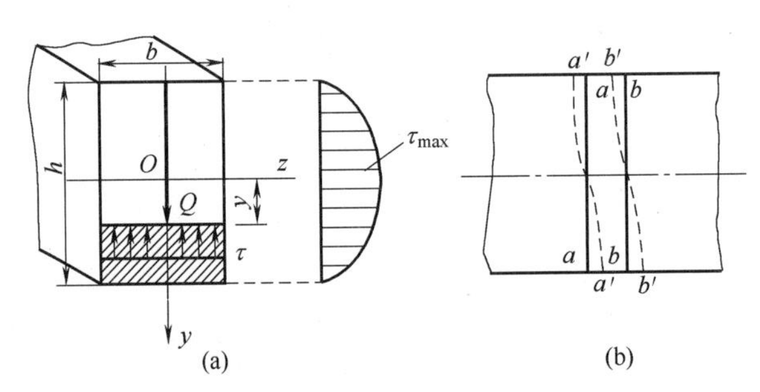

图6-16　矩形截面

根据剪切胡克定律，在弹性范围以内，剪应力与剪应变成正比，即$\gamma=\dfrac{\tau}{G}$。由式(6-30)可得：

$$\gamma=\frac{Q}{2GI_z}\left(\frac{h^2}{4}-y^2\right) \tag{6-33}$$

可以发现，沿截面高度各点的剪应变γ也呈抛物线变化。矩形截面上、下边缘处各点的剪应变为零。随着与中性轴距离的减小，剪应变逐渐增大，中性轴上剪应变达到最大值，这就意味着横截面不再保持为平面，而将产生翘曲，如图6-16(b)所示。若梁在每一横截面上的剪力Q都相等，则各横截面的翘曲程度相同。相邻截面间纵向纤维的长度不变，对弯曲正应力的分布没有影响。若在分布荷载作用下，梁在不同横截面上的受力不同，则各横截面的翘曲程度也就不同，相邻截面间纵向纤维的长度将发生变化，但对细长梁来说，这种变化很微小，对弯曲正应力的影响可略去不计。

6.2　钢筋混凝土梁的设计

6.2.1　钢筋混凝土梁

混凝土工程中常在梁的受拉一侧埋入钢筋，以提高梁的抗拉能力，由此形成的钢筋混凝土梁是最常见的一种组合梁，如图6-17(a)所示。这种组合梁，应变以中性层为分界呈线性分布，如图 6-17(b)所示。由于混凝土抗拉性能弱，考虑全部拉应力由钢筋负担，应力分布如图 6-17(c)所示。

钢筋混凝土梁.docx

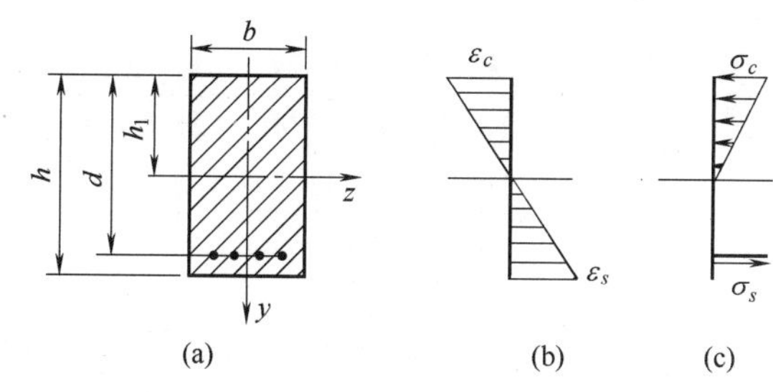

钢筋混凝土梁.mp4

图 6-17　钢筋混凝土梁的受力和变形

梁的高度、宽度、钢筋、中性层的位置如图 6-17(a)所示。设中性层以曲率半径为ρ的圆弧弯曲，混凝土顶面及钢筋的应变ε_c、ε_s和应力σ_c、σ_s可用下式表示：

$$\begin{cases} \varepsilon_c = -\dfrac{h_1}{\rho} \\ \varepsilon_s = -\dfrac{d-h_1}{\rho} \\ \sigma_c = -E_c\dfrac{h_1}{\rho} \\ \sigma_s = E_s\dfrac{d-h_1}{\rho} \end{cases} \tag{6-34}$$

式中，E_c、E_s分别为混凝土和钢筋的弹性模量。

设作用在混凝土和钢筋上的力的大小分别为F_c、F_s，则

$$\begin{cases} F_c = \int_{-k_1}^{0}\left(-\sigma_c\dfrac{y}{h_1}\right)b\mathrm{d}y = -E_c\dfrac{bh_1^2}{2\rho} \\ F_s = A_s\sigma_s = A_sE_s\dfrac{d-h_1}{\rho} \end{cases} \tag{6-35}$$

式中，A_s为全部钢筋的截面积之和。

设在梁的横截面上只有弯矩M，轴向力为零，则有

$$F_c + F_s = 0 \tag{6-36}$$

而$M_c = \int_{-k_1}^{0}\left(-\sigma_c\dfrac{y}{h_1}\right)yb\mathrm{d}y = -E_c\dfrac{bh_1^3}{3\rho} = -F_c\dfrac{2h_1}{3}$，$M_s = F_s(d-h_1)$，故有：

$$M = M_c + M_s = F_s\left(d - \frac{h_1}{3}\right) \tag{6-37}$$

若令$\dfrac{E_s}{E_c} = n$，将式(6-15)代入式(6-16)，可求得中性轴位置h_1应满足的方程为：

$$h_1 = \frac{-A_s n + \sqrt{A_s^2 n^2 + 2A_s nbd}}{b} \tag{6-38}$$

从而可求得应力σ_c、σ_s分别为：

$$\sigma_c = -E_c \frac{h_1}{\rho} = -E_c \frac{bh_1^2}{2\rho bh_1} \cdot \frac{2}{bh_1} = \frac{2F_c}{bh_1} = \frac{6M}{bh_1(3d - h_1)} \tag{6-39}$$

$$\sigma_s = \frac{F_s}{A_s} = \frac{3M}{A_s(3d - h_1)} \tag{6-40}$$

6.2.2 梁的构造规定

1. 梁的截面尺寸

1) 模数要求

当梁$h \leqslant 800$mm时，h为50mm的倍数；当$h > 800$mm时，h为100mm的倍数。梁宽b一般为50mm的倍数；当$b<200$mm时，梁宽可为150mm或180mm。

2) 梁的高跨比

梁的高跨比h/l_0可参考表6-2的规定选择，其中l_0为梁的计算跨度。

表6-2 梁的高跨比选择

构件类型	简 支	两端连续	悬 臂
独立梁或整体肋形梁的主梁	$\frac{1}{12} \sim \frac{1}{8}$	$\frac{1}{14} \sim \frac{1}{8}$	$\frac{1}{6}$
整体肋形梁的次梁	$\frac{1}{18} \sim \frac{1}{10}$	$\frac{1}{20} \sim \frac{1}{12}$	$\frac{1}{8}$

注：当梁的跨度超过9m时，表中数值宜乘以系数1.2。

2. 混凝土保护层厚度及钢筋间净距

1) 混凝土保护层最小厚度

一类环境下梁受力钢筋的混凝土保护层最小厚度c为20mm(混凝土强度等级小于或等于C25时为25mm)且不小于受力钢筋直径；露天或室内高湿度环境下(指二类a环境)的混凝土保护层最小厚度为25mm(混凝土强度等级不大于C25时为30mm)；箍筋和构造钢筋的保护层厚度不小于15mm。

2) 钢筋的净距

下部钢筋的净距d_2，不小于25mm且不小于受力钢筋的最小直径；上部钢筋净距d_1，不小于30mm且不小于受力钢筋最大直径的1.5倍；当梁的下部纵向钢筋布置成两排时，上下排钢筋必须对齐，如图6-18所示。钢筋超过两层时，两层以上的钢筋中距应比下面两层的中距增加一倍。

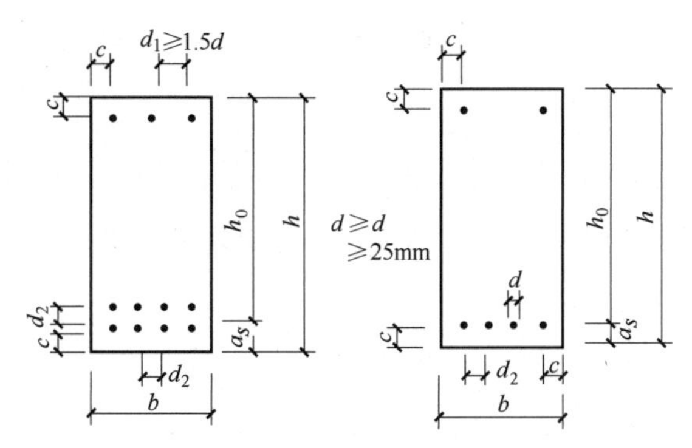

图 6-18　混凝土保护层及钢筋净距

3. 纵向钢筋

1)　钢筋直径

纵向受力钢筋直径一般不小于 10mm，并宜优先选择直径较小的钢筋；当采用两种不同直径的钢筋时，其直径至少相差 2mm，以便施工识别，但也不宜大于 6mm。

2)　伸入支座的钢筋数量

当梁的宽度 $b \leqslant 100$mm 时，伸入支座的钢筋数量不应少于 2 根；当梁的跨度 $b<100$mm 时，可以为 1 根。光面钢筋末端应做成半圆弯钩。

3)　架立钢筋

架立钢筋设置在梁的受压区，用来固定箍筋并与受力钢筋形成钢筋骨架。架立筋还可以承受温度应力、收缩应力。

架立筋直径 d 与梁的跨度有关。当梁的跨度小于 4m 时，架立筋直径 $d \geqslant 8$mm；当梁的跨度为 4～6m 时，架立筋直径 $d \geqslant 10$mm；当梁的跨度大于 6m 时，架立筋直径 $d \geqslant 12$mm。

箍筋.docx

4)　箍筋和弯起钢筋

(1)　箍筋。

弯起钢筋.docx

梁内箍筋由抗剪计算和构造要求确定。箍筋的直径与梁高有关；对截面高度大于 800mm 的梁，箍筋直径不宜小于 8mm；对截面高度为 800mm 及以下的梁，箍筋直径不宜小于 6mm；对梁中配有计算需要的纵向受压钢筋时，箍筋直径尚不应小于 $d/4$ (d 为纵向受压钢筋的最大直径)。

(2)　弯起钢筋。

箍筋.mp4

弯起钢筋是利用梁的部分纵向受力钢筋在支座附近斜弯成型的。弯起钢

筋在弯起前抵抗梁内正弯矩，在弯起段可抵抗剪力，在连续梁中间支座的弯起钢筋还可抵抗支座负弯矩；弯起钢筋的弯起角度一般为45°，当梁高度超过800mm时，弯起角度可采用60°。

综上所述，梁的配筋包括纵向受力钢筋、架立钢筋、箍筋，这是梁的基本配筋；利用梁的部分纵向受力钢筋在支座附近斜弯成型的弯起钢筋，一般只在非抗震设计中采用。简支梁配筋的一般情形如图6-19所示。

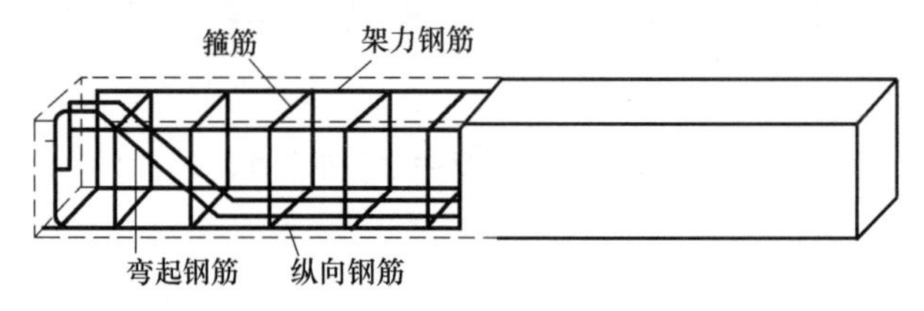

图6-19　简支梁配筋

6.2.3 单筋矩形截面梁的正截面承载力计算

1. 单筋矩形截面梁的正截面破坏特征

仅在混凝土梁的受拉部位配置纵向受拉钢筋的矩形截面梁称为单筋矩形截面梁。

通过力学分析和试验研究发现，当材料选定后，钢筋混凝土梁的正截面破坏形态主要与纵向受力配筋的配筋率有关。配筋率ρ的定义见下式：

$$\rho = \frac{A_s}{bh_0} \tag{6-41}$$

式中：A_s——梁中配置的纵向受力钢筋截面面积；

b——梁的截面宽度；

h_0——梁截面有效高度，指纵向受力钢筋截面面积的形心至截面受压边缘的距离(注：在计算截面最小配筋面积时取截面高度h)，如图6-20所示。

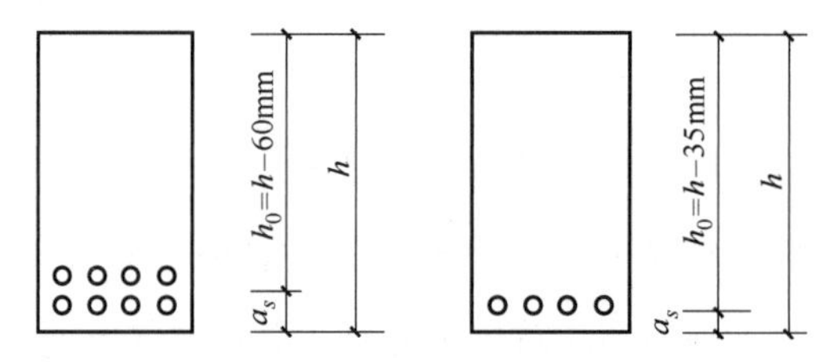

图6-20　梁截面有效高度

注：a_s为纵向受力钢筋的形心到梁截面受拉边缘的距离，当单排布筋时取$a_s=35$mm，双排布筋时取$a_s=60$mm。

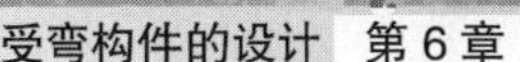

配筋率不同，梁的破坏形态不同。一般按配筋率的大小分为三种破坏形态：少筋破坏(配筋率很小)、超筋破坏(配筋率很大)和适筋破坏(配筋率适量)。其中适筋破坏为延性破坏(破坏有一个时间过程，而且在彻底破坏之前有明显的预兆，变形很大)，而另两种破坏都属于脆性破坏(破坏之前没有明显的预兆的突然破坏)，如图 6-21 所示。适筋梁的材料强度能得到充分发挥，安全经济，是正截面承载力计算的依据，而少筋梁、超筋梁都应避免。

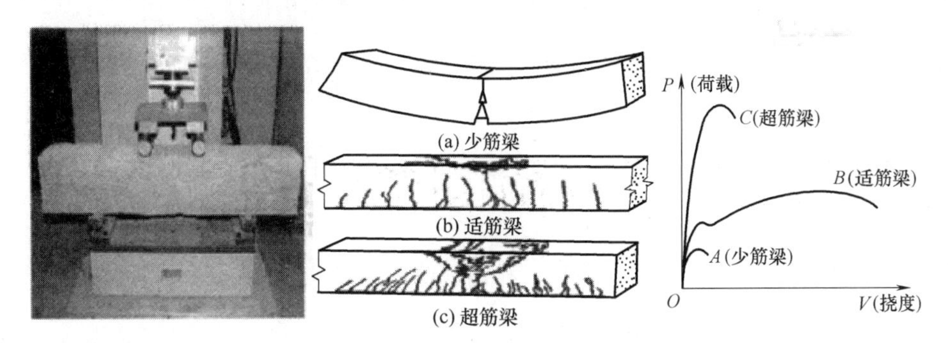

图 6-21　梁的破坏形式(简支梁三等分加载)

2. 试筋梁的破坏过程

试验研究表明，适筋梁的破坏过程分为如下三个阶段。

(1) 从加载开始到受拉区混凝土裂缝出现以前为第 I 阶段，此阶段荷载很小，混凝土的压应力及拉应力也很小，应力和应变几乎成直线关系，又称弹性阶段，如图 6-22(a)所示。当受拉边缘的拉应变达到混凝土极限拉应变时，即为第 I 阶段末，第 II 阶段始，即 $\mathrm{I_a}$阶段，如图 6-22(b)所示。

(2) 从受拉区混凝土开裂到受拉区钢筋屈服为第 II 阶段，又称带裂缝工作阶段，如图 6-22(c)所示。第 II 阶段的截面应力图是梁裂缝宽度和变形验算的依据。当荷载达到某一数值时，纵向受拉钢筋将开始屈服钢筋，应力达到屈服强度 f_y 时，标志截面进入第 II 阶段末，第 I 阶段始，即 $\mathrm{II_a}$ 阶段，如图 6-22(d)所示。

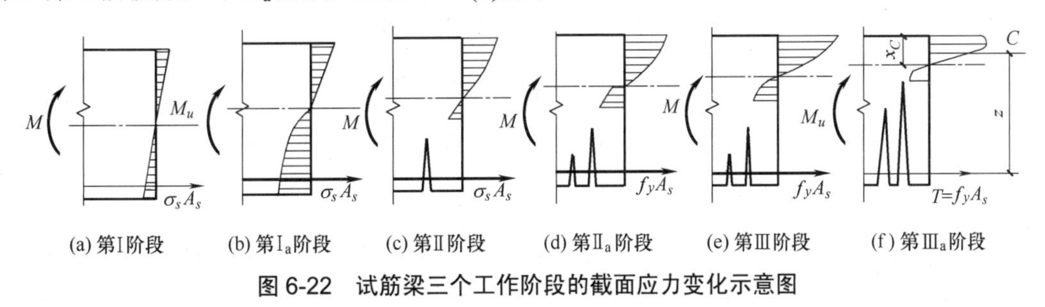

图 6-22　试筋梁三个工作阶段的截面应力变化示意图

(3) 从受拉钢筋屈服至梁的受压区混凝土被压碎为第III阶段，又称破坏阶段，如图 6-22(e)所示。在第 II 阶段末，即$\mathrm{III_a}$阶段，如图 6-22(f)所示。梁截面的受压区边缘混凝土

应变达到其极限应变而被压碎，构件破坏。因此将Ⅱa阶段的应力状态作为构件正截面承载力计算的依据。

3. 单筋矩形截面梁的正截面承载力计算公式

1) 基本假定

(1) 平截面假定：假设构件在弯矩作用下，变形后截面仍保持为平面。

(2) 钢筋与混凝土共同工作：钢筋与混凝土之间无粘结滑移破坏，钢筋的应变与其所在位置混凝土的应变一致。

(3) 不考虑受拉区混凝土参与工作：受拉区混凝土开裂后退出工作，拉力全部由钢筋承担。

(4) 材料的应力—应变关系：混凝土和钢筋的应力—应变关系均采用简化模型。

2) 等效矩形应力图(基于Ⅱa阶段)

在极限弯矩 M 的计算中，仅需知道受压区合力 C 的大小和作用位置 y_c 即可。为便于计算受压区合力 C，可用等效矩形应力图形来代换抛物线应力图，如图 6-23 所示。二者的等效原则如下。

(1) 等效矩形应力图形与实际抛物线应力图形的面积相等，即合力大小相等。

(2) 等效矩形应力图形与实际抛物线应力图形的形心位置相同，即合力作用点不变。

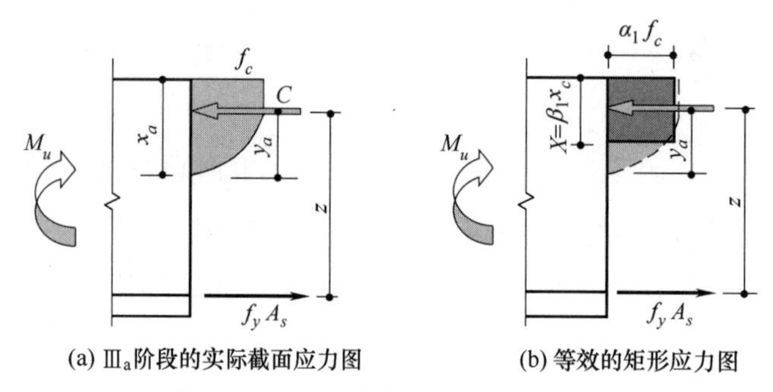

(a) Ⅲa阶段的实际截面应力图　　(b) 等效的矩形应力图

图 6-23　矩形应力等效过程示意图

为满足这两个原则，需将 f_c 和 x_c 进行变换，即分别乘以系数 α_1 和 β_1，α_1 和 β_1 的取值如表 6-3 所示，即 $\alpha_1 f_c$ 和 $x=\beta_1 x_c$，等效后的截面矩形应力图如图 6-23(b)所示。

表 6-3　混凝土受压区等效矩形应力图系数

混凝土强度等级	≤C50	C55	C60	C65	C70	C75	C80
α_1	1.0	0.99	0.98	0.97	0.96	0.95	0.94
β_1	0.8	0.79	0.78	0.77	0.76	0.73	0.74

3)　基本计算公式

为便于建立基本计算公式，将图 6-23 等效的矩形应力图进一步简化为图 6-24。对于适筋梁，承载力极限状态计算的依据是Ⅲa 状态，此状态受拉钢筋屈服，故应力 $\sigma_s = f_y$。

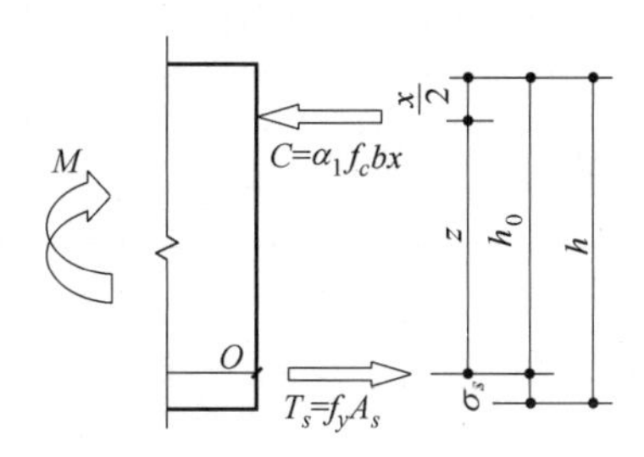

图 6-24　Ⅲa 阶段等效内力图

由 $\sum X = 0$，可得：

$$\alpha_1 f_c bx = f_y A_s \tag{6-42}$$

由 $\sum M_0 = 0$，可得：

$$\alpha_1 f_c bx \cdot Z = \alpha_1 f_c bx\left(h_0 - \frac{x}{2}\right) \tag{6-43}$$

4)　基本计算公式的适用条件

基本计算公式是建立在适筋梁的基础上的，不适用于超筋和少超筋梁。

(1)　防止少筋脆性破坏。

防止少筋脆性破坏的方法是限制纵向受力钢筋的最小配筋率。《混凝土结构设计规范》(GB 50010—2010)规定了最小配筋率取 0.002 和 0.45 f_t / f_y 二者的较大值，即

$$\beta_{\min} = \max\left\{0.002; 0.45 f_t / f_y\right\} \tag{6-44}$$

则纵向受力钢筋的最少配筋面积为：

$$A_{s,\min} = \rho_{\min} bh \tag{6-45}$$

当由式(6-21)计算所得的 $A_s \geqslant A_{s,\min} bh$ 时，说明梁不会少筋破坏。

(2)　防止超筋脆性破坏。

当梁纵向受拉钢筋配置很多时，梁破坏时钢筋不屈服，故梁受拉部位不会出现较大的裂缝，因此梁的中性轴上移量很小，导致梁破坏时混凝土受压区高度 x 很大。我们可以通过限制梁受压区高度 x 的办法来防止超筋破坏。假定混凝土梁受压区高度 x 超过某一限值 x_b 时，梁会发生超筋破坏。x_b 称为界限受压区高度，x_b 与钢筋混凝土梁采用的混凝土强度等级和钢筋级别有关，《混凝土结构设计规范》(GB 50010—2010)给出了 x_b 的计算公式：$x_b = \zeta_b h_0$，其中 ζ_b 为相对界限受压区高度，可由表 6-4 查取。

当由式(6-22)或式(6-21)计算所得的 $x \leqslant x_b = \zeta_b h_0$ 时，说明梁不会超筋破坏。

表 6-4　相对界限受压区高度 ζ_b

钢筋级别 \ 混凝土强度等级	≤C50	C55	C60	C65	C70	C75	C80
HRP300	0.576						
HRP335	0.550	0.541	0.531				
HRP400	0.518	0.508	0.499	0.490	0.481		
HRP500	0.482	0.473	0.464	0.455	0.446	0.438	0.429

6.2.4 双筋矩形截面梁的正截面承载力设计

1. 双筋矩形截面梁的正截面承载力计算

双筋矩形截面梁的正截面承载力计算如图 6-25 所示。

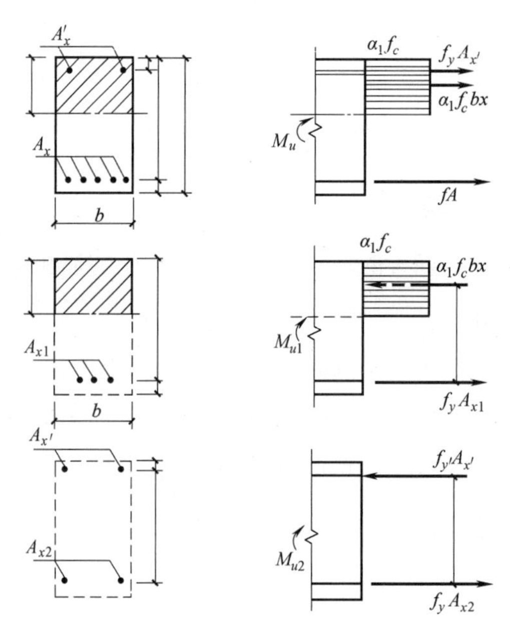

图 6-25　双筋矩形截面梁的正截面承载力计算图示

2. 基本计算公式和适用条件

(1) 根据双筋矩形梁正截面受弯承载力的计算图示，由平衡条件可写出以下两个基本计算公式。

由 $\sum X = 0$ 得：

$$\alpha_1 f_c bx + f_y' A_s' = f_y A_s \tag{6-46}$$

由 $\sum M = 0$ 得：

$$M \leqslant M_u = \alpha_1 f_c bx \left(h_0 - \frac{x}{2} \right) + f_y' A_s' \left(h_0 - a' \right) \tag{6-47}$$

式中：f_y'——钢筋的抗压强度设计值；

A_s——受压钢筋截面面积；

a'——受压钢筋合力点到截面受压边缘的距离。

(2) 应用以上公式时必须满足下列适用条件：

① $x \leqslant \varepsilon_b h_0$。

② $x \geqslant 2a'$。

如果不能满足②的要求，即 $x<2a'$ 时，可近似取 $x=2a'$，这时受压钢筋的合力将与受压区混凝土压应力的合力相重合，如对受压钢筋合力点取矩，即可得到正截面受弯承载力的计算公式为：

$$M \leqslant M_u = f_s A_s (h_0 - a') \tag{6-48}$$

当 $\zeta \leqslant \zeta_b$ 的条件未能满足时，原则上仍以增大截面尺寸或提高混凝土强度等级为好。只有在这两种措施都受到限制时，才可考虑用增大受压钢筋用量的办法来减小 ζ。

3. 计算步骤

设计双筋矩形梁截面时，A_s' 总是未知量，而 A_s' 则可能有未知或已知这两种不同情况。

(1) 已知 M、b、h 和材料强度等级，计算所需 A_s 和 A_s'

① 基本数据：f_c，f_y 及 f_y'，α_1，β_1，ζ_b。

② 验算是否需用双筋截面。

由于梁承担的弯矩相对较大，截面相对较小，估计受拉钢筋较多，需布置两排，故取 $a=60\text{mm}$，$h_0=h-a$，单筋矩形截面所能承担的最大弯矩为：

$$M_{u1\max} = \alpha_1 f_c b h_0^2 \zeta_b \left(1-0.5\zeta_b\right) < M \tag{6-49}$$

说明需用双筋截面。

③ 取 $x=\zeta_b h_0$，则

$$M_{u1\max} = \alpha_1 f_c b h_0^2 \zeta_b \left(1-0.5\zeta_b\right) \tag{6-50}$$

④ 计算受压钢筋。

$$M_{u2} = M - M_{u1} \tag{6-51}$$

$$A_s' = \frac{M_{u2}}{f_y'\left(h_0 - a'\right)} \tag{6-52}$$

从构造角度来说，A_s' 的最小用量一般不宜小于 2Φ12，即 $A_{s\min}' = 226\text{mm}^2$。

⑤ 受拉钢筋总面积为：

$$A_s = \frac{\alpha_1 f_c b \zeta_b h_0 + f_y' A_s'}{f_y} \tag{6-53}$$

⑥ 实际选用钢筋，画截面配筋图。

(2) 已知 M、b、h 和材料强度以及 A_s'，计算所需 A_s

① 基本数据：f_c，f_y 及 f_y'，α_1，β_1，ζ_b。

② 利用 A_s'，求 A_{s2} 和 M_{u2}。

$$A_{s2} = A_s' \frac{f_y'}{f_y} \tag{6-54}$$

$$M_{u2} = f_y' A_s' (h_0 - a_s') \tag{6-55}$$

(3) 求 M_{u1}，并由 M_{u1} 按单筋矩形截面求 A_{s1}。

$$M_{u1} = M - M_{u2} \tag{6-56}$$

$$a_s = \frac{M_{u1}}{\alpha_1 f_c b h_0^2} \tag{6-57}$$

(4) 根据 a_s 求基本系数。

$$\gamma_s = 0.5(1 + \sqrt{1 - 2a_s}) \tag{6-58}$$

$$\xi = 1 - \sqrt{1 - 2a_s} \tag{6-59}$$

(5) 求 x 并验算适用条件。

$$x = \xi h_0 \geqslant 2a' \tag{6-60}$$

$$A_{s1} = \frac{M_{u1}}{f_y \gamma_s h_0} \tag{6-61}$$

(6) 求受拉钢筋总面积。

$$A_s = A_{s1} + A_{s2} \tag{6-62}$$

(7) 实际选用钢筋，画截面配筋图。

6.2.5 梁的斜截面承载力的计算

在荷载作用下，梁不仅会在各个截面上引起弯矩 M，同时还产生剪力 V_0 在弯曲正应力和剪应力共同作用下，梁可能发生斜截面破坏，如图 6-26 所示。

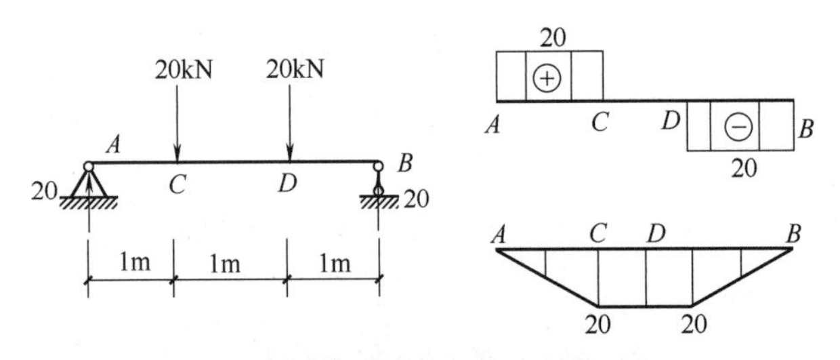

图 6-26 梁中内力与斜面受剪破坏

梁斜截面破坏通常较为突然，具有脆性性质，更具危险性。所以，钢筋混凝土受弯，构件除应进行正截面承载力计算外，还须对弯矩和剪力共同作用的区段进行斜截面承载力计算。

梁的斜截面承载能力包括斜截面受剪承载力和斜截面受弯承载力。在实际工程设计中，斜截面受剪承载力通过计算配置箍筋来保证，而斜截面受弯承载力则通过构造措施来保证。腹筋包括箍筋和弯起钢筋。

【案例6-1】一钢筋混凝土矩形截面简支梁，截面尺寸为250mm×500mm，混凝土强度等级为C30，箍筋为热轧HPB300级钢筋，纵筋为3Φ25的HRB335级钢筋(F_y=300N/mm^2)，支座处截面的剪力最大值为180kN。

箍筋和弯起钢筋的数量为多少才合适？

解：(1) 由题意可得：

$$h_w = h_0 = 456\text{mm}, \frac{h_w}{b} = \frac{465}{250} = 1.86 < 4$$

$$h_w = h_0 = 456\text{mm}, \frac{h_w}{b} = \frac{456}{250} = 1.86 < 4$$

属厚腹梁，混凝土强度等级为C30，故$\beta_c = 1$。

$$0.25\beta_c f_c bh_0 = 0.25 \times 1 \times 14.3 \times 250 \times 465 = 41559375(\text{N}) > V_{\max} = 180000\text{N}$$

所以截面符合要求。

(2) 验算是否需要计算配置箍筋：

$$0.7 f_t bh_0 = 0.7 \times 1.43 \times 250 \times 465 = 11636625(\text{N}) < V_{\max}(=180000\text{N})$$

故需要进行配箍计算。

(3) 只配箍筋而不用弯起钢筋：

$$V = 0.7 f_t bh_0 + f_{yv} \cdot \frac{nA_{sv1}}{s} \cdot h_0，则 \frac{nA_{sv1}}{s} = 0.507\text{mm}^2/\text{mm}$$

若选用Φ8@180，实有：

$$\frac{nA_{sv1}}{s} = \frac{2 \times 50.3}{180} = 0.559 > 0.507$$

满足要求。

配箍率：

$$\beta_{sv} = \frac{nA_{sv1}}{bs} = \frac{2 \times 50.3}{250 \times 180} = 0.224\%$$

最小配箍率：

$$\beta_{sv\min} = 0.24\frac{f_t}{f_{yv}} = 0.24 \times \frac{1.43}{270} = 0.127\% < \beta_{sv}(可以)$$

6.3 钢筋混凝土板

6.3.1 钢筋混凝土板概述

图 6-27 是预制的预应力多孔板的横断面图。板的名义宽度应是 500mm，但考虑到制作误差(若板宽比 500mm 稍大时，可能会影响板的铺设)及板间构造嵌缝，故板宽的设计尺寸定为 480mm。预应力多孔板是某建筑构配件公司下属混凝土制品厂生产的定型构件，因此不必绘制结构详图。

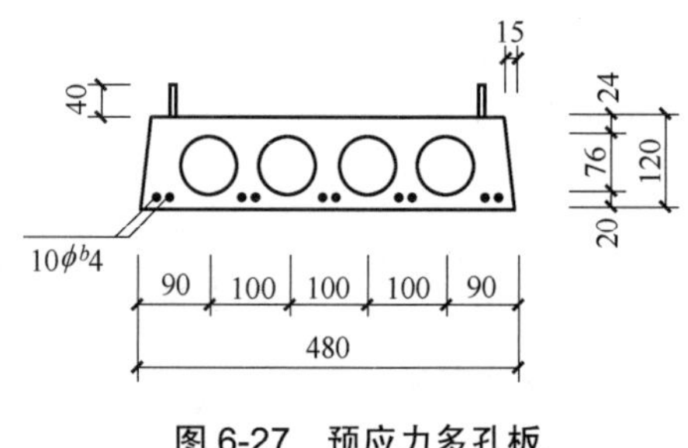

图 6-27 预应力多孔板

图 6-28 是用于屋面的预制天沟板的横断面图。它是非定型的预制构件，故需画出结构详图。

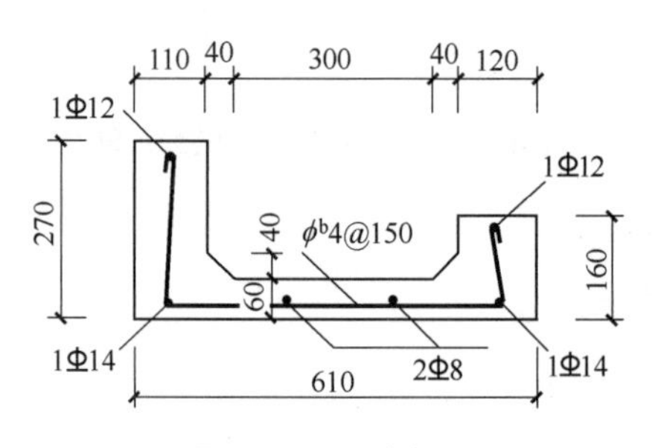

图 6-28 天沟板

图 6-29 是现浇雨篷板(YPB_1)的结构详图，它是采用一个剖面图来表示的，为非定型的现浇构件。YPB_1 是左端带有外挑板(轴线①的左面部分)的两跨连续板，它支撑在外挑雨篷梁(YPL_{2A}， YPL_{4A}， YPL_{2B})上。由于建筑上要求，雨篷板的板底做平，故雨篷梁设在雨篷板的上方(称为逆梁)。YPL_{2A}，YPL_{4A} 是矩形变截面梁，梁宽为 240mm，梁高为 200～300mm；YPL_{2B} 为矩形等截面梁，断面为 240mm×300mm。

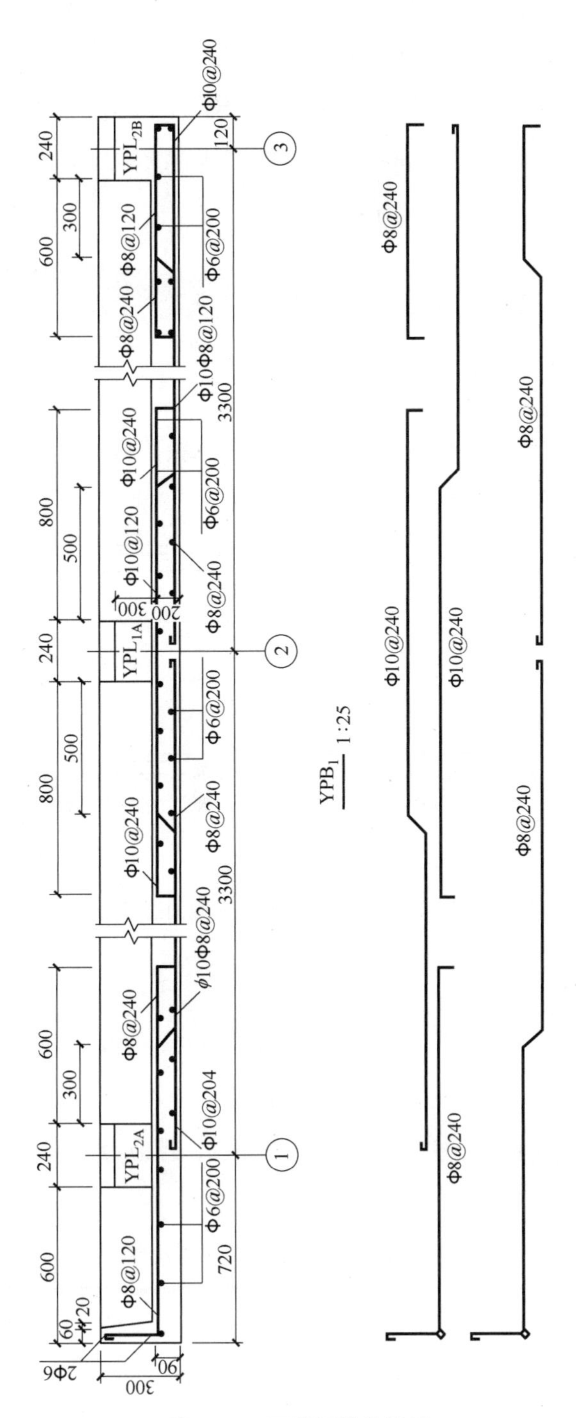

图 6-29　雨篷板结构详图

雨篷板(YPB_1)采用弯起式配筋，即板的上部钢筋是由板的下部钢筋直接弯起。为了便于识读板的配筋情况，现把板中受力筋的钢筋图画在配筋图的下方。在钢筋混凝土构件的结构详图中，除了配筋比较复杂外，一般不另画钢筋图。

若板中的上、下部受力筋分别单独配置(无弯起钢筋)，则称为分离式配筋。

板的配筋图中除了必须标注出板的外形尺寸和钢筋尺寸外，还应注明板底的结构标高。当结构平面图采用较大比例(如 1∶50)时，也可以把现浇板配筋(受力筋)的钢筋图直接画在板的平面图上，从而省略了板的结构详图。

6.3.2 板的构造规定

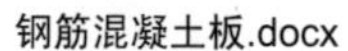

钢筋混凝土板.docx

1. 截面形式

板的截面厚度(高度)远小于板的宽度。现浇混凝土板的截面形式一般为矩形截面，而预制板的截面形式则多种多样，如图 6-30 所示。

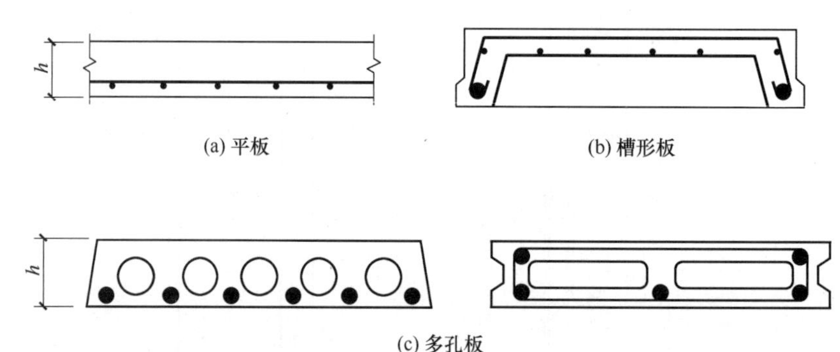

(a) 平板　(b) 槽形板　(c) 多孔板

图 6-30　钢筋混凝土板的截面形式

2. 板的厚度

现浇钢筋混凝土板的厚度不应小于表 6-5 规定的数值。同时，现浇混凝土板的跨厚比宜符合下列规定：钢筋混凝土单向板不大于 30mm，双向板不大于 40 mm；无梁支承的有柱帽板不大于 35 mm，无梁支承的无柱帽板不大于 30 mm。预应力板可适当增加；当板的荷载、跨度较大时宜适当减小。

表 6-5　现浇钢筋混凝土板的最小厚度

板的类别		最小厚度/mm
单向板	屋面板	60
	民用建筑楼板	60
	工业建筑楼板	70
	行车道下的楼板	80
双向板		80
密肋楼盖	面板	50
	肋高	250

续表

板的类别		最小厚度/mm
悬臂板(根部)	悬臂长度不大于 500mm	60
	悬臂长度 1200mm	100
无梁楼板		150
现浇空心楼盖		200

3. 板的配筋

对于单向受力的板，板内通常配置受力钢筋和分布钢筋。对于简支板，其配筋板的配筋形式如图 6-31 所示。对于板端受约束(如板端上部有墙)时，板端有构造钢筋；对于双向受力板，两个方向均需配置受力钢筋。

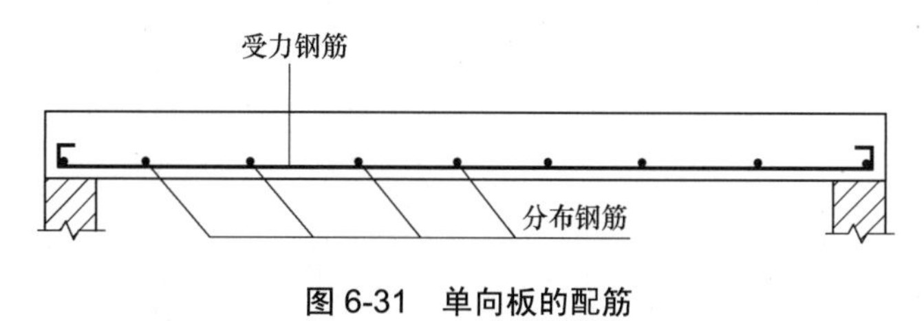

图 6-31 单向板的配筋

板的受力钢筋常用 HRB400 级和 HRB500 级钢筋，常用直径为 6mm、8mm、10mm 和 12mm。为了防止施工时钢筋被踩下，现浇板的板面钢筋直径不宜小于 8mm。

为了便于浇筑混凝土，保证钢筋周围混凝土的密实性，板内钢筋间距不宜太密；为了正常地分担内力，也不宜过稀。钢筋的间距一般为 70～200mm，当板厚不大于 150mm 时不宜大于 200mm；大于 150mm 时不宜大于板厚的 1.5 倍，且不宜大于 250mm。

板的分布钢筋应布置在受力钢筋内侧，与受力钢筋方向垂直，并在交点处绑扎或焊接。分布钢筋所起的作用是固定受力钢筋的位置，以抵抗混凝土因温度变化及收缩产生的拉应力，并将荷载均匀分布给受力钢筋。单位长度上的分布钢筋截面面积不小于单位宽度上的跨中受力钢筋面积的 15%，且不宜小于该方向板截面面积的 0.15%，分布钢筋的直径一般不小于 6mm，常用直径为 6mm 和 8mm。分布钢筋宜采用 HPB300 级、HRB335 级和 HRB400 级钢筋，间距不宜大于 250mm(集中荷载较大时，不宜大于 200mm)。

【案例 6-2】某工程使用一个不规则的悬挑混凝土楼板，整体尺寸为 34m×34m。板在楼梯间位置有开洞。这块 250mm 的厚板由 300mm 厚的墙体、400mm 厚的托板及 600mm×450mm 的边梁来支撑。柱子的截面尺寸为 450mm×450mm，托板尺寸为 1800mm×1800mm，层高为 3.6m。在自重以及均布恒载 $2kN/m^2$、均布活载 $3kN/m^2$ 共同作用下分析板的受力。混凝土材料为 C30；钢筋为 HRB400。

结合上文给出该工程悬挑混凝土楼板的设计方案。

6.4 钢筋混凝土楼梯和雨篷

音频.楼梯的分类.mp3

6.4.1 板式楼梯

1. 概述

板式楼梯是指由梯段板承受该梯段的全部荷载，并将荷载传递至两端的平台梁上的现浇式钢筋混凝土楼梯。其受力简单、施工方便，可用于单跑楼梯、双跑楼梯。

楼梯是多层建筑和高层建筑的竖向通道，要求满足交通运行、疏散、防火等要求。按结构形式不同，楼梯分为板式楼梯和梁式楼梯，板式楼梯由梯段板、平台板、平台梁组成，如图 6-32 所示。

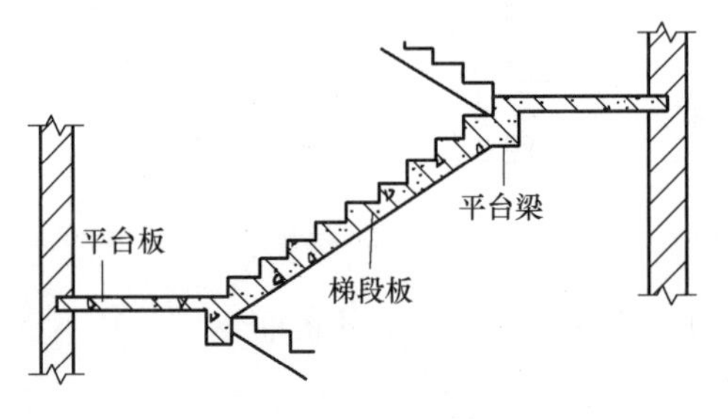

板式楼梯.mp4

图 6-32 板式楼梯

板式楼梯是将楼梯作为板来进行考虑的，是将板的两端置放在休息平台的边梁上，而休息平台支撑在墙体之上的一种楼梯结构。这种楼梯结构是目前建筑工程领域中最常见的一种，极为常见的结构主要有三跑楼梯、单跑楼梯、双跑楼梯等。它在应用中具有受力简单、施工方便的优势。

2. 板式楼梯的应用

板式楼梯.docx

板式楼梯因为施工简单、经济适用而在实际工程中得到广泛的应用，只有当跨度比较大(跨度大于 5m)时才考虑使用梁式楼梯。

作为目前建筑工程项目中最常见的一种竖向通道，在各类建筑物中都极为常见。虽然在现代化社会发展中，电梯日趋普及，但是传统的板式楼梯仍然在众多新兴建筑结构中以安全、方便的优势占据着重要的地位。在结构分析中，这种楼梯通常都是按照受弯构件进行分析的，在受力弯件分析中，这些楼梯不仅表现出良好的工作性能，同时更是存在着方便、快捷以及安全性高的特点。

3. 设计措施

1) 主体结构计算时考虑梯板参与工作，按计算结果加大配筋

考虑楼梯梯板的斜撑作用后，结构的整体工作性能发生较大变化，尤其是梯板本身及和楼梯半层平台直接相连的框架柱。其受力会发生较大变化，设计时应采用合适的软件，准确分析楼梯的受力情况，并根据计算结果加大构件的配筋。在地震烈度不高的情况下，这一方法基本可行。

2) 切断梯板与框架柱的联系，在框架梁上做独立小柱支撑楼梯板

断开楼梯平台和框架柱的连接，能有效减少楼梯平台对框架柱的地震影响。无论是否切断楼梯平台梁和柱的连接，梯板都承受了较大的轴力。今后在梯板设计中，应按拉弯构件设计，梯板负筋应全部拉通，而不能按现行构造手册所示的负筋长度按1/4板跨截断。

3) 改进现有楼梯构造，按楼梯的实际受力状态配筋

由于梯板的斜撑作用导致楼梯平台梁受到平面外的剪力，产生平面外弯矩。此部分目前在设计中也未加考虑，所以平台梁设计时应如实考虑平面内和平面外的弯矩及剪力，按双向受弯构件并按框架梁的要求进行设计，楼梯平台板也应加强构造，采用双层双向配筋来近似考虑梯板的斜撑作用。

6.4.2 梁式楼梯

1. 概述

梁式楼梯是指梯段踏步板直接搁置在斜梁上，斜梁搁置在梯段两端(有时候由于受力需要，斜梁设置三根)的楼梯梁上的楼梯类型。

梁式楼梯是带有斜梁的钢筋混凝土楼梯。它由踏步板、斜梁、平台梁和平台板组成，如图6-33所示。踏步板支承在斜梁上；斜梁和平台板支承在平台梁上；平台梁支承在承重墙或其他承重结构上。梁式楼梯一般适用于大中型楼梯。

2. 梁式楼梯的构造

梁式楼梯是在楼梯段的梯段板一侧或两侧设有斜梁的楼梯，是一种常见的楼梯结构形式。其主要构件为梯段板及楼梯斜梁，后者承重，有单梁、双梁、扭梁之分。其优势为：节约材料，自重轻。一般楼层高、荷载较大的情况下适用。采用钢筋混凝土(现浇或预制)、钢、木或组合材料。

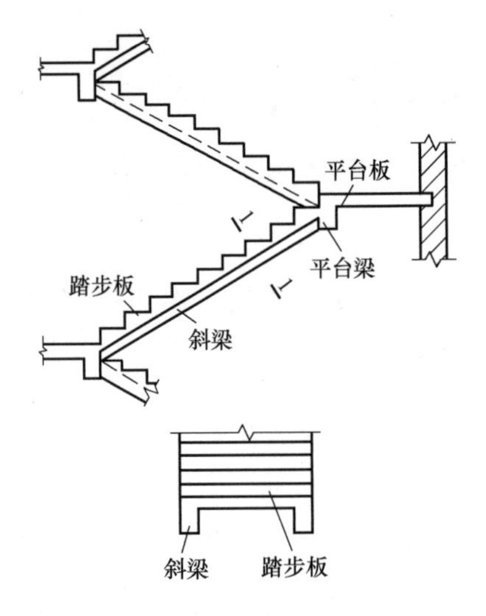

梁式楼梯.mp4

图 6-33　梁式楼梯的组成

梁式楼梯.docx

3. 梁式楼梯传力路线

梁式楼梯传力路线：踏步板→斜梁→平台梁→墙或柱。当踏步板裂了，若楼梯梁完好，则只是局部问题。

4. 配筋方式

梯段横向配筋，搁在斜梁上，另加分布钢筋。平台主筋均短跨布置，依长跨方向排列，垂直安放分布钢筋。

踏步板支承在斜边梁及墙上，有时为使砌墙不受楼梯施工进度的影响，也可在靠墙处加设斜边梁。斜边梁支承在平台梁及楼盖梁上，其配筋由计算确定，其构造如图 6-34 所示。

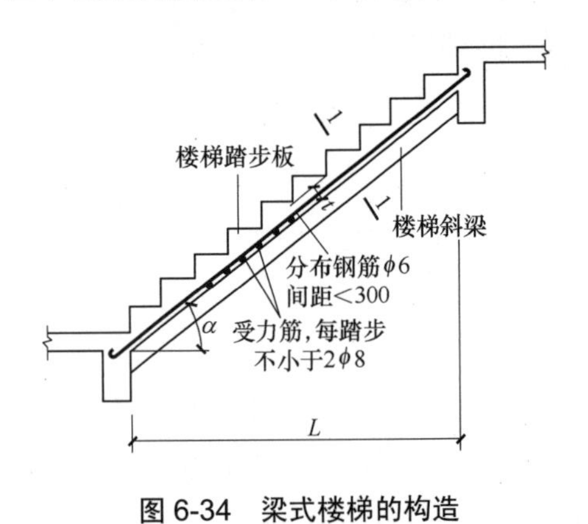

图 6-34　梁式楼梯的构造

踏步板板厚一般不小于 30～40mm。每一踏步一般需配置不少于 2ϕ6 的受力钢筋，沿斜向布置的分布钢筋直径不小于ϕ6，间距不大于 300mm，如图 6-35 所示。

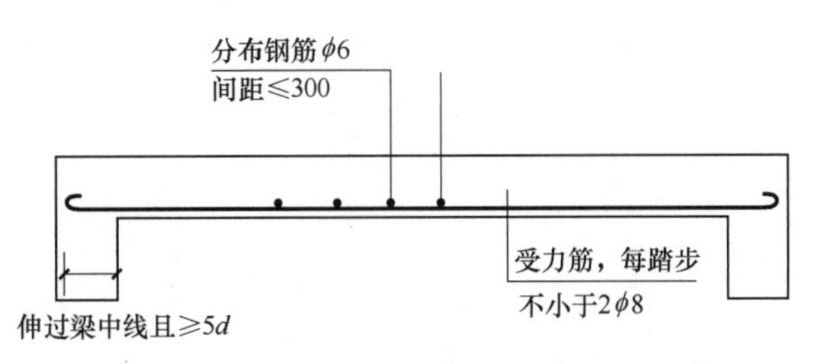

图 6-35　梁式楼梯的配筋

6.4.3 雨篷

雨篷.mp4

雨篷.docx

通常，雨篷设在房屋出入口的上方，为了雨天人们在出入口处作短暂停留时不被雨淋，并起到保护门和丰富建筑立面造型的作用。

由于房屋的性质、出入口的大小和位置、地区气候特点以及立面造型的要求等因素的影响，雨篷的形式可做成多种多样。根据雨篷板的支承不同有采用门洞过梁悬挑板的方式，也可采用墙或柱支承，如图 6-36 所示；其中最简单的是过梁悬挑板式，即悬挑雨篷，如图 6-37 所示。悬挑板板面与过梁顶面可不在同一标高上，梁面较板面标高高，对于防止雨水浸入墙体有利。由于雨篷上荷载大，悬挑板的厚度较薄，为了板面排水的组织和立面造型的需要，板外檐常做加高处理，采用混凝土现浇或砖砌成，板面需作防水处理，并在靠墙处做泛水。

图 6-36　雨篷形式举例

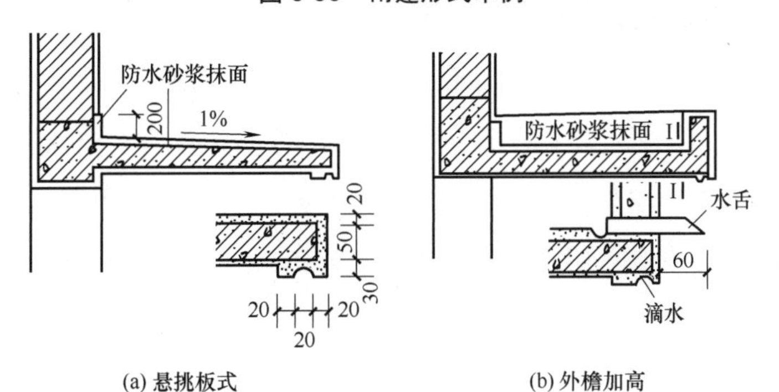

(a) 悬挑板式　　(b) 外檐加高

图 6-37　悬挑雨篷构造(mm)

近年来，采用悬挂式雨篷轻巧美观，通常用金属和玻璃材料，对建筑入口的烘托和建筑立面的美化有很好的作用，如图 6-38、图 6-39 所示。

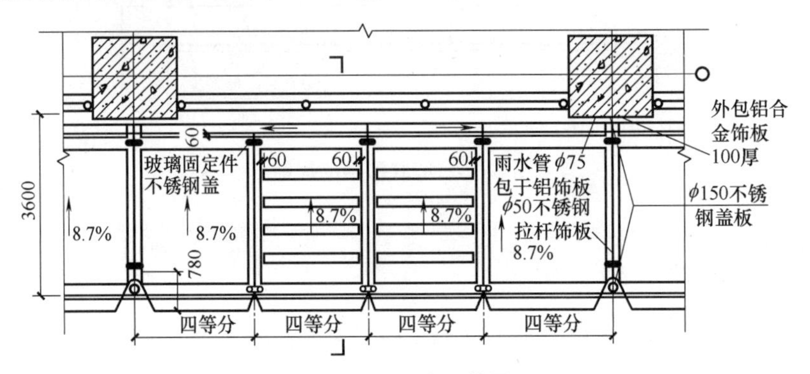

图 6-38　悬挂式雨篷平面

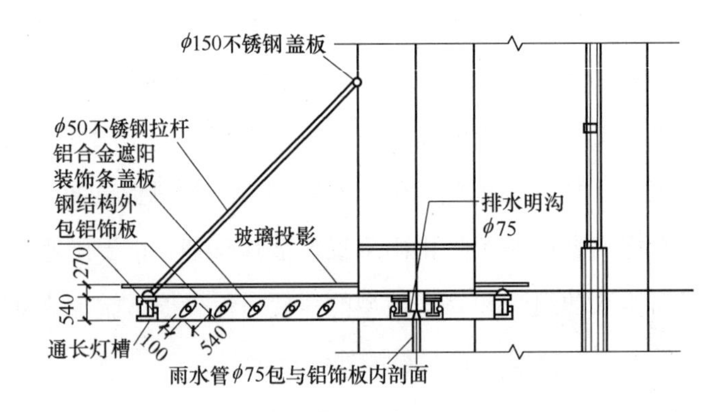

图 6-39　悬挂式雨篷剖面(mm)

【案例 6-3】丰城东站：站型为线侧下式，站房中心里程 DK63+980，最高聚集人数 800 人，属中型旅客站房；总建筑面积为 7996.3m^2，站房总长为 131m，总宽为 46m，建筑高度为 21.2m；主体地上二层，地下局部一层；站房主体结构形式为钢筋混凝土结构，候车厅上方采用网架结构，建筑设计使用年限为 50 年，建筑结构安全等级为二级；站台雨篷结构覆盖面积 7744m^2，雨篷长度为 450m。

雨篷宽度为：基本站台 8.5m，二站台 8.5m。采用有柱雨篷，雨篷结构形式为钢筋混凝土结构，屋面防水等级Ⅰ级、结构安全等级为二级。跨线设施：设 8.0m 宽进、出站地道一座。生产生活用房为框架结构，总建筑面积为 2922m^2，露天停车场 4950 m^2。

结合上文给出该工程雨篷的设计要点及设计方案。

6.5 预应力混凝土构件

音频.预应力混凝土构件.mp3

6.5.1 预应力混凝土概述

1. 概念

预应力混凝土是为了弥补混凝土过早出现裂缝的现象，在构件使用(加载)以前，预先给混凝土一个预压力，即在混凝土的受拉区内，用人工加力的方法，将钢筋进行张拉，利用钢筋的回缩力，使混凝土受拉区预先受压力。这种储存下来的预加压力，当构件承受由外荷载产生拉力时，首先抵消受拉区混凝土中的预压力，然后随荷载增加，才使混凝土受拉，这就限制了混凝土的伸长，延缓或不使裂缝出现，这就叫作预应力混凝土。

预压应力用来减小或抵消荷载所引起的混凝土拉应力，从而将结构构件的拉应力控制在较小范围，甚至处于受压状态，以推迟混凝土裂缝的出现和开展，从而提高构件的抗裂性能和刚度。

2. 分类

根据预加应力值大小对构件截面裂缝控制程度的不同分类。

1) 全预应力混凝土

在使用荷载作用下，不允许截面上混凝土出现拉应力的构件，属严格要求的即为不出现裂缝的构件，和严格控制预应力构件的截面尺寸和预应力梁的挠度。

2) 部分预应力混凝土

允许出现裂缝，但最大裂缝宽度不超过允许值的构件，属允许出现裂缝的构件。

3) 无粘结预应力钢筋

将预应力钢筋的外表面涂以沥青、油脂或其他润滑防锈材料，以减小摩擦力并防锈蚀，并用塑料套管或以纸带、塑料带包裹，以防止施工中碰坏涂层，并使之与周围混凝土隔离，而在张拉时可沿纵向发生相对滑移的后张预应力钢筋。

3. 优缺点

1) 优点

(1) 抗裂性好，刚度大。由于对构件施加预应力，大大推迟了裂缝的出现，在使用荷载作用下，构件可不出现裂缝，或使裂缝推迟出现，所以提高了构件的刚度，增加了结构

的耐久性。

(2) 节省材料，减小自重。其结构由于必须采用高强度材料，因此可减少钢筋用量和构件截面尺寸，节省钢材和混凝土，降低结构自重，对大跨度和重荷载结构有着明显的优越性。

(3) 可以减小混凝土梁的竖向剪力和主拉应力。预应力混凝土梁的曲线钢筋(束)可以使梁中支座附近的竖向剪力减小；又由于混凝土截面上预应力的存在，使荷载作用下的主拉应力也就减小。这利于减小梁的腹板厚度，使预应力混凝土梁的自重可以进一步减小。

(4) 提高受压构件的稳定性。当受压构件长细比较大时，在受到一定的压力后便容易被压弯，以致丧失稳定而破坏。如果对钢筋混凝土柱施加预应力，使纵向受力钢筋张拉得很紧，不但预应力钢筋本身不容易压弯，而且可以帮助周围的混凝土提高抵抗压弯的能力。

(5) 提高构件的耐疲劳性能。因为具有强大预应力的钢筋，在使用阶段因加荷或卸荷所引起的应力变化幅度相对较小，故此可提高抗疲劳强度，这对承受动荷载的结构来说是很有利的。

(6) 预应力可以作为结构构件连接的手段，促进大跨结构新体系与施工方法的发展。

2) 缺点

(1) 工艺较复杂，对质量要求高，因而需要配备一支技术较熟练的专业队伍。

(2) 需要有一定的专门设备，如张拉机具、灌浆设备等。先张法需要有张拉台座；后张法还要耗用数量较多、质量可靠的锚具等。

(3) 预应力混凝土结构的开工费用较大，对构件数量少的工程成本较高。

(4) 预应力反拱度不易控制。它随混凝土徐变的增加而增大，造成桥面不平顺。

(5) 钢筋混凝土由于施加预应力会使得高温下钢筋强度下降，因此其耐火极限也会下降，因此在消防上存在隐患。

6.5.2 预应力混凝土的特点

现以预应力简支梁的受力情况为例，说明预应力的基本原理，如图 6-40 所示。在外荷载作用前，预先在梁的受拉区施加一对大小相等、方向相反的偏心预压力 N，使得梁截面下边缘混凝土产生预压应力 σ_{pc}，如图 6-40(a)所示。当外荷载 q 作用时，截面下边缘将产生拉应力 σ_{ct}，如图 6-40(b)所示。在两者的共同作用下，梁的应力分布为上述两种情况的叠加，故梁的下边缘应力可能是数值很小的拉应力，如图 6-40(c)所示，也可能是压应力。也就是

说，由于预压力的作用，可部分抵消或全部抵消外荷载所引起的拉应力，因而延缓了混凝土构件的开裂。

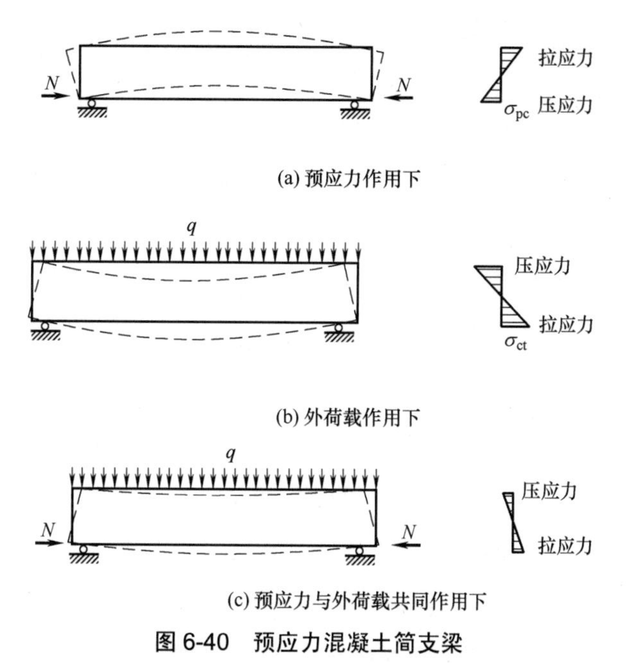

(a) 预应力作用下

(b) 外荷载作用下

(c) 预应力与外荷载共同作用下

图 6-40　预应力混凝土简支梁

预应力混凝土与普通混凝土相比，具有以下特点。

(1) 构件的抗裂度和刚度提高。由于构件中预应力的作用，在使用阶段，当构件在外荷载作用下产生拉应力时，首先要抵消预压应力，这就推迟了混凝土裂缝的出现并限制了裂缝的发展，从而提高了混凝土构件的抗裂度和刚度。

(2) 构件的耐久性增加。预应力混凝土能避免或延缓构件出现裂缝，而且能限制裂缝的扩大，使构件内的预应力钢筋不容易锈蚀，从而延长了使用期限。

(3) 自重减轻，节省材料，具有良好的经济性。由于采用高强度材料，构件的截面尺寸相应减小，自重也随之减轻，钢材和混凝土的用量均可减少。对于适合采用预应力混凝土结构的构件，可明显节省造价。

(4) 提高抗剪抗疲劳强度。预应力可以有效地降低钢筋中的疲劳应力幅值，增加疲劳寿命，尤其是对于以承受动力荷载为主的桥梁结构。

(5) 预应力混凝土施工需要专门的材料和设备、特殊的工艺，造价较高。

由此可见，预应力混凝土构件从本质上改善了普通钢筋混凝土结构的受力性能，因而具有技术革命的意义。

6.5.3 预应力混凝土材料

1. 预应力钢筋

1) 性能

预应力钢筋的受力特点是从构件制作到使用阶段始终处于高拉应力状态，所以其性能需满足下列要求。

(1) 高强度。混凝土预应力的大小取决于预应力钢筋张拉控制应力的大小。考虑构件在制作过程中会出现各种预应力损失，因此需要较高的张拉应力。这就要求预应力钢筋具有较高的强度。

(2) 较好的塑性。高强度钢材的塑性性能一般较差。为了保证构件在破坏之前有较强的变形能力，必须保证预应力钢筋有足够的塑性性能。

(3) 良好的粘结性能。先张法构件的预应力是靠钢筋与混凝土之间的粘结力来传递的，所以良好的粘结力是其正常工作的保证。

(4) 良好的加工性能。预应力钢筋要有良好的焊接性能，同时钢筋镦粗后应不影响其物理、力学性能。

2) 种类

预应力钢筋的发展趋势是高强度、大直径、低松弛和耐腐蚀。目前，预应力钢筋的主要种类有中等强度钢丝、消除应力钢丝、钢绞线和预应力螺纹钢筋。

(1) 中等强度钢丝的抗拉强度为800～1270MPa，外形有光面和螺旋肋两种。

(2) 消除应力钢丝的抗拉强度为1470～1860MPa，外形有光面和螺旋肋两种。

(3) 钢绞线的抗拉强度为 1570～1960MPa，是由多根细钢丝扭结而成的，常用的有1×7(七股)和1×3(三股)。

(4) 预应力螺纹钢筋，又称精轧螺纹粗钢筋，其抗拉强度为980～1230MPa。这种钢筋在轧制时沿钢筋纵向全部轧有规律的螺纹肋条，可用螺丝套筒连接和螺母锚固，不需要再加工螺纹，也不需要焊接。它适用作预应力混凝土结构中的大直径高强度钢筋。

2. 预应力混凝土

预应力混凝土结构对混凝土材料性能的要求如下。

(1) 高强度。混凝土强度越高，其承受预应力的能力越强。这不仅可以减小构件截面尺寸、减轻结构自重，还可以增强构件的抗拉、抗剪、粘结和承压能力。

(2) 收缩和徐变小。这样可以减小由收缩和徐变引起的预应力损失。

(3) 快硬早强。这样可以尽早施加预应力，以提高台座、模具和锚(夹)具的使用效率，加快施工进度，降低间接费用。

6.5.4 施加预应力的方法

使混凝土获得预压应力的方法有多种，最常用的是张拉钢筋。受张拉的钢筋既是使混凝土获得预压应力的工具，又可承受拉力。下面简述几种主要的预加应力的方法。

1. 直接张拉预应力筋法

直接张拉预应力筋法又分为先张法和后张法。其中，无粘结后张法工艺是把预应力筋预先浸渍隔离剂(沥青或油脂)，外包牛皮纸或塑料薄膜，埋入构件模板中，然后浇灌混凝土并于达到强度后按一般方法进行张拉。其优点是由于省去留孔、穿筋和灌浆等工序，可降低造价，也便于以后进行再次张拉或更换预应力钢筋。

对于某些大跨度构件，可以采用先张和后张混合预应力筋方法。先张预应力主要是为了平衡构件自重和运输吊装过程中的应力，后张预应力主要是为了平衡以后增加的恒载和活载。

还有一种后张自锚法，其特点是在构件上张拉钢筋，利用构件端部预留锥形自锚孔的后浇混凝土锚固预应力筋，和普通后张法不同的是，不需要特制的工作锚具。

后张自锚法的主要工序是：同普通后张法一样制作构件，不同的是在构件端部留有锥形自锚孔，通过承力架和张拉夹具利用张拉设备张拉钢筋对构件施加预应力；浇灌自锚头混凝土；当混凝土强度达到不低于设计强度的70%后，切断预应力筋，使其拉力由承力架传递给自锚头(通过结硬的混凝土对预应力筋的锚固作用保持张拉时已建立的预压应力)，即可取下承力架和张拉夹具，如图6-41所示。

后张自锚法已被用于跨度为15～30m屋架和跨度为6～12m、起重量2000kN以下的吊车梁以及屋面梁等构件。试验和使用结果表明，自锚头性能良好、工作正常。其缺点是工序较多，工期较长。此外，对于预应力筋较多的构件，端部构造复杂，如处理不当，张拉时易出现裂缝。近年来改用早强、高强、粘结力强的环氧树脂砂浆灌注自锚头，可缩短生产周期。

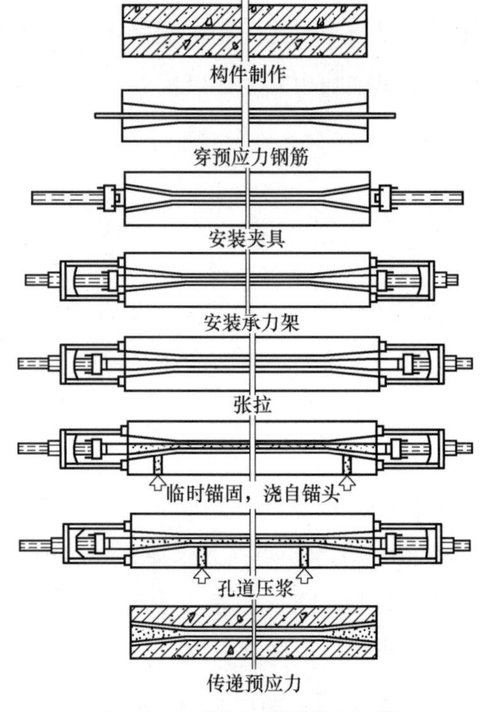

图 6-41　后张自锚固法示意图

2. 电热法

电热法张拉是利用钢材热胀冷缩的原理来完成的。电热张拉时用低压强电流通过预应力筋，由于钢材电阻较大($0.11 \sim 0.15\,\Omega \cdot mm^2/m$)，致使预应力筋发热，其长度随温度的升高而成正比例伸长，待伸长值达到预定长度时，立即进行锚固并切断电流，由于预应力筋的冷缩而建立预应力。

电热张拉与机械张拉相比，主要优点是设备简单、操作方便、速度快、效率高，可用于曲线配筋的结构构件(如水池、油罐等)以及高空作业的框架结构。但是往往由于对预应力筋的材性掌握不好而不易控制准确(故对抗裂度要求高的构件，除确有把握外，不宜采用)。因此在成批生产前，尚应在构件上用千斤顶加以校核，摸索出预应力筋伸长与应力间的规律，作为成批生产的依据，以确保质量。

3. 连续配筋法

通过旋转工作台将钢丝缠绕于特制的模板套管上或预先制好的混凝土芯块上，前者属先张法，后者属后张法。缠绕的钢丝根据需要施加一定的预应力值，其大小一般用控制重量或拉紧设备来调整。

对于圆形结构如压力水管和水池，通常采用连续配筋法，即将钢筋连续盘绕在已结硬的管芯或池壁上，当压力水管管芯旋转时钢丝即缠绕其上。由于水池尺寸太大，不可能旋转，所以钢丝需用特制的绕丝机沿池壁行走而绕上。

4. 自张法(自应力混凝土)

用自应力水泥配制的混凝土，在结硬过程中，混凝土膨胀而产生的膨胀力，带动配置在其中的钢筋一起伸长受拉，而混凝土本身则受到钢筋弹性回缩给予的压力，二者同时获得预应力。目前我国一些地区用此法生产自应力混凝土管。

5. 直接加压法

用千斤顶直接加力于构件的两端而获得预应力。这种方法的应用是受到限制的，因为必须有外支座。此外还可以在浇好的混凝土节段之间采用由薄圆钢板做成的扁千斤顶来预加应力，如图 6-42 所示。扁千斤顶在施加预应力后取出(可重复使用)，也可留在结构中。国外曾采用这种方法对飞机跑道和预制壳板的圆形贮液池(池壁装配好并配置外圆环筋后)施加预应力。

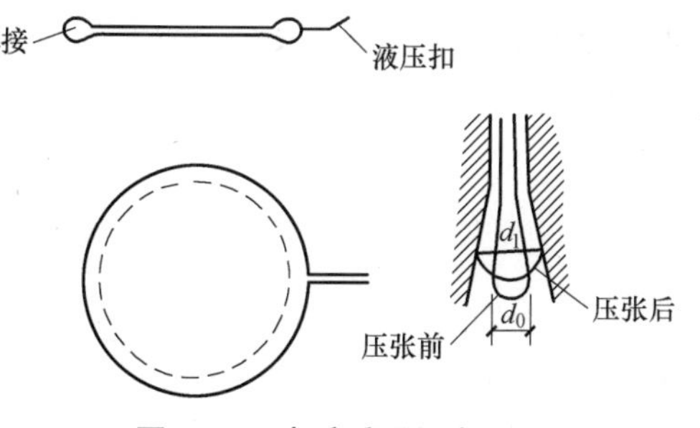

图 6-42　扁千斤顶示意图

本章小结

通过学习本章的内容，了解弯曲变形的内力；熟悉钢筋混凝土梁的设计；了解钢筋混凝土板；熟悉钢筋混凝土楼梯和雨篷；掌握预应力混凝土构件。通过本章的学习，可以对受弯构件有一个基本的认识，为以后继续学习受弯构件相关知识或工作打下坚实的基础。

实训练习

一、单选题

1. 受弯构件正截面承载力中，T 形截面划分为两类截面的依据是(　　)。

A. 计算公式建立的基本原理不同　　　B. 受拉区与受压区截面形状不同

C. 破坏形态不同　　D. 混凝土受压区的形状不同

2. 提高受弯构件正截面受弯能力最有效的方法是(　　)。

A. 提高混凝土强度等级　　B. 增加保护层厚度

C. 增加截面高度　　D. 增加截面宽度

3. 在T形截面梁的正截面承载力计算中，假定在受压区翼缘计算宽度范围内混凝土的压应力分布是(　　)。

A. 均匀分布　　B. 按抛物线形分布

C. 按三角形分布　　D. 部分均匀，部分不均匀分布

4. 混凝土保护层厚度是指(　　)。

A. 纵向钢筋内表面到混凝土表面的距离

B. 纵向钢筋外表面到混凝土表面的距离

C. 箍筋外表面到混凝土表面的距离

D. 纵向钢筋重心到混凝土表面的距离

5. 下列措施对提高梁的稳定承载力有效的是(　　)。

A. 加大梁侧向支撑点间距　　B. 减小梁翼缘板的宽度

C. 提高钢材的强度　　D. 提高梁截面的抗扭刚度

二、多选题

1. 受弯构件正截面破坏形态有(　　)。

A. 适筋截面　　B. 超筋截面　　C. 少筋截面

D. 斜拉破坏　　E. 剪压破坏

2. 板内分布筋的作用是(　　)。

A. 固定受力筋位置　　B. 减少受力筋受拉的力

C. 将力均匀传递给受力筋　　D. 防止平行于受力筋方向混凝土开裂

E. 增加受力筋受拉的力

3. 关于单向板肋梁楼盖的结构平面布置，下列叙述正确的是(　　)。

A. 单向板肋梁楼盖的结构布置一般取决于建筑功能要求，在结构上应力求简单、整齐、经济适用

B. 柱网尽量布置成长方形或正方形

C. 主梁有沿横向和纵向两种布置方案，沿横向布置主梁，房屋空间刚度较差，而且限制了窗洞的高度

D. 梁格布置尽可能是等跨的，且边跨最好比中间跨稍小

E. 单向板肋梁楼盖又可分为单向板、双向板和多向板

4. 单向板肋梁楼盖按弹性理论计算时，对于板和次梁不论其支座是墙还是梁，均视为铰支座，由此引起的误差可在计算时所取的(　　)加以调整。

A. 跨度　　B. 荷载　　C. 剪力值

D. 弯矩值　　E. 正应力

5. 下面关于钢筋混凝土超静定结构的内力重分布的说法，正确的是(　　)。

A. 对于 n 次超静定钢筋混凝土多跨连续梁，可出现 $n+1$ 个塑性铰

B. 钢筋混凝土超静定结构中某一截面的“屈服”，并不是结构的破坏，而其中还有强度储备可以利用

C. 超静定结构的内力重分布贯穿于裂缝产生到结构破坏的整个过程

D. 从开裂到第一个塑性铰出现这个阶段的内力重分布幅度较大

E. 超静定结构的内力重分布与钢筋的塑性变形无关

三、问答题

1. 简述板式楼梯的概念。

2. 简述梁式楼梯的概念。

3. 简述预应力混凝土的特点。

第6章习题答案.docx

实训工作单一

<table>
<tr><td>班级</td><td></td><td>姓名</td><td></td><td>日期</td><td></td></tr>
<tr><td colspan="2">教学项目</td><td colspan="4">受弯构件的设计</td></tr>
<tr><td>任务</td><td colspan="2">学习受弯构件的设计及应用</td><td>学习途径</td><td colspan="2">本书中的案例分析，自行查找相关书籍</td></tr>
<tr><td colspan="3">学习目标</td><td colspan="3">掌握受弯构件的设计</td></tr>
<tr><td colspan="3">学习要点</td><td colspan="3">内力图</td></tr>
<tr><td colspan="6">学习记录</td></tr>
<tr><td>评语</td><td colspan="3"></td><td>指导教师</td><td></td></tr>
</table>

实训工作单二

<table>
<tr><td>班级</td><td></td><td>姓名</td><td></td><td>日期</td><td></td></tr>
<tr><td colspan="2">教学项目</td><td colspan="4">钢筋混凝土梁的设计</td></tr>
<tr><td>任务</td><td>学习钢筋混凝土梁的设计</td><td>学习途径</td><td colspan="3">本书中的案例分析，自行查找相关书籍</td></tr>
<tr><td colspan="2">学习目标</td><td colspan="4">掌握钢筋混凝土梁的设计</td></tr>
<tr><td colspan="2">学习要点</td><td colspan="4">单筋矩形截面梁的正截面承载力计算、双筋矩形截面梁的正截面承载力设计</td></tr>
<tr><td colspan="6">学习记录</td></tr>
<tr><td>评语</td><td colspan="3"></td><td>指导教师</td><td></td></tr>
</table>

第 7 章　钢筋混凝土框架结构

【教学目标】

第 7 章 钢筋混凝土框架结构.pptx

1. 掌握单向板的结构计算。
2. 了解双向板的构造要求。
3. 熟悉框架柱、梁的构造要求。
4. 了解装配式建筑的基本构件。

【教学要求】

本章要点	掌握层次	相关知识点
单向板肋梁楼盖	掌握单向板的结构荷载计算	单向板楼盖的结构计算、活荷载的不利组合、次梁和主梁的构造要求
双向板肋梁楼盖	了解双向板的构造、配筋要求	双向板的主要试验结果、截面钢筋的配置特点、板中钢筋的配置
现浇框架构造要求	熟悉现浇框架结构各构件的构造要求	梁的构造要求、框架柱的构造要求、框架节点的构造要求
钢筋混凝土装配式楼盖	了解装配式建筑的基本构件	预制板、预制梁、预制柱

【案例导入】

在我国现在的多高层建筑中，钢筋混凝土结构与砌体结构相比较具有承载力大、结构自重轻、抗震性能好、建造的工业化程度高等优点；与钢结构相比又具有造价低、材料来源广泛、耐火性好、结构刚度大、使用维修费用低等优点。因此，在我国钢筋混凝土结构是多层框架最常用的结构形式。在一般的工业和民用建筑中，框架能够同时承受水平荷载和垂直荷载的结构构件，它由横梁和立柱联合组成。框架的横梁和立柱都是刚性连接的，它们之间的夹角在受力前后是保持一致的。钢筋混凝土框架结构是由楼板、梁、柱及基础四种承重构件组成的，由主梁、柱与基础构成平面框架，各平面框架再由连续梁连接起来

而形成空间结构体系。钢筋混凝土多层框架结构的传力比较明确，结构布置上比较灵活、整体性和抗震性比较好，多应用于各类多层的工业与民用建筑中。

【问题导入】

如上所述，分析钢筋混凝土框架结构与砖混结构相比有哪些优势。

7.1　钢筋混凝土现浇楼盖

现浇楼盖有肋梁楼盖、密肋楼盖、无梁楼盖。混凝土楼盖是建筑结构中的主要组成部分，对于 6～12 层的框架结构，楼盖的用钢量占全部结构用钢量的 50%左右。因此，楼盖结构选型和布置的合理性以及结构计算和构造的正确性，对于建筑的安全使用和经济性有非常重要的意义。

现浇整体式混凝土梁板结构具有整体刚度好、抗震性强、防水性能好等优点。它的缺点是：模板用量多，现场工作量大。

1. 肋梁楼盖

肋梁楼盖是最为普遍的楼板形式，有单向板和双向板楼盖之分，如图 7-1 所示。它有较好的技术经济指标，但是楼盖结构占用空间较大，不便于布置各种管线，要求较大的层高。

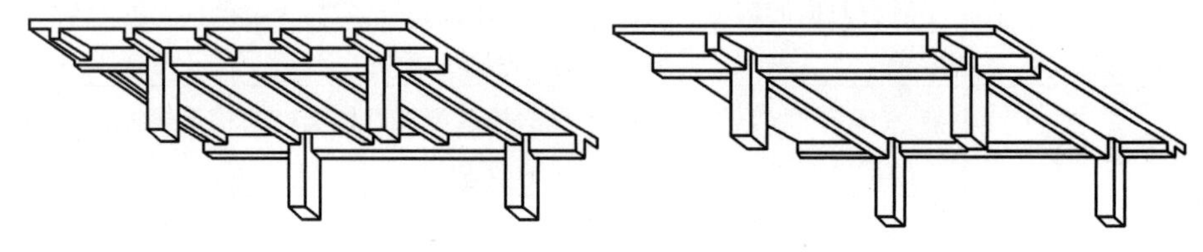

图 7-1　单向板和双向板

当层高受到限制，梁的截面高度不能满足时，可以采用扁梁的现浇楼盖，如图 7-2 所示，扁梁的跨高比可取 1/18。如 50 层筒中筒结构的深圳国际贸易中心，内外筒之间跨度为 8m，层高限定为 3m，采用间距为 3.75m，截面为 400mm×450mm 的扁梁，当然扁梁的宽度不宜大于柱宽。

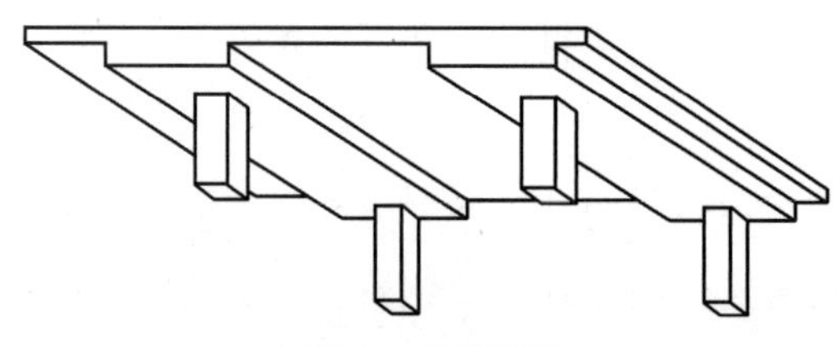

图 7-2　扁梁楼盖

2. 密肋楼盖

密肋楼盖.docx

密肋楼盖由薄板和间距较小的肋梁组成，如图 7-3 所示密肋可以单向布置，也可以双向布置，肋距一般为 0.9～1.5m。在跨度大而梁高受限制的情况下，筒体结构的角区楼板常选用双向密肋楼盖。密肋楼盖具有省材料、自重轻、高度小等优点，当使用荷载较大时可有更好的技术经济指标；缺点是顶棚不美观，往往需吊顶处理或用塑料模壳作为模板，并在施工后永久性代替吊顶装修。现浇普通钢筋混凝土密肋板跨度一般不大于 9m，预应力混凝土密肋板跨度不宜大于 12m。

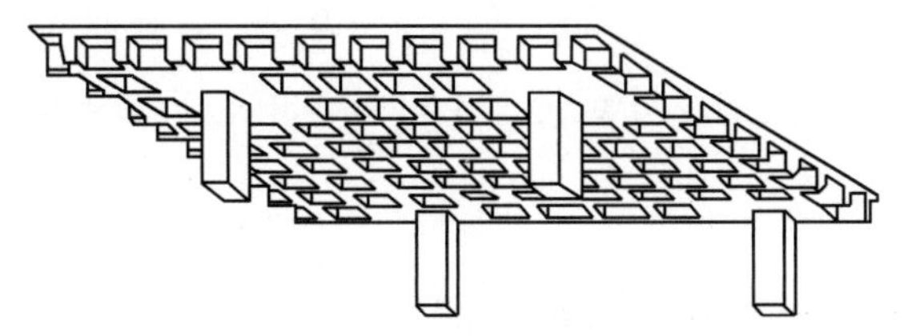

密肋楼盖.mp4

图 7-3　密肋楼盖

3. 无梁楼盖

无梁楼盖.mp4

无梁楼盖的楼面荷载直接通过板传给柱，如图 7-4 所示。无梁楼盖适用于使用荷载较大而层高受限制、柱网规则的结构中，以及施工场地狭窄，只能采用升板(生层)法施工的情况。无梁楼盖宜设现浇柱帽以调高板柱结构的抗震性能，并防止板的冲切破坏。普通钢筋混凝土无梁楼盖的跨度一般为 6m，预应力混凝土无梁楼盖跨度可达到 9m。板厚常取为板跨的 1/30～1/35。

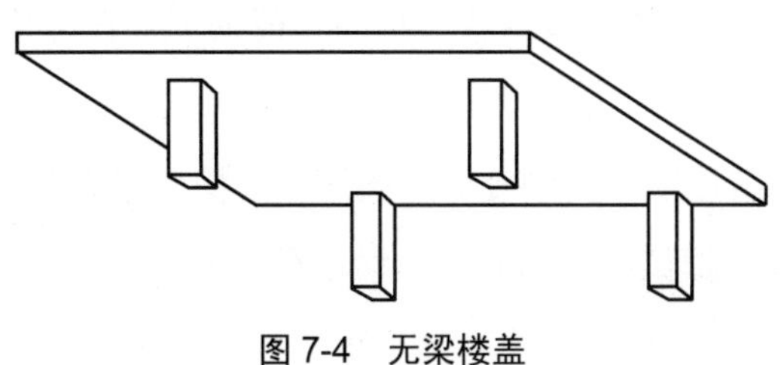

图 7-4　无梁楼盖

7.2　单向板肋梁楼盖

7.2.1 单向板肋梁楼盖的定义

楼板一般是四边支承，根据其受力特点和支承情况，又可分为单向板和双向板。在板的受力和传力过程中，板的长边尺寸 l_2 与短边尺寸 l_1 的比值大小决定了板的受力情况。

根据弹性薄板理论的分析结果，当四边支撑的板的长边与短边之比超过一定数值时，

荷载主要是通过沿板的短边方向的弯曲(及剪切)作用传递的，沿长边方向传递的荷载可以忽略不计，这时可称其为单向板。

《混凝土结构设计规范》(GB 50010—2010)第 9.1.1 条规定：混凝土板应按下列原则进行计算。

(1) 两对边支撑的板应按单向板计算。

(2) 四边支撑的板应按下列规定计算。

① 当长边与短边长度之比小于或等于 2.0 时，应按双向板计算。

② 当长边与短边长度之比大于 2.0，但小于 3.0 时，宜按双向板设计。

③ 当长边与短边长度之比大于或等于 3.0 时，可按沿短边方向受力的单向板计算，并应沿长边方向布置构造钢筋。

7.2.2 单向板肋梁楼盖的平面布置

单向板肋梁楼盖一般由板、次梁和主梁组成。当房屋的进深不大时，也可直接将次梁支承在砌体上面不设置主梁。板的受力钢筋为短筋，而长筋可为分布钢筋，板在长度方向上有一定的弯曲变形和内力，分布钢筋也起一定的受力作用。板的荷载传递路径为：板→次梁→主梁→柱或墙。

单向板肋梁楼盖的设计步骤一般可归纳为：结构平面布置→确定梁板计算简图→结构内力计算→截面配筋计算→绘制施工图。

单向板肋梁楼盖的结构布置一般取决于房屋功能要求，在结构上应力求简单、整齐、经济、适用。柱网尽量布置成长方形或正方形。主梁有沿横向和纵向两种布置方案，如图 7-5 所示。为加强厂房和房屋的横向刚度，主梁一般沿横向布置，主梁和柱形成横向框架，如图 7-5(a)所示。各榀横向框架间由纵向的次梁连系，故房屋的侧向刚度大，整体性也好。此外，由于主梁与外纵墙窗户垂直，窗扇高度可较大，有利于室内采光。当横向柱距大于纵向柱距较多时，或房屋有集中通风要求的情况，也可沿纵向布置主梁，如图 7-5(b)所示，这样可减小主梁的截面高度，增大室内净空。中间有走道的房屋，常可采用中间纵墙承重，此时可以只布置次梁而不设主梁，如图 7-5(c)所示。

一般建筑中，当板上有墙或较大集中力处，其下宜布置次梁。此外，当板上无孔洞时，梁板应尽量布置成等跨度，便于设计和施工。主梁跨度范围内次梁根数宜为偶数，以使主梁受力合理。

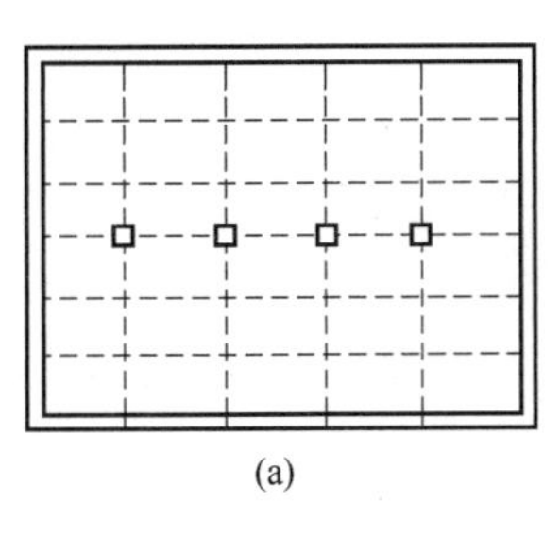

(a)

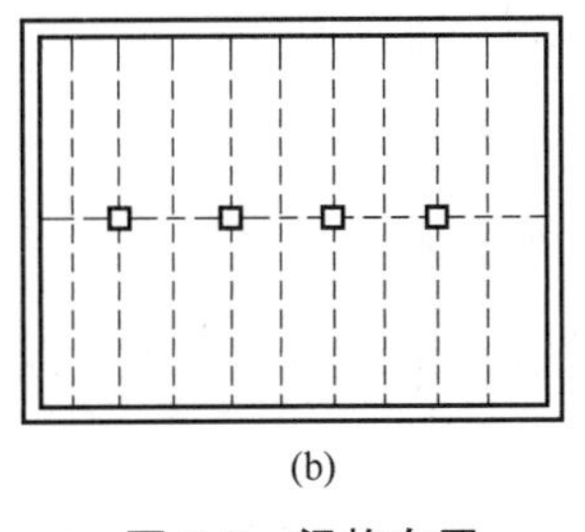

(b)

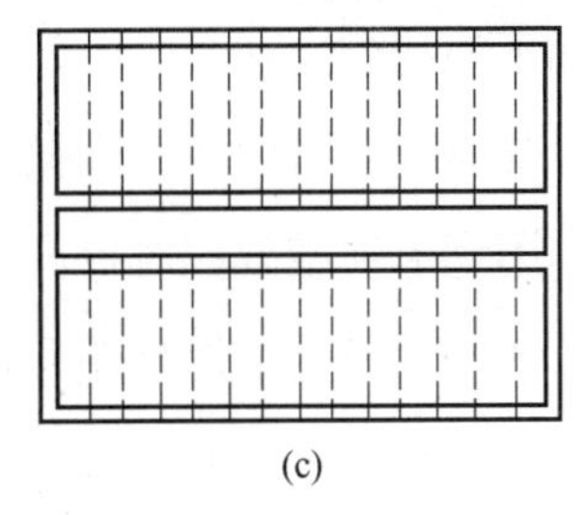

(c)

图 7-5 梁格布置

梁、板构件的基本尺寸应根据结构承载力、刚度及裂缝控制等要求确定。单向板的经济跨度为 1.7～2.5m，一般不宜超过 3m；双向板的经济跨度为 4～6m；次梁的经济跨度以 4～6m 为宜；主梁的经济跨度以 5～8m 为宜。

梁、板一般不做刚度验算的最小截面高度：连续板的厚度一般不宜小于板跨的 1/40。

连续次梁：梁高 $h=\left(\frac{1}{18}\sim\frac{1}{12}\right)l$，$l$ 为次梁跨度；梁宽 $b=\left(\frac{1}{3}\sim\frac{1}{2}\right)h$；

连续主梁：梁高 $h=\left(\frac{1}{10}\sim\frac{1}{14}\right)l$，$l$ 为主梁跨度；梁宽 $b=\left(\frac{1}{3}\sim\frac{1}{2}\right)h$。

为了保证现浇梁板结构具有足够的刚度和便于施工，板的最小厚度应满足表 7-1 的规定。

表 7-1 现浇钢筋混凝土板的最小厚度

板的类别		最小厚度/mm
单向板	屋面板	60
	民用建筑楼板	60
	工业建筑楼板	70
	行车道下的楼板	80
双向板		80
密肋楼盖	面板	50
	肋高	250
悬臂板(根部)	悬臂长度不大于 500mm	60
	悬臂长度 1200mm	100
无梁楼板		150
现浇空心板		200

7.2.3 单向板肋梁楼盖的结构计算

音频.单向板的结构计算.mp3

1. 简化假定

在现浇单向板肋梁楼盖中，板、次梁、主梁的计算模型为连续板或连续梁。其中，次梁是板的支座，主梁是次梁的支座，柱或墙是主梁的支座。为了简化计算，通常作如下简化假定。

(1) 支座可以自由转动，但没有竖向位移。

(2) 不考虑薄膜效应对板内力的影响。

(3) 在确定板传给次梁的荷载及次梁传给主梁的荷载时，分别忽略板、次梁的连续性，按简支构件计算支座竖向反力。

(4) 跨数超过五跨的连续梁、板，当各跨荷载相同，且跨度相差不超过 10%时，可按五跨的等跨连续梁、板计算。

2. 计算单元从属面积

为减少计算工作量，结构内力分析时，常常不对整个结构进行分析，而是从实际结构中选取有代表性的某一部分作为计算的对象，称之为计算单元。

(1) 对于单向板，可取 1m 宽度的板带作为其计算单元，在此范围内的楼面均布荷载便是该板带承受的荷载，这一负荷范围称为从属面积，即计算构件负荷的楼面面积，如图 7-6 中阴影线表示的部分。

(2) 楼盖中部主、次梁截面形状都是两侧带翼缘(板)的 T 形截面，每侧翼缘板的计算宽度取与相邻梁中心距的一半。次梁承受板传来的均布荷载，主梁承受次梁传来的集中荷载，由“简化假定(3)”可知，一根次梁的负荷范围及次梁传给主梁的集中荷载范围，如图 7-6 所示。

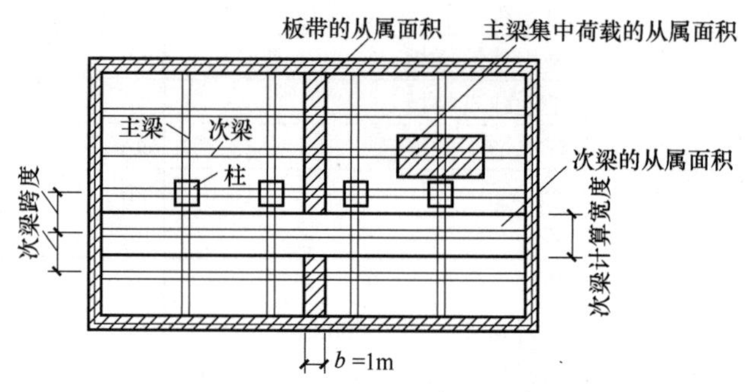

图 7-6　板、梁的荷载计算范围

3. 计算跨度

由图 7-6 可知，次梁的间距就是板的跨长，主梁的间距就是次梁的跨长，但不一定就等于计算跨度。梁、板的计算跨度 l_0 是指内力计算时所采用的跨间长度。跨数超过 5 跨的等截面连续梁(板)，当各跨荷载基本相同且跨度相差不超过 10%时，可按 5 跨连续梁(板)计算，所有中间跨的内力和配筋均按第 3 跨处理；当梁板实际跨数小于 5 跨时，按实际跨数计算。梁、板的计算跨度应取为相邻两支座反力作用点之间的距离，其值与支座反力分布有关，也与构件的支承长度和构件本身的刚度有关。

1) 按弹性理论计算

(1) 当边跨端支座为固端支座时，边跨和中间跨的计算跨度均取为支座中点距离。

(2) 当边跨支座为简支支座时：

① 板取 $l_0=l_n+\frac{b}{2}+\frac{a}{2}$ 和 $l_0=l_n+\frac{b}{2}+\frac{t}{2}$ 的较小值。

② 主、次梁取 $l_0=l_n+\frac{b}{2}+\frac{a}{2}$ 和 $l_0=l_n+\frac{b}{2}+0.025l_n$ 的较小值。

2) 按塑性理论计算

板、次梁：

边跨取
$$l_0=l_n+\frac{t}{2} \tag{7-1}$$

中间跨取
$$l_0=l_n \tag{7-2}$$

4. 荷载取值

作用在板和梁上的荷载一般有两种，即恒荷载和活荷载。

(1) 恒荷载的标准值可按其几何尺寸和材料的重力密度计算；

(2) 活荷载分布通常是不规则的，一般均折合成等效均布荷载计算。其标准值可由《建筑结构荷载规范》(GB 50009—2012)查得。

在设计民用房屋楼盖梁时，应注意楼面均布荷载折减问题，因为当梁的负荷面积较大时，全部满载的可能性较小，所以适当降低其荷载值更符合实际，具体计算按《建筑结构荷载规范》(GB 50009—2012)的规定。板、梁等构件，计算时其截面尺寸可参考有关资料预先估算确定。当计算结果所得的截面尺寸与估算的尺寸相差很大时，需重新估算确定其截面尺寸。

当楼面荷载标准值 $q\leqslant 4\text{kN/m}^2$ 时，板、次梁和主梁的截面参考尺寸如表7-2所示。

表7-2 板、次梁和主梁的截面参考尺寸

构件种类		高跨比(b/l)	附 注
单向板	简支	$\frac{1}{35}$	最小板高 h： 屋面板，$h\geqslant 60$ mm 民用建筑楼板，$h\geqslant 60$ mm 工业建筑楼板，$h\geqslant 70$ mm
	两端连接	$\frac{1}{40}$	
双向板	四边简支	$\frac{1}{45}$	最小梁高 h：$h=80$ mm(l 为短向计算跨度)
	四边连续	$\frac{1}{50}$	

续表

构件种类	高跨比(b/l)	附　注
多跨连续次梁	$\frac{1}{18}\sim\frac{1}{12}$	最小梁高h： 次梁：$h=\frac{l}{25}$(l为梁的计算跨度) 主梁：$h=\frac{l}{15}$(l为梁的计算跨度)
多跨连续主梁	$\frac{1}{14}\sim\frac{1}{8}$	
单跨简支梁	$\frac{1}{14}\sim\frac{1}{8}$	宽高比(b/h)：$\frac{1}{3}\sim\frac{1}{2}$，且50mm为模数

【案例7-1】某多层厂房的楼盖平面如图7-7所示，楼盖采用现浇的钢筋混凝土单向板肋梁楼盖。设计要求：

(1) 板、次梁内力按塑性内力重分布计算。

(2) 主梁内力按弹性理论计算。

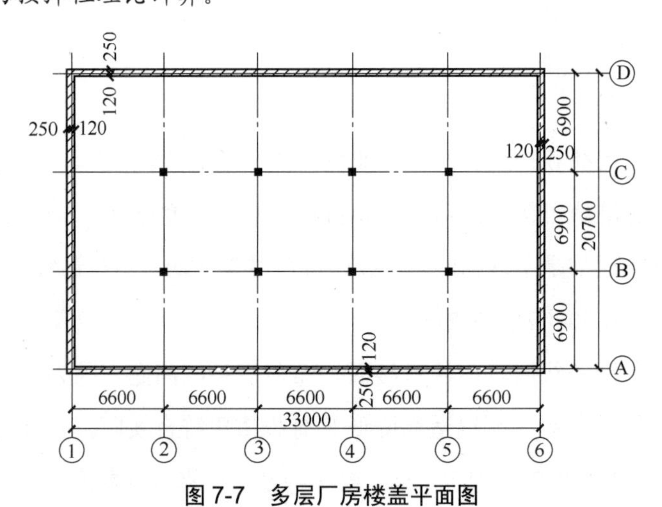

图7-7　多层厂房楼盖平面图

试进行钢筋混凝土现浇单向板肋梁楼盖的内力分析及截面配筋计算。

7.2.4 活荷载的不利组合

恒荷载是经常作用的；活荷载则有时作用，有时可能并不存在，或者仅在连续梁、板的某几跨出现，所以设计时应考虑其最不利的布置方式。对单跨梁，显然活荷载全跨满布时，梁板的内力M、V最大。然而，对于多跨连续梁、板，活荷载在所有跨同时满布时，梁、板的内力不一定最大，而是当某些跨同时作用活荷载时可引起某一个或几个截面的最大内力，因此，就存在一个活荷载如何布置的问题。利用结构力学影响线原理，很容易得到最大内力相应的活荷载的最不利布置。五跨连续梁在不同跨间时梁的弯矩图和剪力图如图7-8所示。

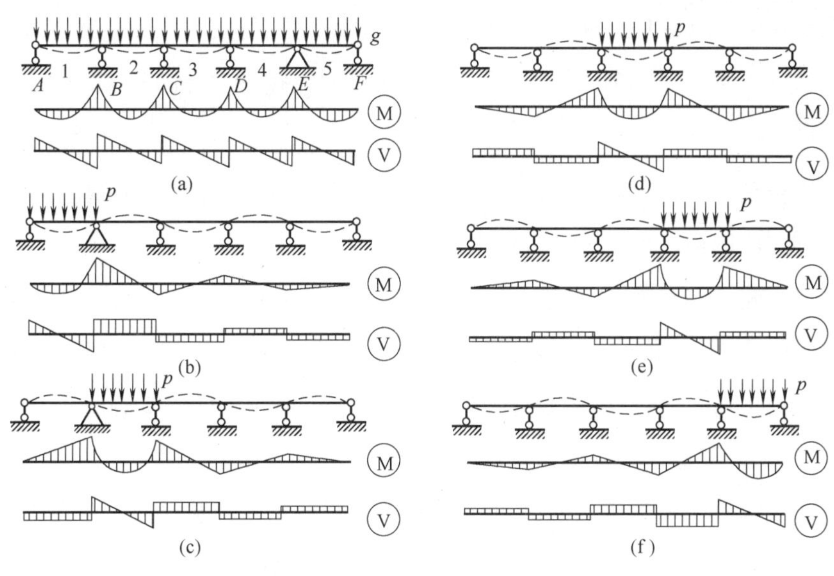

图 7-8 五跨连续梁在不同荷载作用下的内力

从图中可以看出，当求 1、3、5 跨跨中最大正弯矩时，活荷载应布置在 1、3、5 跨；当求 2、4 跨跨中最大正弯矩或 1、3、5 跨跨中最小弯矩时，活荷载应布置在 2、4 跨；当求 B 支座最大负弯矩及支座最大剪力时，活荷载应布置在 1、2、4 跨。

研究图 7-8 的弯矩和剪力分布规律及不同组合后的效果，可以发现活荷载最不利组合规律如下。

(1) 求某跨跨内最大正弯矩时，应在该跨布置活荷载，然后沿其左右，每隔一跨布置活荷载。

(2) 求某跨跨内最大负弯矩时，该跨不应布置活荷载，而应在其相邻跨布置活荷载，然后沿其左右隔跨布置。

(3) 求某支座最大负弯矩时，应在该支座左右两跨布置活荷载，然后每隔一跨布置。

(4) 求某支座截面最大剪力时，其活荷载布置与该支座最大负弯矩的布置相同。

7.2.5 板的构造要求

按简支边或非受力边设计的现浇混凝土，当与混凝土梁、墙整体浇筑或嵌固在砌体墙内时，应设置板面构造钢筋，并符合下列要求。

(1) 钢筋直径不宜小于 8mm，间距不宜大于 200mm，且单位宽度内的配筋面积不宜小于跨中相应方向板底钢筋截面面积的 1/3。与混凝土梁、混凝土墙整体浇筑单向板的非受力方向，钢筋截面面积还不宜小于受力方向跨中板底钢筋截面面积的 1/3。

(2) 钢筋从混凝土梁边、柱边、墙边伸入板内的长度不宜小于$l_0/4$，砌体墙支座处钢筋伸入板边的长度不宜小于$l_0/7$，其中计算跨度l_0对单向板按受力方向考虑、对双向板按短边方向考虑。

(3) 在楼板角部，宜沿两个方向正交、斜向平行或放射状布置附加钢筋。

(4) 钢筋应在梁内、墙内或柱内可靠锚固。

当按单向板设计时，应在垂直于受力的方向布置分布钢筋，单位宽度上的配筋不宜小于单位宽度上的受力钢筋的 15%，且配筋率不宜小于 0.15%；分布钢筋直径不宜小于 6mm，间距不宜大于 250mm；当集中荷载较大时，分布钢筋的配筋面积应增加，且间距不宜大于 200mm。

连续板受力钢筋的配筋方式有弯起式和分离式两种。前者是将跨中正弯矩钢筋在支座附近弯起一部分以承受支座负弯矩。这种配筋方式锚固好，并可节省钢筋，但施工复杂；后者是将跨中正弯矩钢筋和支座负弯矩钢筋分别设置，如图 7-9 所示。这种方式配筋施工方便，但钢筋用量较大且锚固较差，故不宜用于承受动荷载的板中。当板厚 h≤120mm 且所受动荷载不大时，亦可采用分离式配筋。跨中正弯矩钢筋采用分离式配筋时，宜全部伸入支座，支座负弯矩钢筋向跨内的延伸长度应满足覆盖负弯矩图和钢筋锚固的要求；当采用弯起式配筋时，可先按跨中正弯矩确定其钢筋直径和间距；然后，在支座附近将跨中钢筋按需要弯起 1/2(隔一弯一)以承受负弯矩，但最多不超过 2/3(隔一弯二)。如弯起钢筋的截面面积不够，可另加直钢筋。弯起钢筋弯起的角度一般采用 30°，当板厚 h>120mm 时，宜采用 45°。

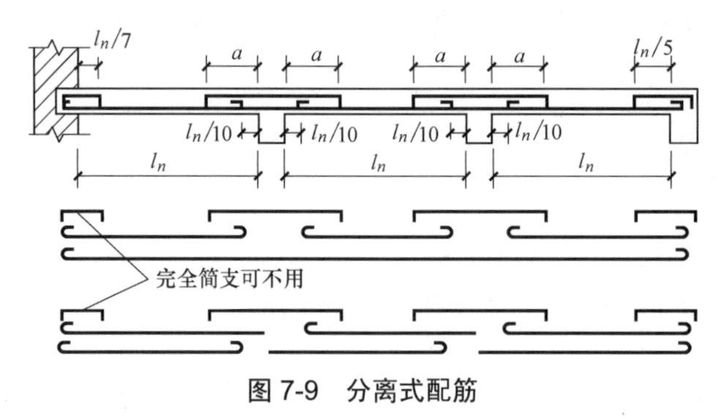

图 7-9 分离式配筋

其中：$q/g \leqslant 3$时，$a = l_n/4$；

$q/g > 3$时，$a = l_n/3$。

l_n为板的计算跨度；q为均布活荷载设计值；g为均布恒荷载设计值。

7.2.6 次梁和主梁的构造要求

1. 次梁的构造要求

(1) 次梁的一般构造同受弯构件，次梁伸入墙内的支撑长度不应小于 240mm。

(2) 截面尺寸满足高跨比(1/18～1/12)和宽高比(1/3～1/2)的要求时，一般不必作使用阶段挠度和裂缝宽度验算。

(3) 次梁纵筋布置形式：弯起式和分离式。纵筋的弯起和截断可按图 7-10 所示布置，否则按包络图布置。

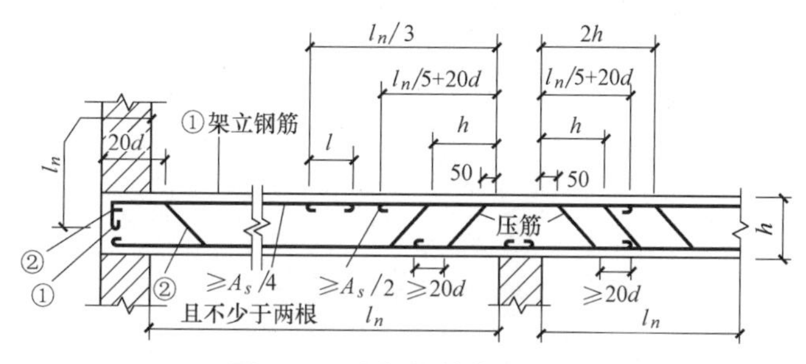

图 7-10 次梁纵筋布置形式

2. 主梁的构造要求

(1) 主梁伸入墙内的支撑长度不应小于 370mm。

(2) 主梁的截面尺寸：满足高跨比(1/14～1/8)和高宽比(1/3～1/2)要求，一般不必作挠度和裂缝宽度验算。

(3) 主梁与次梁交接处，应设置附加横向钢筋，以承受集中力的作用。附加横向钢筋有附加箍筋(不少于 2ϕ6)和附加吊筋(不少于 2ϕ12)两种类型，宜优先选用附加箍筋，如图 7-11 所示。

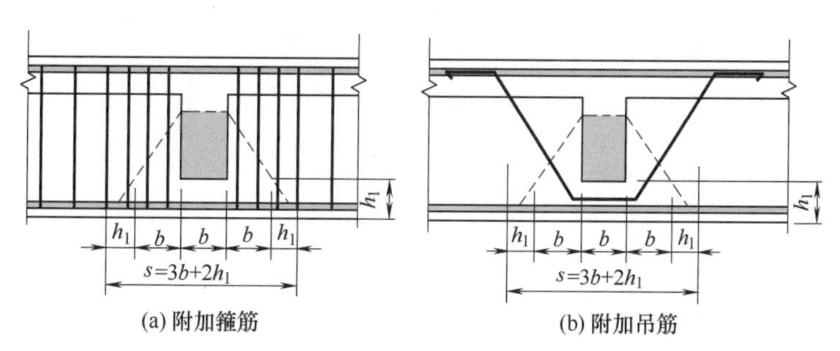

图 7-11 附加箍筋和附加吊筋

7.3 双向板肋梁楼盖

7.3.1 双向板肋梁楼盖的定义

肋形结构布置中，如果使板的长边跨度与短边跨度之比$l_2/l_1 \leqslant 2$时，即构成双向板肋形结构，如图7-12所示。规范规定，当$2 < l_2/l_1 \leqslant 3$，也宜按双向板设计。

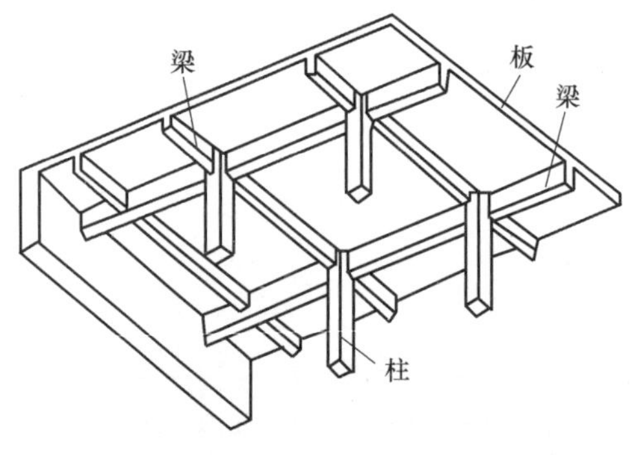

双向板肋梁
楼盖.mp4

图7-12 双向板肋梁

双向板的支承形式可以是四边支承、三边支承、两邻边支承或四点支承。

支座类型有固定、简支。

截面形状常用正方形和矩形，也可用圆形和三角形及其他形状。

7.3.2 双向板的主要试验结果

1. 四边支承板弹性工作阶段的受力特点

从跨中任意截出两个方向的板带，两板带的受力和变形并不是孤立的，它们受相邻板带的约束。

两个相邻板带的竖向位移是不等的，靠近双向板边缘的板带，其竖向位移比靠近中央的相邻板带小，可见在相邻板带之间必定存在着竖向剪力。这种竖向剪力构成了扭矩。

2. 均布荷载下四边简支板的主要试验结果

四边简支的正方形板在均布荷载作用下，因跨中两个方向的弯矩相等，主弯矩方向与沿对角线方向一致，故第一批裂缝出现在板底面，如图7-13所示的中间部分，随后沿着对角线的方向朝四角扩展。接近破坏时，板顶面四角附近也出现了与对角线垂直且大致成圆形的裂缝，这种裂缝的出现，促使板底面对角线方向的裂缝进一步扩展，如图7-14所示。

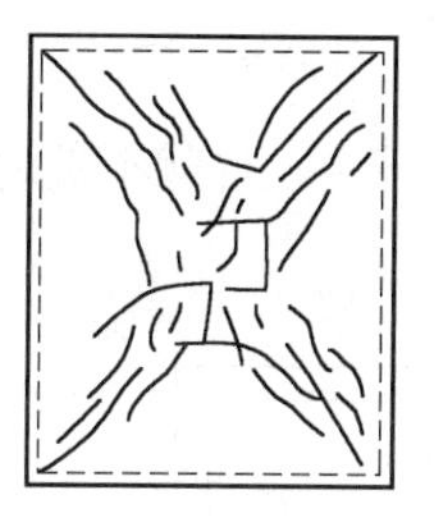

图 7-13　板底

图 7-14　板顶

在四边简支的矩形板中，由于短跨跨中的弯矩大于长跨跨中的弯矩，第一批裂缝出现在板底面中间部分，如图 7-13、图 7-14 所示，且平行于长边方向，随着荷载的继续增加，这些裂缝逐渐延长，然后沿 45° 方向朝四角扩展。接近破坏时，板顶面四角也先后出现垂直于对角线方向的裂缝。这些裂缝的出现，促使板底面 45° 方向的裂缝进一步扩展。最后，跨中受力钢筋达到屈服强度，板随之破坏。

理论上来说，板中钢筋应沿着垂直于裂缝的方向配置。但试验表明板中钢筋的布置方向，对破坏荷载的数值并无显著影响。钢筋平行于板边配置时，对推迟第一批裂缝的出现有良好的作用，且施工方便，所以采用最多。

四边简支的双向板，在荷载作用下，板的四角都有翘起的趋势。因此，板传给四边支座的压力，沿边长并不是均匀分布的，而是在支座的中部较大，向两端逐渐减小。

当配筋率相同时，采用较细的钢筋对控制裂缝开展宽度较为有利；当钢筋数量相同时，将板中间部分的钢筋排列较密些要比均匀布置对板受力更为有效。

7.3.3 双向板的配筋和构造要求

音频.双向板的构造要求.mp3

1. 截面钢筋的配置特点

双向板中钢筋配置是沿着板的两个方向布置的，短边方向上的受力钢筋要放在长边方向受力钢筋的外侧。

2. 板厚

双向板的厚度一般不小于 80mm，也不大于 160mm，双向板一般不作变形和裂缝验算，因此要求双向板应具有足够的刚度。对于简支梁 $h \geqslant l_0/50$，l_0 为板短方向上的计算跨度。

3. 板中钢筋的配置

双向板宜采用 HPB300 和 HRB335 级钢筋，配筋率要满足《建筑结构荷载规范》(GB 50009—2012)的要求，配筋方式类似于单向板，如图 7-15 所示。内力按弹性理论计算时，

对于正弯矩，中间板带为最大，靠近支座时很小，但采用分离式配筋，《建筑结构荷载规范》(GB 50009—2012)规定“跨中正弯矩宜全部伸入支座”，也就不必划分板带，按图 7-16 所示配置。

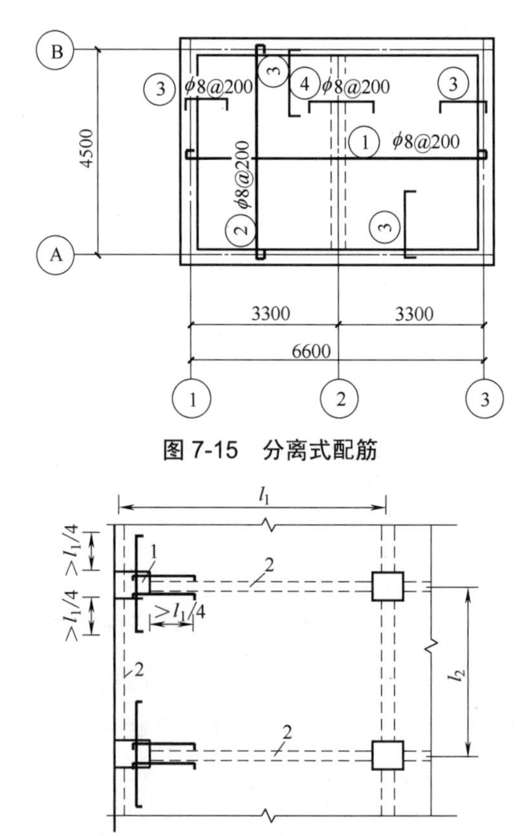

图 7-15　分离式配筋

图 7-16　双向板在柱角处的上部构造钢筋

7.4　现浇框架构造要求

框架梁.docx

7.4.1　框架梁构造要求

框架梁是框架结构在地震作用下的主要耗能构件，因此梁构件，特别是梁的塑性铰区应保证有足够的延性。影响梁延性的因素有梁的截面尺寸、截面剪应力、截面配筋配箍率等。

1. 梁的截面尺寸要求

(1)　梁的截面宽度不宜小于 200mm；截面高宽比不宜大于 4；净跨与截面高度比不宜小于 4。

(2) 采用梁宽大于柱宽的扁梁时，楼板应现浇，梁中线宜与柱中线重合，扁梁应双向布置，且不宜用于一级框架结构。扁梁的截面宽度不大于柱截面宽度的 2 倍，且不应大于柱截面宽度与梁截面高度之和；截面高度不应小于柱纵筋直径的 16 倍。

2. 梁的钢筋配置要求

(1) 梁端纵向受拉钢筋的配筋率不应大于 2.5%，且计入受压钢筋的梁端混凝土受压区高度和有效高之比，一级不应大于 0.25，二、三级不应大于 0.35。梁端截面的底面和顶面纵向钢筋配筋量的比值，除按计算确定外，一级不应小于 0.5，二、三级不应小于 0.3。

(2) 沿梁全长顶面和底面纵向钢筋的配筋，一、二级不应少于 2Φ14，且分别不应少于梁两端顶面和底面纵向配筋中较大截面面积的 1/4，三、四级不应少于 2Φ12。一、二级框架梁内贯通中柱的每根纵向钢筋直径，对矩形截面柱，不宜大于柱在该方向截面尺寸的 1/20；对圆形截面柱，不宜大于纵向钢筋所在位置柱截面弦长的 1/20。

(3) 梁端箍筋加密区的长度、箍筋最大间距和最小直径应按规定采用，梁端的破坏区域主要集中于 1.5～2.0 倍梁高的长度范围内，当箍筋间距小于 6～8d 时(d 为纵向钢筋直径)，混凝土压溃前受压钢筋一般不压屈，延性较好；当梁端纵向钢筋配筋率大于 2%时，箍筋直径相应增大。

(4) 梁端加密区的箍筋肢距，一级不宜大于 200mm 和 20 倍箍筋直径的较大值，二、三级不宜大于 250mm 和 20 倍箍筋直径的较大值，四级不宜大于 300mm。

7.4.2 框架柱的构造要求

框架柱.docx

1. 柱截面尺寸应符合的规定

(1) 矩形截面柱的边长，非抗震设计时不宜小于 250mm，抗震设计时，四级时不宜小于 300mm，一、二、三级时不宜小于 400mm；圆柱直径，非抗震和四级抗震设计时不宜小于 350mm，三级时不宜小于 450mm。

(2) 柱剪跨比宜大于 2。

(3) 柱截面高宽比不宜大于 3。

2. 轴压比

根据柱的受荷面积计算由竖向荷载产生的轴向力标准值 N，按下式估算柱截面面积 A_c，然后再确定柱边长。

$$A_c = \xi N/(\mu f_c) \tag{7-3}$$

式中：ξ——轴向力放大系数，可根据具体工程情况取 1.3～1.4；

μ——轴压比，按表 7-3 取用。

表 7-3　轴压比限值

结构类型	抗震等级			
	一级	二级	三级	四级
框架	0.65	0.75	0.85	0.9

轴压比 $\mu = N/(f_c \cdot A)$ 指考虑地震作用组合的框架柱和框支柱轴向压力设计值 N 与柱全截面面积 A 和混凝土轴心抗压强度设计值 f_c 乘积之比值；对可不进行地震作用计算的结构，取无地震作用组合的轴力设计值。

如果轴压比过高，混凝土承担的轴压力过大，则容易引起混凝土的压溃而发生脆性破坏。

3. 柱钢筋

1)　柱纵向受力钢筋的最小总配筋率

柱纵向受力钢筋的最小总配筋率应按表 7-4 采用，同时每一侧配筋率不应小于 0.2%；对建造于Ⅳ类场地且较高的高层建筑，最小总配筋率应增加 0.1%。

表 7-4　柱截面纵向钢筋的最小总配筋率(百分率)

类　别	抗震等级			
	一	二	三	四
中柱和边柱	0.9(1.0)	0.7(0.8)	0.6(0.7)	0.5(0.6)
角柱、框支柱	1.1	0.9	0.8	0.7

注：① 表中括号内数值用于框架结构的柱。

② 钢筋强度标准值小于 400MPa 时，表中数值应增加 0.1，钢筋强度标准值为 400MPa 时，表中数值应增加 0.5。

③ 混凝土强度等级高于 C60 时，上述数值应相应增加 0.1。

2)　柱的纵向钢筋配置应满足的规定

(1)　抗震设计时，宜采用对称配筋。

(2)　截面尺寸大于 400mm 的柱，一、二、三级抗震设计时纵向钢筋间距不宜大于 200mm；抗震等级为四级和非抗震设计时，柱纵向钢筋间距不宜大于 300mm；柱纵向钢筋净距均不应小于 50mm。

(3)　全部纵向钢筋的配筋率，非抗震设计时不宜大于 5%、不应大于 6%，抗震设计时不应大于 5%。

(4) 一级且剪跨比不大于 2 的柱，其单侧纵向受拉钢筋的配筋率不宜大于 1.2%。

(5) 边柱、角柱及剪力墙端柱考虑地震作用组合产生小偏心受拉时，柱内纵筋总截面面积应比计算值增加 25%。

3) 柱的纵筋不应与箍筋、拉筋及预埋件等焊接

箍筋、拉筋及预埋件等不应与框架梁、柱的纵向受力钢筋焊接。这是因为梁、柱中的预埋件，大多用于和其他受力构件的连接，若预埋件仅和梁(或柱)中的某根纵向受力钢筋焊接，则在其他受力构件的荷载作用下，梁(或柱)中的这根纵向受力钢筋就可能失锚拔出或首先屈服，从而导致该梁(或柱)的破坏。但是，若用于防雷接地的梁(或柱)中的预埋件，其作用仅是构成电路通路，并没有什么荷载，是可以与框架梁(或柱)中的纵向受力钢筋焊接的。

4) 抗震设计时，柱箍筋加密区的范围应符合的规定

(1) 底层柱的上端和其他各层柱的两端，应取矩形截面柱的长边尺寸(或圆形截面柱的直径)、柱净高的 1/6 和 500mm 三者的最大值范围。

(2) 底层柱刚性地面上、下各 500mm 的范围。

(3) 底层柱柱根以上 1/3 柱净高的范围。

(4) 剪跨比不大于 2 的柱和因填充墙等形成的柱净高与截面高度之比不大于 4 的柱全高范围。

(5) 一、二级框架角柱的全高范围。

(6) 需要提高变形能力的柱的全高范围。

5) 抗震设计时，柱箍筋设置应符合的规定

(1) 箍筋应为封闭式，其末端应做成 135° 弯钩且弯钩末端平直段长度不应小于 10 倍的箍筋直径，且不应小于 75mm。

(2) 箍筋加密区的箍筋肢距，一级不宜大于 200mm，二、三级不宜大于 250mm 和 20 倍箍筋直径的较大值，四级不宜大于 300mm。每隔一根纵向钢筋宜在两个方向有箍筋约束；采用拉筋组合箍时，拉筋宜紧靠纵向钢筋并勾住封闭箍筋。

(3) 柱非加密区的箍筋，其体积配箍率不宜小于加密区的一半；其箍筋间距，不应大于加密区箍筋间距的 2 倍，且一、二级不应大于 10 倍纵向钢筋直径，三、四级不应大于 15 倍纵向钢筋直径。

6) 非抗震设计时，柱中箍筋应符合的规定

(1) 周边箍筋应为封闭式。

(2) 箍筋间距不应大于 400mm，且不应大于构件截面的短边尺寸和最小纵向受力钢筋

直径的 15 倍。

(3) 箍筋直径不应小于最大纵向钢筋直径的 1/4，且不应小于 6mm。

(4) 当柱中全部纵向受力钢筋的配筋率超过 3%时，箍筋直径不应小于 8mm，箍筋间距不应大于最小纵向钢筋直径的 10 倍，且不应大于 200mm，箍筋末端应做成 135° 弯钩且弯钩末端平直段长度不应小于 10 倍箍筋直径。

(5) 当柱每边纵筋多于 3 根时，应设置复合箍筋。

(6) 柱内纵向钢筋采用搭接做法时，搭接长度范围内箍筋直径不应小于搭接钢筋较大直径的 1/4；在纵向受拉钢筋的搭接长度范围内的箍筋间距不应大于搭接钢筋较小直径的 5 倍，且不应大于 100mm；在纵向受压钢筋的搭接长度范围的箍筋间距不应大于搭接钢筋较小直径的 10 倍，且不应大于 200mm。当受压钢筋直径大于 25mm 时，应在搭接接头端面外 100mm 的范围各设置两道箍筋。

7.4.3 框架节点的构造要求

框架节点是连接框架梁柱、保证结构整体性的重要部位。框架节点核心区的失效也意味着交汇于节点的全部梁柱的失效，从而导致结构破坏。框架节点核心区在水平荷载作用下承受很大的剪力，易发生剪切脆性破坏。抗震设计时，要求节点核心区基本处于弹性状态，不出现明显的剪切裂缝，保证框架节点核心区在与之相交的框架梁、柱之后屈服。

震害表明，框架节点核心区在弯矩、剪力和轴力的共同作用下，其破坏形式主要有：①节点核心区斜向发生剪压破坏，混凝土产生交叉斜裂缝甚至挤压剥落，柱纵向钢筋压屈外鼓；②梁纵向钢筋发生粘结失效；③梁柱交接处混凝土局部被破坏。

根据强节点的设计要求，框架节点的设计准则是：①节点的承载力不应低于其连接构件的承载力；②多遇地震时，节点应在弹性范围内工作；③罕遇地震时，节点承载力的降低不得危及竖向荷载的传递；④节点配筋不应使施工过分困难。

框架节点主要分为框架柱顶层中间节点、框架顶层端节点、框架梁中间层中间节点、框架梁中间层端节点四种，分述如下。

1. 框架柱顶层中间节点

柱内纵向钢筋应深入顶层中间节点并在梁中锚固。柱纵向钢筋可采用直线锚固，锚固长度不小于 l_a，且必须伸至柱顶。当顶层节点处梁截面高度不足时，柱纵向钢筋应伸至梁顶面然后向节点内水平弯折。当顶层有现浇板且板厚不小于 100mm 时，柱纵向钢筋也可向外弯入现浇板内。

2. 框架顶层端节点

柱内纵向钢筋的锚固要求同顶层中间节点的纵向钢筋。柱外侧纵向钢筋和梁上部纵向钢筋在顶层端节点及其附近部位的搭接应满足图 7-17 所示要求。

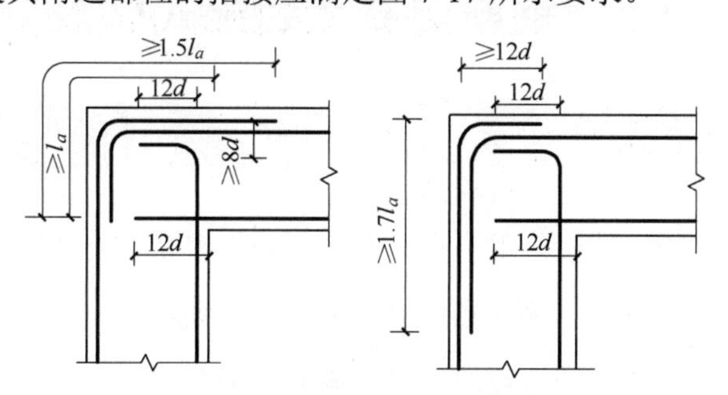

图 7-17 框架顶层端节点

3. 框架梁中间层中间节点

(1) 梁上部纵筋应贯穿中间节点，其截断位置同连续梁；

(2) 下部纵筋的锚固视受力情况定，①当计算中不利用该钢筋强度时，锚固长度 $l_{as}\geqslant 12d$ (带肋钢筋)或 $l_{as}\geqslant 15d$ (光圆钢筋)；②当计算中充分利用该钢筋的抗拉强度时，则该钢筋应锚固在节点内。

(3) 下部纵筋的锚固形式有三种，如图 7-18 所示。

4. 框架梁中间层端节点

(1) 梁上部纵筋伸入节点的直线锚固长度不应小于 l_a，且伸过中心线不小于 5d。

(2) 当柱截面尺寸不够时，梁上部纵筋应伸至节点对边并向下弯折，其水平投影长度不应小于 0.4l_a，竖直投影长度应取为 15d，以上投影长度均包含弯弧段在内。

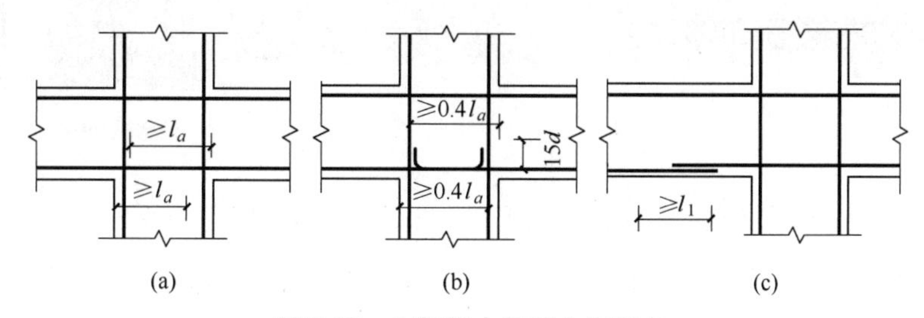

图 7-18 框架梁中间层中间节点

【案例 7-2】框架结构是由横梁和立柱联合组成能同时承受竖向荷载和水平荷载的结构构件。钢筋混凝土框架结构是由楼板、梁、柱及基础四种承重构件组成的，由梁、柱与基础构成平面框架。钢筋混凝土多层框架结构是一种常用的结构形式，具有传力明确、结构布置灵活、抗震性和整体性好的优点，目前已被广泛地应用于各类多层的工业与民用建

筑中。

结合上文简析现浇框架的结构。

7.5 钢筋混凝土装配式楼盖

7.5.1 装配式楼盖概述

混凝土装配式楼盖的优缺点与现浇楼盖正好相反，其优点是可在工厂或现场预制，工业化程度高，不占工期，有利于采用预应力，模板可重复使用，构件尺寸误差小，因而仍被广泛使用，特别是在多层住宅等建筑中。其缺点是整体性差，楼盖平面刚度小，要求建筑平面比较规整，施工时吊装条件要求高。

装配式楼盖主要有铺板式、密肋式和无梁式，其中铺板式应用最多。铺板式楼盖的主要构件是预制楼板。各地大量采用的是本地区的通用定型构件，由各地预制构件厂按标准图生产供应。当有特殊要求或施工条件定制时，才进行专门的构件设计。装配式楼盖的设计主要解决两个问题，一是合理地进行楼盖结构布置和预制构件选型；二是处理好预制构件间的连接以及预制构件和墙(柱)的连接。

音频.装配式楼盖的分类与构成.mp3

铺板式楼盖的设计步骤为：

(1) 根据建筑平面图中墙、柱位置，确定楼盖结构布置方案，排列预制板、梁。

(2) 选择预制板、梁的型号，并对个别非标准构件进行设计，或局部采用现浇处理。

(3) 绘制施工图，处理好楼盖构件的连接构造。

7.5.2 装配式楼盖的构件

预制板.mp4

预制板.docx

1. 预制板

常用的预制板有实心板、空心板、槽形板、T 形板等，如图 7-19 所示。

(1) 实心板制作简单，上、下表面平整，但自重较大，用料较多，适用于小跨度的盖板、走道板等。

(2) 空心板形式很多，截面上孔有圆孔、方孔、矩形孔或椭圆形孔。板上、下表面为平整表面，与实心板相比自重较小，隔声效果好。空心板应用范围很广，有预应力空心板和非预应力空心板。其板厚根据跨度不同有 120mm、180mm、240mm 等；板宽有 500mm、600mm、900mm，甚至更大；板跨从 2.1～6.0m 都很常见，一般以 0.3m 为增长模数。空心板的缺点是不能任意开洞。有各种空心板的标准图，可供设计选用。

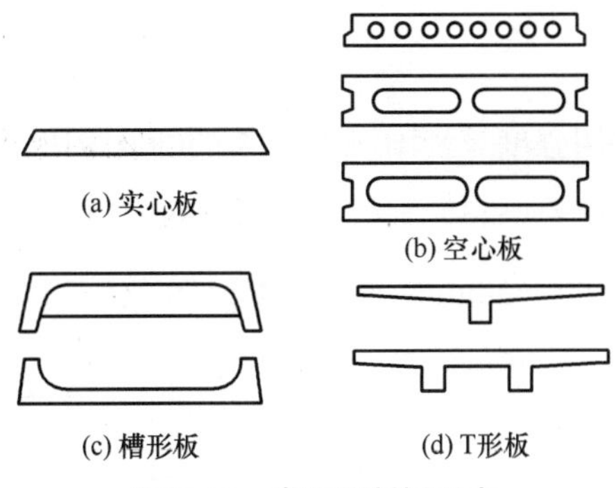

图 7-19　常用预制板形式

(3) 槽形板有肋在下和肋在上两种，计算简图、受力与空心板基本相同，只是将肋放在两边。板的上表面或下表面平整，另一面为槽形。槽形板比空心板更节约材料，板间开洞较方便，但隔声、保温效果较差，一般用于工业建筑的楼盖中。

(4) T 形板有单 T 形板和双 T 形板，是梁板合一的构件。其具有良好的受力性能，能跨越较大的空间，可用于工业与民用建筑作为屋面板，又可作为墙板；缺点是板之间的连接比较弱。

预制梁.mp4

预制梁.docx

2. 预制梁

梁的截面形式，有矩形、花篮形、T 形、倒 T 形、十字形、I 形以及空腹形等。梁的高跨比一般为 1/14～1/8，如图 7-20 所示。

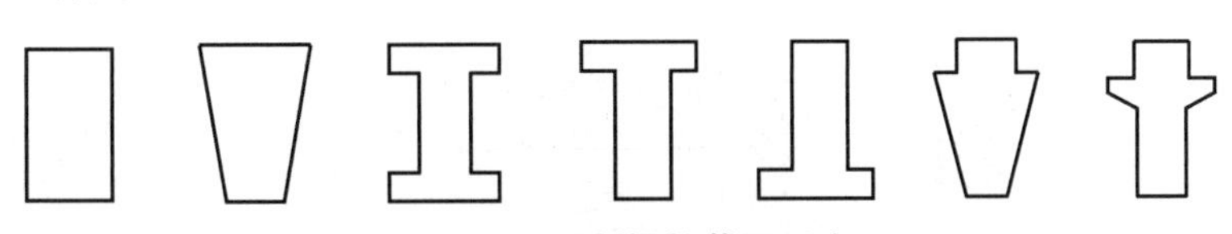

图 7-20　预制梁的截面形式

预制梁.docx

3. 预制柱

预制混凝土柱包括预制混凝土实心柱和预制混凝土矩形柱壳两种形式。预制混凝土柱的外观多种多样，包括矩形、圆形和工字形等。在满足运输和安装要求的前提下，预制柱的长度可达到 12m 或更长。

7.5.3 装配式楼盖的连接

装配式楼盖和现浇整体式楼盖相比，整体性较差，因此设计装配式楼盖时要特别注意构件之间的连接构造。

1. 板与板之间的连接

板与板的连接，一般采用强度等级不低于 C15 的细石混凝土或不低于 M15 的水泥砂浆灌缝，如图 7-21 所示。整体性要求较高时，可在板缝内加纵、横向拉结钢筋或在板面做钢筋混凝土整浇层。整浇层厚 40～50mm，内配ϕ4@150 的钢筋网，如图 7-22 所示。

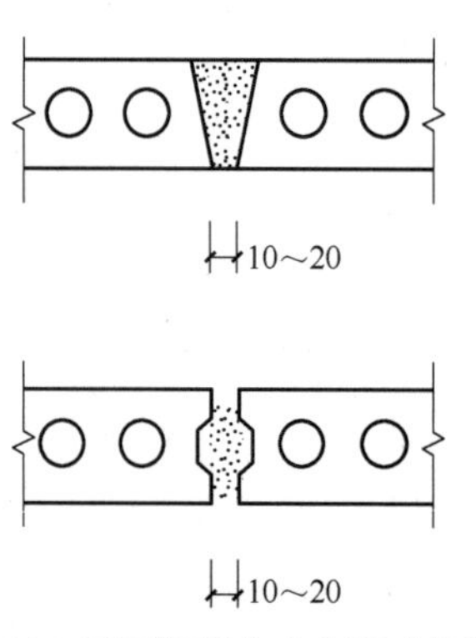

图 7-21　细石混凝土或水泥砂浆灌缝

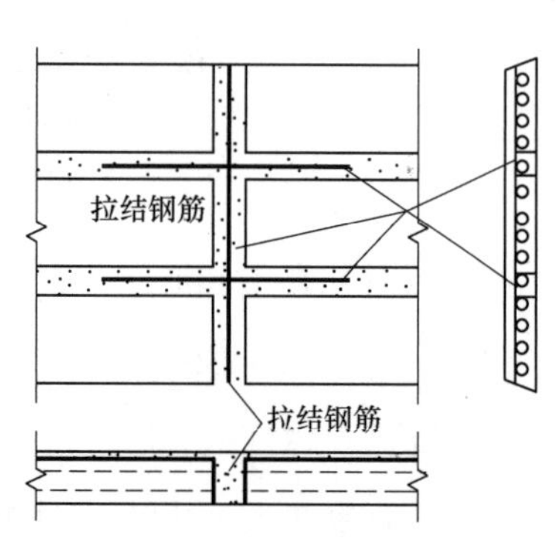

图 7-22　板内加纵、横向拉结钢筋

2. 板与墙或板与梁的连接

预制板搁置于墙或梁上时，板底应坐浆 10～20mm 厚。板在墙上的支承长度不应小于 100mm，在梁上的支承长度不应小于 80mm。板和非支承墙连接时，可采用细石混凝土灌缝，如图 7-23(a)所示。当板跨大于或等于 4.8m 时，可将圈梁支于楼盖处，如图 7-23(b)所示，或配置错拉钢筋加强连接，如图 7-23(c)所示。

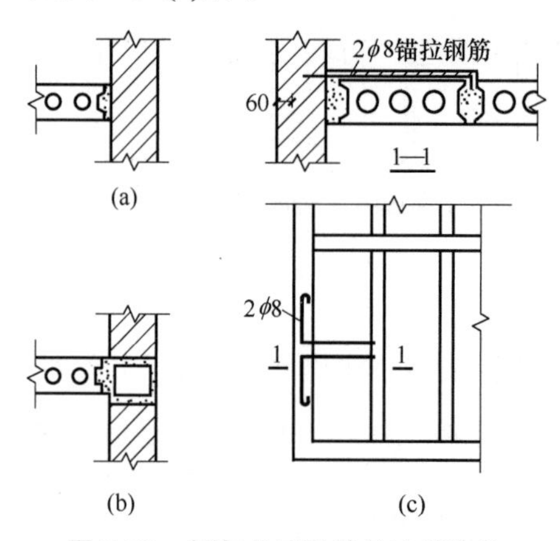

图 7-23　板与非承重墙的连接构造

3. 梁与墙的连接

梁在墙上的支承长度应满足梁内受力钢筋在支座上的锚固要求，并满足支座处砌体局

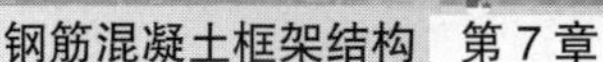

部承压的要求。其支承长度不小于180mm，在支座处应坐浆10～20mm。

【案例7-3】国外的楼盖设计中，一般楼板的跨度较大，厚度多数为150~200mm，预制底板大量采用50mm厚度，不但解决了现场支模的问题，而且现场浇筑的混凝土厚度在100mm以上，因此楼板的整体刚度较好，即使是需要在桁架钢筋下进行水电管线的预留预埋，也有足够的空间，并且钢筋按照受力计算配置，充分发挥了强度。

结合上文分析钢筋混凝土装配式楼盖的优势。

7.5.4 装配式楼盖构件的计算要点

装配式楼盖构件与现浇整体式楼盖构件使用阶段的计算基本相同。但装配式楼盖构件与现浇整体式楼盖构件不同的是，装配式楼盖构件还要进行施工阶段的运输、吊装的验算。

施工阶段的验算应考虑由施工、运输、堆放、吊装等过程产生的内力。在这些过程中，构件受力情况与使用阶段有所不同，当吊点或堆点设在距构件端部一定距离的某位置时，该位置截面就会产生负弯矩，应该对该截面进行验算。

在进行施工阶段验算时，应注意下列问题。

(1) 计算简图应按运输、堆放的实际情况和吊点位置确定。

(2) 考虑运输、吊装时的作用，自重荷载应乘以1.5的动力系数。

(3) 结构的重要性系数可较使用阶段计算降低一级，但不应低于三级。

(4) 施工或检修集中荷载，对预制板、檩条、预制小梁、挑檐和雨篷，应按在最不利位置上作用1kN的施工或检修集中荷载进行验算，但此集中荷载不与使用可变荷载同时考虑。

本章小结

本章我们主要学习了单向板的结构计算，双向板的构造要求，框架柱、梁的构造要求，装配式建筑的基本构件等相关知识。希望通过本章的学习，使读者对钢筋混凝土框架结构的基本知识有基本了解，并掌握相关的知识点，举一反三，学以致用。

实训练习

一、单选题

1. 保持不变的长期荷载作用下，钢筋混凝土轴心受压构件中，混凝土徐变使(　　)。

A. 混凝土压应力减少，钢筋的压应力也减少

B. 混凝土及钢筋的压应力均不变

C. 混凝土压应力减少，钢筋的压应力增大

D. 混凝土压应力增大，钢筋的压应力减少

2. 下列(　　)状态被认为超过正常使用极限状态。

A. 影响正常使用的变形　B. 因过度的塑性变形而不适合于继续承载

C. 结构或构件丧失稳定　D. 连续梁中间支座产生塑性铰

3. 在钢筋混凝土连续梁活荷载的不利布置中，若求支座处的最大弯矩，则活荷载的正确布置是(　　)。

A. 在该支座的右跨布置活荷载，然后隔跨布置

B. 在该支座的相邻两跨布置活荷载，然后隔跨布置

C. 在该支座的左跨布置活荷载，然后隔跨布置

D. 以上说法都不正确

4. 钢筋混凝土梁(　　)。

A. 提高配箍率可以明显提高斜截面抗裂能力

B. 提高配箍率可以防止斜压破坏

C. 配置受压钢筋可以提高构件的延性

D. 提高纵筋配筋率可以明显提高梁的正截面抗裂能力

5. 计算现浇单向板肋梁楼盖时,对板和次梁可采用折算荷载来计算,这是考虑到(　　)。

A. 板的长跨方向也能传递一部分荷载

B. 塑性内力重分布的有利影响

C. 支座的弹性转动约束

D. 出现活荷载最不利布置的可能性较小

6. 等跨连续梁在均布荷载作用下，按塑性设计应(　　)。

A. 对跨中弯矩调幅使之减小

B. 对支座弯矩调幅使之减小，对跨中弯矩调幅使之减小

C. 对跨中和支座弯矩调幅使之减小

D. 对支座弯矩调幅使之减小，对跨中弯矩调幅使之增加，要满足平衡条件

7. 在梁的斜截面抗剪计算中，若$V \geqslant 0.25\beta_c f_c bh_0$，则应(　　)。

A. 增加腹筋数量　　B. 加大截面尺寸，或同时提高混凝土强度等级

C. 减少截面尺寸　　　　　　　D. 按构造配置箍筋

8. 钢筋混凝土超静定结构中存在内力重分布是因为(　　)。

A. 钢筋混凝土的抗压性能不同

B. 受拉混凝土不断退出工作

C. 各截面刚度不断变化，塑性铰的形成

D. 结构由钢筋、混凝土两种材料组成

9. 螺旋箍筋约束混凝土抗压强度提高的原因是(　　)。

A. 螺旋箍筋直径受压　　　　　　B. 螺旋箍筋使混凝土密实

C. 螺旋箍筋约束了混凝土的横向变形　　D. 螺旋箍筋使混凝土中不出现微裂缝

10. 《混凝土结构设计规范》(GB 50010—2010)调幅法设计连续板提出的基本原则中，要求相对受压区高度应满足的条件是(　　)。

A. $0.1 \leqslant \xi \leqslant 0.25$　　　　B. $0.1 \leqslant \xi \leqslant 0.35$

C. $0.1 \leqslant \xi \leqslant 0.45$　　　　D. $0.1 \leqslant \xi \leqslant 0.55$

二、多选题

1. 现浇楼盖的结构形式有(　　)。

A. 肋梁楼盖　　B. 密肋楼盖　　C. 实心板

D. 槽形板　　E. T形板

2. 作用在板和梁上的荷载一般有两种，即(　　)。

A. 支承荷载　　B. 恒荷载　　C. 活荷载

D. 单荷载　　E. 梁荷载

3. 双向板的支承形式有(　　)。

A. 四边支承　　B. 三边支承　　C. 两邻边支承

D. 四点支承　　E. 支座支承

4. 常用的预制板有(　　)。

A. 实心板　　B. 单向板　　C. 空心板

D. 槽形板　　E. T形板

5. 常用的预制梁截面形式有(　　)。

A. 矩形　　B. 花篮形　　C. T形

D. 梯形　　E. 倒T形

三、简答题

1. 现浇楼盖的结构形式有哪些？
2. 简述单向板楼盖的荷载传递方式。
3. 简述双向板楼盖的配筋构造要求。
4. 简述框架梁的构造要求。
5. 装配式建筑未来有何发展空间？结合自己的理解写出你的感想。

第 7 章习题答案.docx

实训工作单

<table>
<tr><td>班级</td><td></td><td>姓名</td><td></td><td>日期</td><td></td></tr>
<tr><td colspan="2">教学项目</td><td colspan="4">钢筋混凝土框架结构</td></tr>
<tr><td>学习项目</td><td colspan="2">钢筋混凝土现浇楼盖</td><td>学习要求</td><td colspan="2">掌握单向板的结构计算，了解双向板的构造要求，熟悉框架柱、梁的构造要求</td></tr>
<tr><td colspan="3">相关知识</td><td colspan="3">弹性理论、塑性理论、活荷载的不利组合、轴压比</td></tr>
<tr><td colspan="3">其他内容</td><td colspan="3">装配式楼盖的构件</td></tr>
<tr><td colspan="6">学习记录</td></tr>
<tr><td>评语</td><td colspan="3"></td><td>指导教师</td><td></td></tr>
</table>

第 8 章　多层与高层房屋结构

【教学目标】

第 8 章 多层与高层房屋结构.pptx

1. 了解多、高层建筑结构的设计特点及类型。
2. 熟悉剪力墙结构的构造要求。
3. 掌握框架—剪力墙结构的构造要求。
4. 熟悉筒体结构的构造要求。

【教学要求】

本章要点	掌握层次	相关知识点
多层与高层房屋结构的类型	了解多、高层建筑结构的设计特点	多、高层建筑结构常见的类型
多层和高层钢筋混凝土房屋的构造要求	剪力墙结构的构造要求	框架—剪力墙结构的构造要求

【案例导入】

某一高层住宅区位于某市的中心地段，该地区的建筑总面积大约为 20 万立方米，是一项非常浩大的建筑工程。该高层住宅区域的楼位设计是一个五幢高层住宅楼层结合而成的建筑工程，分布为地下两层、地上三层的设计模式。

该建筑工程中采用的建筑结构是平面体型比较不规则的结构，高层住宅工程从规模上来讲属于大型的工程建筑，尤其是五幢楼层采用的是一体化的连接方式。针对这种情况，设计人员应该对高层住宅的建筑设计有一个全方位的认知，在对该建筑工程进行各种因素分析后，再进行高层建筑的设计工作，使设计比较贴合实际工程的标准要求。

【问题导入】

试分析该高层住宅区采用框架—剪力墙建筑结构设计需要考虑的实际施工问题有哪些。

8.1 多层与高层房屋结构的类型

多层建筑.docx

10 层及 10 层以上或高度大于 28m 的住宅建筑及房屋高度大于 24m 的其他建筑称为高层建筑，否则为多层建筑。高层建筑是随着社会生产力、人们生活的需要发展起来的，是商品化、工业化、城市化的结果。但是当建筑物高度增加时，水平力(风荷载及地震作用)对结构起的作用将越来越大。除了结构内力将明显加大外，结构侧向位移增加更快。

高层建筑中，结构要使用更多的材料来抵抗水平力，抗侧力成为高层建筑结构设计的主要问题。特别是在地震区，地震作用对高层建筑的威胁也比低层建筑要大，抗震设计应受到加倍重视。

8.1.1 多、高层建筑结构的设计特点

音频.多、高层建筑结构的设计特点及类型.mp3

1. 设计依据

1) 依据合理的建筑方案进行结构设计

在高层建筑的设计中，建筑结构的统一是设计者考虑的一个主要问题，这种统一主要体现在同一空间内，建筑结构要保证使用同样的设计理念和内部构造原理，同时还要将经济适用性和设计方案应用性两个因素考虑进去。综合考量这两方面因素的协调性和可行性后，选择并依据最佳的设计方案展开设计。

2) 设计简图的选择也十分重要

设计简图的选择主要从结构体系、节点、支座、荷载四个方面去考虑，遵循两个原则：

(1) 正确反映结构实际受力情况，使计算结果接近实际情况。

(2) 略去次要因素，便于分析和计算。如果选择了错误的简图作为依据，会对设计造成不良后果，更严重的还可能引发安全事故。

3) 依据精确的数据进行设计

数据是支撑结构设计科学性的重要指标，设计时应尽可能减少数据计算中的误差，并能合理反映结构受力条件，提高计算效率。目前设计人员普遍采用计算机进行结构计算，这就对设计人员的计算机操作水平和应用的熟练程度有一定的要求。同时需注意工具都不是万能的，设计人员运用计算机软件进行设计时还应有明确的结构设计概念，对程序不能精确模拟部分进行正确分析。

2. 设计特点

1) 水平荷载成为决定因素

一方面，因为楼房自重和楼面使用荷载在竖构件中所引起的轴力和弯矩的数值，仅与楼房高度的一次方成正比；而水平荷载对结构产生的倾覆力矩，以及由此在竖构件中引起的轴力，是与楼房高度的两次方成正比。另一方面，对某一定高度楼房来说，竖向荷载大体上是定值，而作为水平荷载的风荷载和地震作用，其数值是随结构动力特性的不同而有较大幅度的变化。

2) 轴向变形不容忽视

高层建筑中，竖向荷载数值很大，能够在柱中引起较大的轴向变形，从而会对连续梁弯矩产生影响，造成连续梁中间支座处的负弯矩值减小，跨中正弯矩值和端支座负弯矩值增大；还会对预制构件的下料长度产生影响，要求根据轴向变形计算值，对下料长度进行调整。

3) 侧移成为控制指标

与较低楼房不同，结构侧移已成为高楼结构设计中的关键因素。随着楼房高度的增加，水平荷载下结构的侧移变形迅速增大，因而结构在水平荷载作用下的侧移应被控制在某一限度之内。

【案例 8-1】厦门禹州国际大酒店两座塔楼间距 25m，跨度较大，连廊结构采用空间钢桁架形式；钢桁架连廊与 1#塔楼一侧为固定连接；1#塔楼承受连廊竖向荷载、水平地震荷载和水平风荷载；钢桁架连廊在 3#塔楼一侧为滑动支座(即弱连接的形式)，3#楼仅承受连廊的竖向荷载；在 3#楼屋顶设置滑动支座的目的在于，放开 3#楼对连廊水平方向的约束，从而使 1#、3#塔楼的地震反应没有关联作用，避免 1#楼在水平力作用下对 3#楼产生的影响，避免 1#、3#楼位移的不同步对连廊的影响。

结合上文分析该酒店的设计特点。

多层建筑.mp4

8.1.2 多、高层建筑结构常见的类型

高层建筑.docx

随着国民经济的发展，为了解决人民对居住、办公、商业用房的需要，陆续兴建了大量的多层与高层建筑。建造多层与高层建筑，有利于节约用地，减少拆迁费用，有利于节约市政建设和管网建设(包括小区道路、文化福利设施、给排水、煤气、电及热力管网等)费用和投资，这也是建筑工业的发展趋势。但是房屋层数增多后，建筑物受力大、附属设备(电梯、供水加压、

消防等)增加，施工复杂，造价提高。所以在房屋层数达到一定程度后，不仅经济上不一定可取，而且还会给使用带来不便，因此我国除大城市外，目前主要是发展多层民用与工业建筑，对高层建筑应因地制宜，适当修建。

多层与高层建筑的界限各国不一。联合国 1972 年国际高层建筑会议将高层建筑按高度分为四类。

第一类：9～16 层(最高到 50m)；

第二类：17～25 层(最高到 75m)；

第三类：26～40 层(最高到 100m)；

第四类：40 层以上(即超高层建筑)。

我国《高层建筑混凝土结构技术规程》(JGJ3—2010)适用于 10 层及 10 层以上或房屋高度超过 28m 的住宅建筑以及房屋高度大于 24m 的其他高层民用建筑混凝土结构。非抗震设计和抗震设防烈度为 6 度至 9 度抗震设计的高层民用建筑结构，其适用的房屋最大高度和结构类型应符合本规程的有关规定。本规程不适用于建造在危险地段以及发震断裂最小避让距离内的高层建筑结构。

高层建筑所采用的结构主要是钢筋混凝土结构和钢结构。钢筋混凝土结构的主要优点：取材容易，混凝土所用的砂、石一般易于就地取材；另外，还可以有效利用矿渣、粉煤灰等工业废料；能够合理用材；耐久性；耐火性；可模性；整体性等。钢结构的优点要比其他结构轻，便于运输和安装，并可跨越更大的跨度；钢材的塑性和韧性好，使钢结构一般不会因为偶然超载或局部超载而突然断裂破坏。韧性好，则使钢结构对动力荷载的适应性较强；钢材的内部组织比较均匀，非常接近匀质和各向同性体；钢结构制造简便，易于采用工业化生产；钢结构的密封性好，钢结构的气密性和水密性较好；钢结构的耐热性好，但防火性能差钢材耐热而不耐高温。如已经建成的鸟巢，即国家体育场。系钢筋混凝土框剪结构和弯扭构件钢结构，工程造价 33 亿元，建筑面积 25.8 万 m^2，外部钢结构的钢材用量为 4.2 万吨，整个工程包括混凝土中的钢材、螺纹钢等，总用钢量达 11 万吨。主体钢结构形成整体的巨型空间马鞍形钢桁架编织式“鸟巢”结构，钢结构总用钢量为 4.2 万吨，混凝土看台分为上、中、下三层，看台混凝土结构为地下 1 层，地上 7 层的钢筋混凝土框架—剪力墙结构体系。钢结构与混凝土看台上部完全脱开，互不相连，形式上呈相互围合，基础则坐在一个相连的基础底板上。

除钢筋混凝土结构与钢结构外，建造高层建筑还有组合结构和钢与钢筋混凝土混合结构。组合结构是由混凝土包裹型钢或焊接组合截面并配合使用钢筋和混凝土做成的结构，一般也称为钢骨混凝土或型钢混凝土结构(在钢管内填充混凝土的钢管混凝土结构也属于组

合结构)。钢与钢筋混凝土混合结构则是指在同一建筑中，部分用钢结构，部分用钢筋混凝土结构。目前我国使用钢—混凝土混合结构的比例在不断上升。

多层与高层房屋常用的结构体系如下。

1. 混合结构

混合结构是用不同材料做成的构件组成的房屋，通常指楼(屋)盖用钢筋混凝土，墙体用砖或其他块材，基础用砖石建成的房屋。我国 5～6 层以下的房屋多用混合结构，用混合结构建造的民用房屋最多可达 9 层。由于砖石材料强变较低，抗震性能差，所以不宜用于高层房屋。

2. 框架结构

框架是由梁和柱刚性连接而成的骨架结构，如图 8-1 所示。现浇钢筋混凝土框架要求在构造上把节点形成刚接，当节点有足够数量的钢筋，满足一定的构造要求，便可认为是刚节点。

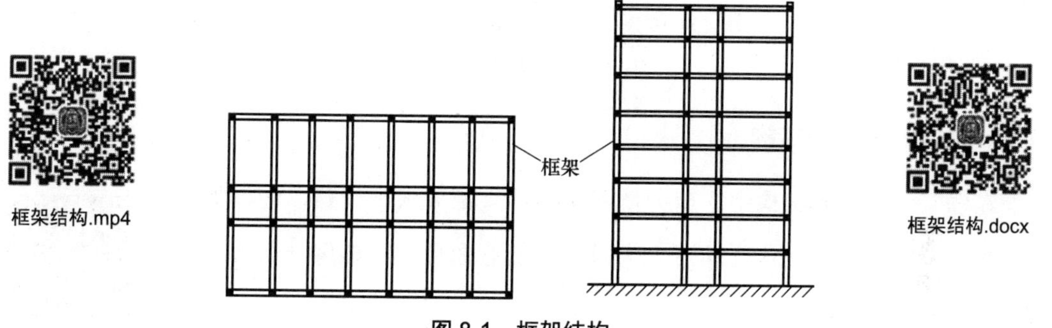

图 8-1　框架结构

框架结构的优点是强度高、自重轻、整体性和抗震性好。它不靠砖墙承重，建筑平面布置灵活，可以获得较大的使用空间，应用广泛。其主要适用于多层工业厂房和仓库，以及民用房屋中的办公楼，旅馆、医院、学校、商店和住宅等建筑。近年来，框架体系主要用于 15 层以下的房屋并以工业厂房为多。

框架体系用以承受竖向荷载是合理的，因为当层数不多时，风荷载影响较小，竖向荷载对结构设计起控制作用。但在框架层数较多时，水平荷载将使梁、柱截面尺寸过大，因此在技术经济上不如其他结构体系合理。

3. 剪力墙结构

剪力墙结构全部由纵横墙体组成，如图 8-2 所示。一般多用于 25～30 层以上的房屋，由于剪力墙结构的房屋平面极不灵活，所以一般常用于住宅、旅馆等建筑。对底部(或底部

2～3 层)需要大空间的高层建筑，可将底部(或底部 2～3 层)的若干剪力墙改为框架，这种体系称为框支剪力墙结构，如图 8-3 所示。框支剪力墙结构不宜用于抗震设防地区。

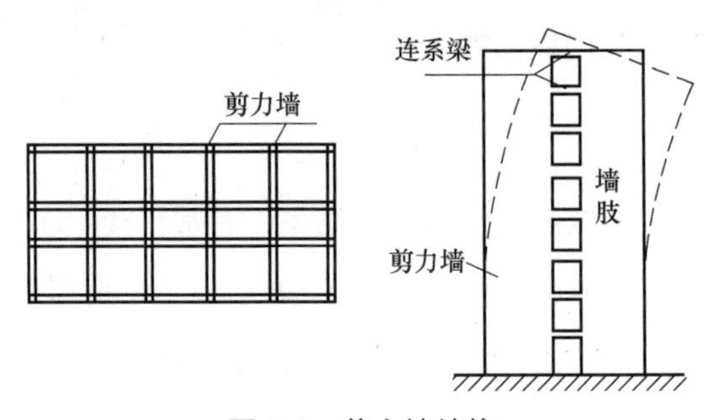

图 8-2　剪力墙结构

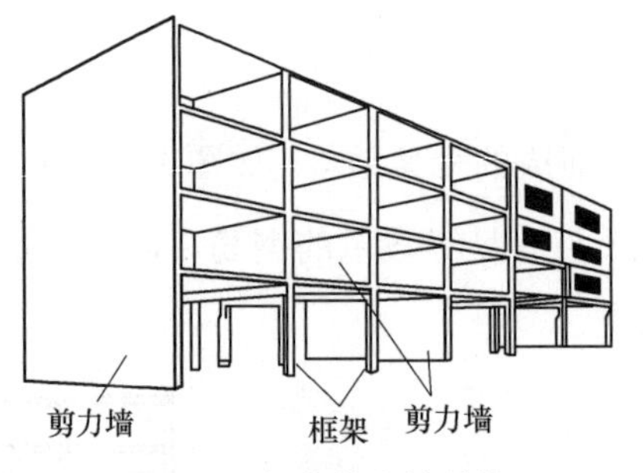

图 8-3　框支剪力墙结构

剪力墙框架.mp4

4. 框架—剪力墙结构

在框架—剪力墙结构中，剪力墙将负担绝大部分水平荷载，而框架则以负担竖向荷载为主，这样即可大大减小柱的截面尺寸。框架—剪力墙结构如图 8-4 所示。

音频.框架剪力墙结构的优点.mp3

剪力墙在一定程度上限制了建筑平面的灵活性。这种体系一般用于办公楼、旅馆、住宅以及某些工业厂房，宜在 16～25 层房屋中采用。

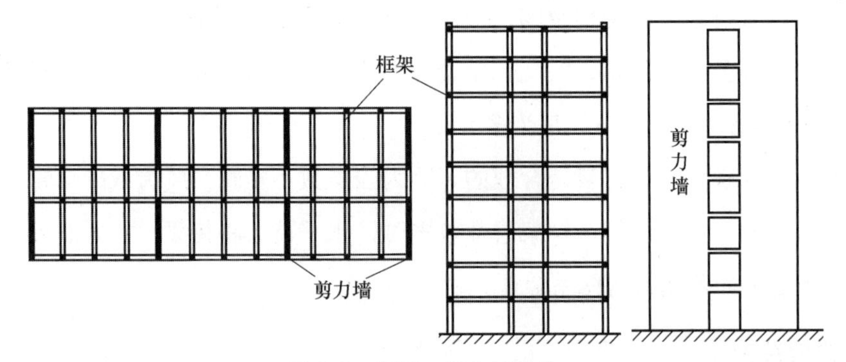

图 8-4　框架—剪力墙结构

5. 简体结构

音频.筒体结构的构成与优点.mp3

筒体结构是框架—剪力墙结构和剪力墙结构的演变与发展，如图 8-5 所示。它将剪力墙集中到房屋的内部，与外部形成空间封闭筒体，使整个结构体系既具有极大的刚度，又能因为剪力墙的集中而获得较大的空间，使建筑平面设计重新获得良好的灵活性，所以适用于办公楼等各种公共与商业建筑。

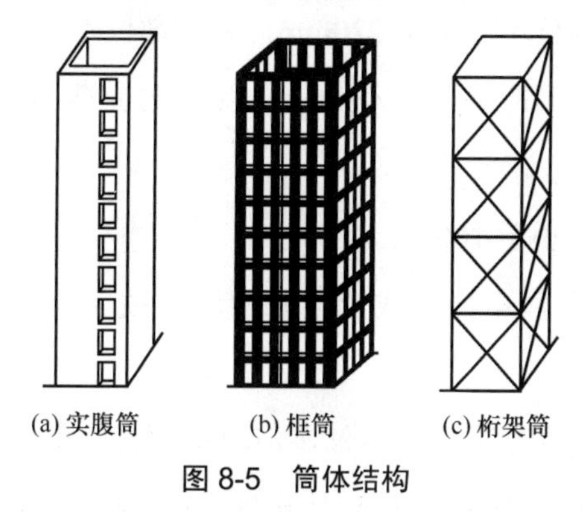

(a) 实腹筒　(b) 框筒　(c) 桁架筒

图 8-5　筒体结构

8.2　多层和高层钢筋混凝土房屋的构造要求

8.2.1 剪力墙结构的构造要求

剪力墙结构.docx

剪力墙结构是用钢筋混凝土墙板来代替框架结构中的梁柱，能承担各类荷载引起的内力，并能有效控制结构的水平力，这种用钢筋混凝土墙板来承受竖向和水平力的结构称为剪力墙结构。

音频.剪力墙结构的构造要求.mp3

剪力墙结构竖向用的是钢筋混凝土墙板，水平方向仍然是钢筋混凝土的大楼板搭载墙上。剪力墙结构抗侧刚度较大，发生的变形基本为弯曲型变形，此种变形由正应力引起，变形时一侧受拉一侧受压(框架结构抗侧刚度较小，层间变形随层高上升而减小，发生的变形基本为剪切型变形，由剪应力引起)。

剪力墙结构应具有适宜的侧向刚度，其布置应符合下列规定。

(1)　平面布置宜简单、规则，宜沿两个主轴方向或其他方向双向布置，两个方向的侧向刚度不宜相差过大。抗震设计时，不应采用仅单向有墙的结构布置。

(2)　宜自下到上连续布置，避免刚度突变。

(3)　门窗洞口宜上下对齐、成列布置，形成明确的墙肢和连梁；宜避免造成墙肢宽度悬殊的洞口设置；抗震设计时，一、二、三级剪力墙的底部加强部位不宜采用上下洞口不对齐的错洞墙，全高均不宜采用洞口局部重叠的叠合错洞墙。

剪力墙不宜过长，较长剪力墙宜设置跨高比较大的连梁将其分成长度较均匀的若干墙段，各墙段的高度与墙段长度之比不宜小于 3，墙段长度不宜大于 8m。

钢筋混凝土剪力墙最小厚度要求如下。

(1) 一、二级剪力墙：底部加强部位不应小于 200mm，其他部位不应小于 160mm；一字形独立剪力墙底部加强部位不应小于 220mm，其他部位不应小于 180mm。

(2) 三、四级剪力墙：不应小于 160mm，一字形独立剪力墙的底部加强部位尚不应小于 180mm。

(3) 非抗震设计时不应小于 160mm。

(4) 剪力墙井筒中，分隔电梯井或管道井的墙肢截面厚度可适当减小，但不宜小于 160mm。

高层剪力墙结构的竖向和水平分布钢筋不应单排配置。剪力墙截面厚度不大于 400mm 时，可采用双排配筋；大于 400mm，但不大于 700mm 时，宜采用三排配筋；大于 700mm 时，宜采用四排配筋。各排分布钢筋之间拉筋的间距不应大于 600mm，直径不应小于 6mm。

剪力墙两端和洞口两侧应设置边缘构件，分为约束构造边缘和构造边缘构件。剪力墙的约束边缘构件可分为暗柱、端柱和翼墙，如图 8-6 所示。

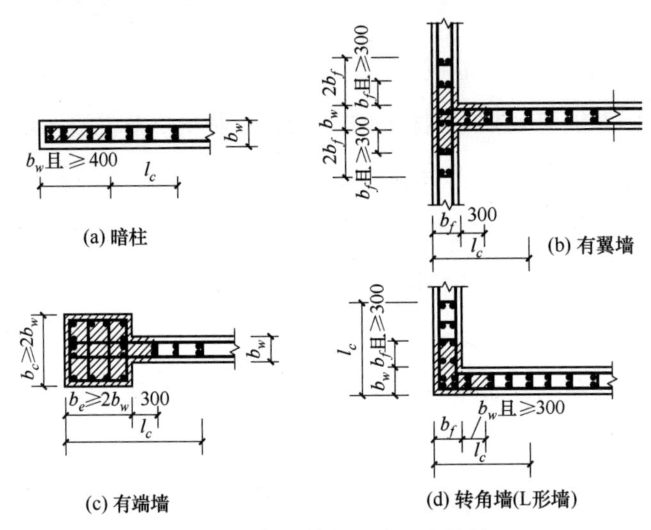

图 8-6 剪力墙的约束边缘构件

约束边缘构件沿墙肢的长度 l_c 和箍筋配箍特征值 λ_v 应符合表 8-1 的要求。

表 8-1　约束边缘构件沿墙肢的长度 l_c 及其配箍特征值 λ_v

项　目	一级(9 度)		一级(6、7、8 度)		二、三级	
	$\mu N \leqslant 0.2$	$\mu N \leqslant 0.2$	$\mu N \leqslant 0.3$	$\mu N > 0.3$	$\mu N \leqslant 0.4$	$\mu N > 0.4$
l_c 暗柱	0.20	0.25	0.15	0.20	0.15	0.20
l_c(翼墙或端柱)	0.15	0.20	0.10	0.15	0.10	0.15
λ_v	0.12	0.20	0.12	0.20	0.12	0.20

剪力墙构造边缘构件的范围宜按图 8-7 中阴影部分采用。

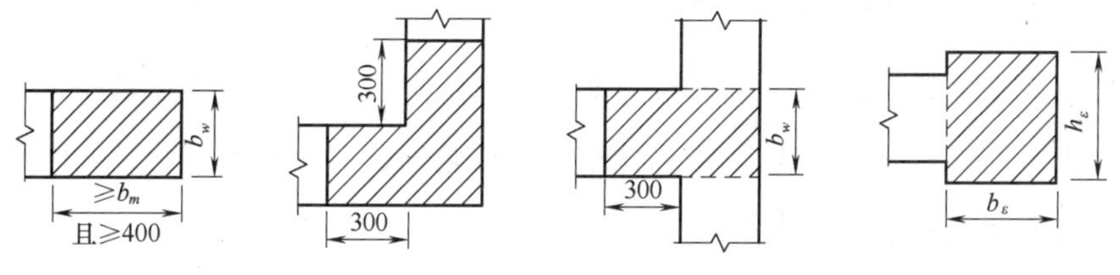

图 8-7　剪力墙的构造边缘构件范围

8.2.2 框架—剪力墙结构的构造要求

框架—剪力墙结构中，剪力墙是主要的抗侧力构件，承担着绝大部分剪力，因此构造上应加强。框架—剪力墙结构除应满足一般框架和剪力墙的有关构造要求外，框架、剪力墙和连梁的设计构造，还应符合下列构造要求。

框架——剪力墙结构.docx

(1) 框架—剪力墙结构中，剪力墙的厚度不应小于 160mm，且不应小于楼层高度的 1/20；底部加强部位的剪力墙的厚度不应小于 200mm，且不应小于楼层高度的 1/16。

(2) 框架—剪力墙结构中，剪力墙竖向和水平方向分布钢筋的配筋率均不应小于 0.20%，直径不应小于 8mm，间距不应大于 300mm，并至少采用双排布置。各排分布钢筋间应设置拉筋，拉筋直径不小于 6mm，间距不应大于 600mm。

(3) 剪力墙周边应设置梁(或暗梁)和端柱围成边框。边框梁或暗梁的上、下纵向钢筋配筋率均不应小于 0.2%，箍筋不应少于Φ6@200。

(4) 剪力墙的水平分布钢筋应全部锚入边框柱内，锚固长度不应小于 1。

(5) 剪力墙端部的纵向受力钢筋应配置在边框柱截面内，剪力墙底部加强部位边框柱的箍筋宜沿全高加密，当带边框剪力墙上的洞口紧邻边框柱时，边框柱的箍筋宜沿全高加密。

【案例 8-2】某市某小高层住宅，设有一层地下室，地面以上为 12 层住宅，其中 11、

12 层为复式住宅，地下室标高为-3.000m，一层平面标高为±0.000m，其余标准层高均为2.9m；第 12 层的电梯机房与 12 层跃层平齐，层高也是 2.900m，首层室内外高差为 0.6m，建筑物的总高度为 39.950m，建筑沿纵向的宽度为 39.8m，沿建筑的横向宽度为 17.050m。

结合上文给出该小高层住宅楼的设计要点。

8.2.3 筒体结构的构造要求

1. 框架—核心筒结构的构造要求

(1) 核心筒是框架—核心筒结构的主要抗侧力结构，应尽量贯通建筑物全高。核心筒的宽度不宜小于筒体总高的 1/12，当筒体结构设置角筒、剪力墙或增强结构整体刚度的构件时，核心筒的宽度应适当减小。

(2) 核心筒应具有良好的整体性，墙肢应尽量均匀、对称布置，并满足下列要求。

① 筒体角部附近不宜开洞。当不可避免时，筒角内壁至洞的距离不应小于 500mm 和开洞墙的截面厚度。

② 核心筒外墙的截面厚度不应小于层高的 1/20 及 200mm，对一、二级抗震设计的底部加强部位不宜小于层高的 1/16 及 200mm，否则应验算墙体的稳定，必要时可增设扶壁柱或扶壁墙；在满足承载力要求以及轴压比限值(仅对抗震设计)时，核心筒内墙可适当减薄，但不应小于 160mm。

③ 筒体墙的水平、竖向配筋不应少于两排。

④ 抗震设计时，核心筒的连梁，宜通过配置交叉暗撑、设水平缝或减小梁截面的高宽比等措施来提高连梁的延性。

(3) 框架—核心筒结构的周边柱间必须设置框架梁。

(4) 抗震设计时，各层框架柱的地震剪力应参照框架—剪力墙结构的规定予以调整。

2. 筒中筒结构的构造要求

(1) 筒中筒结构的平面外形宜选用圆形、正多边形、椭圆形或矩形等，内筒宜居中。采用矩形平面时长宽比不宜大于 2，否则在较长的一边，剪力滞后现象比较严重，长边中部的柱不能充分发挥作用。

(2) 内筒是筒中筒结构的主要抗侧力结构，应尽量贯通建筑物全高，其刚度沿竖向宜均匀变化，避免结构的侧移和内力发生急剧变化。内筒的刚度不宜过小，内筒的边长可为高度的 1/15～1/12，如有另外的角筒或剪力墙时，内筒平面尺寸还可适当减小。

(3) 三角形平面宜切角，外筒的切角长度不宜小于相应边长的1/8，其角部可设置刚度较大的角柱或角筒；内筒的切角长度不宜小于相应边长的1/10，切角处的筒壁宜适当加厚。

(4) 除了高宽比和平面形状外，外框筒结构的受力性能还与开孔率、洞口形状、柱距、梁的截面高度和角柱截面面积等参数有关。外框筒应符合下列规定。

① 柱距不宜大于4m，框筒柱的截面长边应沿筒壁方向布置，必要时可采用T形截面。

② 洞口面积不宜大于墙面面积的60%，洞口高宽比宜与层高和柱距之比值相近；洞口面积大于墙面面积的60%时，框筒的剪力滞后现象相当明显。

③ 外框筒梁的截面高度可取柱净距的1/4。

④ 角柱截面面积可取中柱的1～2倍，以减少各层楼盖的翘曲。

3. 连梁的截面设计和构造要求

1) 剪跨比

为改善外框筒的空间作用，避免外框筒梁和内筒连梁在地震作用下脆性破坏，外框筒梁和内筒连梁的截面尺寸应符合下列要求。

(1) 无地震作用组合。

$$V_b \leqslant 0.25\beta_c f_c b_b h_{b0} \tag{8-1}$$

(2) 有地震作用组合。

① 跨高比大于2.5时

$$V_b \leqslant \frac{1}{\gamma_{RE}} 90.20\beta_c f_c b_b h_{b0} \tag{8-2}$$

② 跨高比不大于2.5时

$$V_b \leqslant \frac{1}{\gamma_{RE}}(0.15\beta_c f_c b_b h_{b0}) \tag{8-3}$$

式(8-1)～式(8-3)中：V_b——外框筒梁和内筒连梁剪力设计值；

b_b——外框筒梁和内筒连梁截面宽度；

h_{b0}——外框筒梁和内筒连梁截面有效高度。

2) 构造配筋

外框筒梁和内筒连梁的构造配筋应符合下列要求。

(1) 非抗震设计时，箍筋直径不应小于8mm；抗震设计时，箍筋直径不应小于10mm。

(2) 非抗震设计时，箍筋间距不应大于150mm；抗震设计时，箍筋间距沿梁长不变，且不应大于100mm，当梁内设置交叉暗撑时，箍筋间距不应大于150mm。

(3) 框筒梁上、下纵向钢筋的直径均不应小于16mm，腰筋的直径不应小于10mm，腰

筋间距不应大于 200mm。

3) 暗撑

跨高比不大于 2 的框筒梁和内筒连梁宜采用交叉暗撑；跨高比不大于 1 的框筒梁和内筒连梁应采用交叉暗撑，如图 8-8 所示，且应符合下列规定。

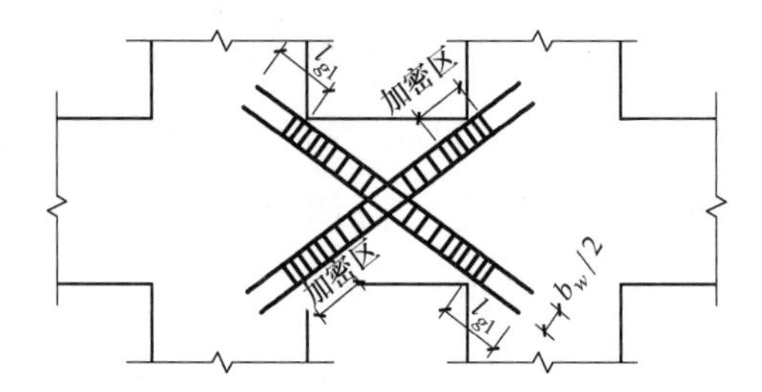

图 8-8　梁内交叉暗撑的配筋

(1) 梁的截面宽度不宜小于 300mm。

(2) 全部剪力应由暗撑承担。每根暗撑应由 4 根纵向钢筋组成，纵筋直径不应小于 14mm，其总面积 A_s 应按下列公式计算。

① 无地震作用组合时

$$A_s \geqslant \frac{V_b}{2 f_y \sin\alpha} \tag{8-4}$$

② 有地震作用组合时

$$A_s \geqslant \frac{\gamma_{RE} V_b}{2 f_y \sin\alpha} \tag{8-5}$$

式中，α 为暗撑与水平线的夹角。

(3) 两个方向斜撑的纵向钢筋均应采用矩形箍筋或螺旋箍筋绑成一体，箍筋直径不应小于 8mm，箍筋间距不应大于 200mm 及梁截面宽度的一半；端部加密区的箍筋间距不应大于 100mm，加密区长度不应小于 600mm 及梁截面宽度的 2 倍。

(4) 纵筋伸入竖向构件的长度，非抗震设计时不应小于 l_g，抗震设计时不应小于 $1.15 l_g$

(5) 梁内普通箍筋的配置应符合构造要求。

本章小结

通过学习本章的内容，使读者了解多、高层建筑结构的设计特点及类型；熟悉剪力墙结构的构造要求；掌握框架—剪力墙结构的构造要求；熟悉筒体结构的构造要求。通过本章的学习，对工程组织有一个基本的认识，为以后继续学习建筑相关知识打下基础。

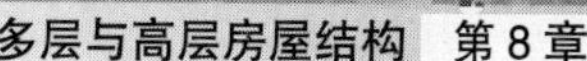

实训练习

一、单选题

1. 荷载对多层与高层房屋(HS≤100m)的结构体系作用的情况是不同的，房屋越高，(　　)的影响越大。

A. 水平荷载　　B. 垂直荷载　　C. 温度作用　　D. 湿度作用

2. 在水平荷载作用下，当用D值法计算框架柱的抗侧移刚度时，随着梁柱节点转角的增大，(　　)。

A. D值法比反弯点法计算的侧移刚度高

B. D值法比反弯点法计算的侧移刚度低

C. D值法与反弯点法计算的侧移刚度相同

D. 以上选项都不对

3. 当房屋采用大柱网或楼面荷载较大，或有抗震设防要求时，主要承重框架应沿房屋(　　)布置。

A. 横向　　B. 纵向　　C. 双向　　D. 以上选项都不对

4. 现浇整体式框架，采用塑性内力重分布设计梁的配筋时，对竖向荷载应乘以调幅系数(　　)。

A. 0.5 ~ 0.6　　B. 0.6 ~ 0.7　　C. 0.7 ~ 0.8　　D. 0.8 ~ 0.9

5. (　　)结构在水平荷载作用下表现出侧向刚度较小，水平位移较大的特点。

A. 框架　　B. 框架—剪力墙　　C. 剪力墙　　D. 筒体

6. (　　)结构在水平荷载作用下表现出整体性好、刚度大、抗侧力性能好的特点。

A. 框架　　B. 框架—剪力墙　　C. 剪力墙　　D. 筒体

7. 在下列结构体系中，(　　)体系建筑使用不灵活。

A. 框架结构　　B. 剪力墙结构

C. 框架—剪力墙结构　　D. 筒体结构

8. 下列(　　)体系所建房屋的高度最小。

A. 现浇框架结构　　B. 装配整体式框架结构

C. 现浇框架—剪力墙结构　　D. 装配整体框架—剪力墙结构

二、多选题

1. 多层与高层房屋结构荷载主要包括(　　)。

A. 竖向荷载　　B. 水平荷载　　C. 温度作用

D. 风荷载　　E. 雨雪荷载

2. 框架结构在水平荷载作用下，表现出(　　)的特点，故称其为柔性结构体系。

A. 侧向刚度较小　　B. 侧向刚度较大　　C. 水平位移较大

D. 水平位移较小　　E. 垂直变形大

3. 在设计楼面梁、墙、柱及基础时，要根据(　　)的多少，对楼面活荷载乘以相应的折减系数。

A. 承荷面积　　B. 承荷基数　　C. 承荷体积

D. 承荷层数　　E. 极限承载能力

4. 框架结构的优点有(　　)。

A. 强度高　　B. 自重轻　　C. 整体性

D. 抗震性好　　E. 自重大

5. 剪力墙结构的优点有(　　)。

A. 建筑平面布置灵活　　B. 侧向刚度大　　C. 水平荷载作用下侧移小

D. 形成较大的建筑空间　　E. 水平抗压

三、简答题

1. 框架结构在水平荷载作用下的总体剪切变形和总弯曲变形分别是如何导致的？对一般框架结构考虑哪一种变形的影响？

2. 试述多层框架结构在竖向荷载作用下采用分层法计算内力的步骤。

3. 简述框架—核心筒结构的构造要求。

第 8 章习题答案.docx

实训工作单一

<table>
<tr><td>班级</td><td></td><td>姓名</td><td></td><td>日期</td><td></td></tr>
<tr><td colspan="2">教学项目</td><td colspan="4">多层与高层房屋结构的类型</td></tr>
<tr><td>任务</td><td colspan="2">掌握房屋结构的类型</td><td>工具</td><td colspan="2">相关拓展资源或课外书籍</td></tr>
<tr><td colspan="3">其他项目</td><td colspan="3">多、高层建筑结构常见的类型</td></tr>
<tr><td colspan="3">学习要点</td><td colspan="3">设计要点及常见类型</td></tr>
<tr><td colspan="6">过程记录</td></tr>
<tr><td>评语</td><td colspan="3"></td><td>指导教师</td><td></td></tr>
</table>

实训工作单二

<table>
<tr><td>班级</td><td></td><td>姓名</td><td></td><td>日期</td><td></td></tr>
<tr><td colspan="2">教学项目</td><td colspan="4">多层和高层钢筋混凝土房屋的构造要求</td></tr>
<tr><td>任务</td><td colspan="2">掌握剪力墙、筒体结构的构造要求</td><td>工具</td><td colspan="2">相关拓展资源或课外书籍</td></tr>
<tr><td colspan="3">其他项目</td><td colspan="3">多层和高层钢筋混凝土房屋的构造要求</td></tr>
<tr><td colspan="3">学习要点</td><td colspan="3">框架—剪力墙结构的构造要求</td></tr>
<tr><td colspan="6">过程记录</td></tr>
<tr><td>评语</td><td colspan="2"></td><td>指导老师</td><td colspan="2"></td></tr>
</table>

参 考 文 献

[1] GB 50010—2010 混凝土结构设计规范[S]. 北京：中国建筑工业出版社，2011.

[2] GB 50010—2010 建筑抗震设计规范[S]. 北京：中国建筑工业出版社，2010.

[3] GB 50009—2012 建筑结构荷载规范[S]. 北京：中国建筑工业出版社，2012.

[4] JGJ3—2010 高层建筑混凝土结构技术规程[S]. 北京：中国建筑工业出版社，2011.

[5] GB 50003—2011 砌体结构设计规范[S]. 北京：中国建筑工业出版社，2012.

[6] GB 50017—2017 钢结构设计标准[S]. 北京：中国建筑工业出版社，2018.

[7] 混凝土结构施工图平面整体表示方法制图规则和构造详图[S]. 北京：中国计划出版社，2011.

[8] 孙智慧，唐勇，姚希伟. 高职"建筑力学与结构"课程教学改革探讨与实践[J]. 内江科技，2019，40(04)：127+123.

[9] 王玉. 浅析建筑力学在建筑工程中的应用[J]. 现代职业教育，2017(33)：26.

[10] 杨雅新. 建筑力学在建筑工程中的应用[J]. 科技创新与应用，2016(10)：249.

[11] 刘昶. 浅析力学在建筑工程中的有效应用[J]. 中小企业管理与科技(中旬刊)，2014(02)：102-103.

[12] 罗凤姿. 工程案例教学法在高职"建筑力学"教学中的应用[J]. 开封教育学院学报，2015，35(01)：131-132.

[13] 杨雅新. 建筑力学在建筑工程中的应用[J]. 科技创新与应用，2016(10)：249.

[14] 郭海青. 建筑力学在建筑艺术发展中的体现[J]. 中学物理教学参考，2015，44(06) ：77-78.

[15] 陈熙坤. 力学与土木工程简述[J]. 科技风，2017(23)：94.

[16] 彭望. 建筑力学在建筑工程中的应用[J]. 四川水泥，2018(05)：34.

[17] 陈栩. 建筑力学[M]. 北京：化学工业出版社，2010.

[18] 邹建奇. 建筑力学[M]. 北京：北京大学出版社，2010.